한국산업인력공단 CBT 기출복원문제수록

기출문제집만 풀어봐도 합격한다

답만 보이는

지게차 운전기능사

기출분석 문제집

JH건설기계자격시험연구회 편저

CBT
기출복원 문제
13회 수록

장비구조 이론 강의
동영상 무료 제공
https://cafe.naver.com/goseepass

- CBT 상시 기출문제 2024~2014년 수록
- 핵심 요점과 빈출문제, 최신법령 수록
- 오롯이 수험생의 합격만을 위한 문제집

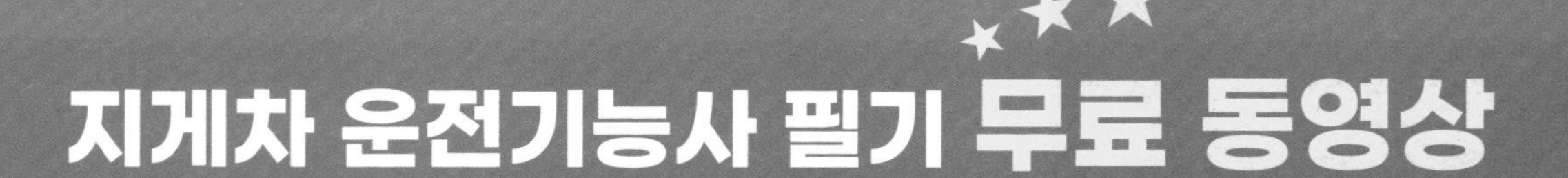

건설기계/운송 자격증 소통 공간

합격보답
합격이 보이는 정답

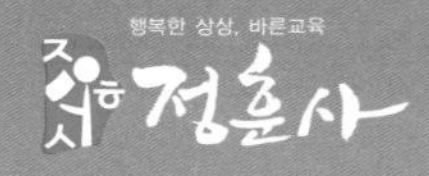

지게차 필기 무료 동영상 보는 방법

01 네이버(www.naver.com)에 접속 > 로그인
※ 네이버 계정이 없을 경우 가입

02 주소창에 cafe.naver.com/goseepass 접속

03 카페 가입하기 클릭 > 가입하기

04 아래 기입란에 아이디를 기재하신 후 해당 페이지 전체가 보이게 촬영
(연필로 인증 시 강의 신청이 반려됩니다.)

05 합격보답 > 강의인증(왼쪽 메뉴) > 글쓰기 > 인증사진만 업로드하면 끝!

※ 무료강의 신청 및 수강은 PC 버전에서만 가능합니다.

정훈사에서는 교재의 잘못된 부분을 아래의 홈페이지에서 확인할 수 있도록 하였습니다.

www.정훈에듀.com > 고객센터 > 정오표

머리말

건설, 물류, 유통 분야가 대형화되고 기계화되면서 운반용 건설기계는 여러 산업분야에서 다양하게 활용되고 있습니다. 그중 지게차는 현대 산업의 물류부분에서 없어서는 안 될 건설기계로 자리 잡았으며 이를 반영하듯 20대부터 50~60대에 이르기까지 연령 구분 없이 응시생 및 자격 취득자 수가 꾸준히 증가하고 있습니다. 연도별 국가기술자격증 취득 1위 종목에 거의 전 연령대에서 부동의 1위를 차지하고 있는 것이 지게차운전기능사입니다.

이에 정훈사는 지난 10년간의 기출문제를 면밀히 분석하여 중요핵심 이론만을 압축적이면서도 상세하게 정리하였습니다. 운전기능사 자격시험은 기출문제가 반복되어 출제되기 때문에 출제의 흐름을 파악하는 것이 중요합니다. 따라서 핵심이론을 기출문제를 통해 되짚어 보면서 이해의 깊이를 높일 수 있도록 하였고, 자주 출제되는 문제와 출제경향을 파악함으로써 효과적인 공부가 되도록 구성하였습니다.

이 책의 특징

- 새롭게 개편된 출제기준을 반영하였습니다.
- 다년간의 기출문제를 단원별로 철저히 분석하여 핵심요약 내용을 구성하였으며, 그중 출제빈도가 높은 기출문제의 지문을 활용하여 자주나와요 꼭 암기 를 배치하였습니다.
- 최근 출제유형을 쏙쏙 뽑아 신유형 으로 강조함으로써 다른 책들과의 차별화를 꾀하였습니다.
- 건설기계관리법, 도로교통법 등 최신 개정 법률을 완벽 반영하였습니다.
- 10여 년간의 기출문제 분석을 통해 정말 중요한 문제만 수록하였으며, 그중 출제 빈도가 높은 문제들은 ★표시 하였습니다. 상세한 해설을 통해 부족한 부분을 보완하면 단기간에 실력 향상을 경험할 수 있을 것입니다.

이 기출문제집은 수험생들의 어려움을 꼼꼼하게 살펴 짧은 시간 안에 효율적으로 시험에 대비할 수 있도록 구성하였습니다. 아울러 낯선 기계장치들은 합격보답 카페를 통해 좀 더 쉽게 공부할 수 있도록 생생한 강의 동영상을 준비하였습니다. 교재와 동영상 강의를 함께 활용하신다면 자격시험을 준비하는 수험생들의 심리적 부담감이 해소될 것입니다.

자격증 시험은 60점만 획득하면 합격하는 시험으로 총 60문항 중 36문항만 맞히면 되는 시험입니다. 교재 전반에 걸쳐 출제 빈도가 높았던 기출문제는 유사문제 형식으로 반복해서 수록하였기 때문에, 이 책 한 권만 정독하신다면 자연스럽게 빈출내용과 기출유형이 정리될 수 있을 거라 생각됩니다. 이 책 한 권으로 여러분 모두에게 합격의 영광이 있기를 간절히 소망합니다.

JH건설기계자격시험연구회

필기 출제기준

주요항목	세부항목	세세항목
1. 안전관리	1. 안전보호구 착용 및 안전장치 확인	1. 안전보호구 2. 안전장치
	2. 위험요소 확인	1. 안전표시 2. 안전수칙 3. 위험요소
	3. 안전운반 작업	1. 장비사용설명서 2. 안전운반 3. 작업안전 및 기타 안전 사항
	4. 장비 안전관리	1. 장비안전관리 2. 일상점검표 3. 작업요청서 4. 장비안전관리 교육 5. 기계 · 기구 및 공구에 관한 사항
2. 작업 전 점검	1. 외관점검	1. 타이어 공기압 및 손상 점검 2. 조향장치 및 제동장치 점검 3. 엔진 시동 전 · 후 점검
	2. 누유 · 누수 확인	1. 엔진 누유점검 2. 유압 실린더 누유점검 3. 제동장치 및 조향장치 누유점검 4. 냉각수 점검
	3. 계기판 점검	1. 게이지 및 경고등, 방향지시등, 전조등 점검
	4. 마스트 · 체인 점검	1. 체인 연결부위 점검 2. 마스트 및 베어링 점검
	5. 엔진시동 상태 점검	1. 축전지 점검 2. 예열장치 점검 3. 시동장치 점검 4. 연료계통 점검
3. 화물 적재 및 하역작업	1. 화물의 무게중심 확인	1. 화물의 종류 및 무게중심 2. 작업장치 상태 점검 3. 화물의 결착 4. 포크 삽입 확인
	2. 화물 하역작업	1. 화물 적재상태 확인 2. 마스트 각도 조절 3. 하역 작업
4. 화물 운반 작업	1. 전 · 후진 주행	1. 전 · 후진 주행 방법 2. 주행 시 포크의 위치
	2. 화물 운반작업	1. 유도자의 수신호 2. 출입구 확인
5. 운전시야확보	1. 운전시야 확보	1. 적재물 낙하 및 충돌사고 예방 2. 접촉사고 예방
	2. 장비 및 주변상태 확인	1. 운전 중 작업장치 성능확인 2. 이상 소음 3. 운전 중 장치별 누유 · 누수
6. 작업 후 점검	1. 안전주차	1. 주기장 선정 2. 주차 제동장치 체결 3. 주차 시 안전조치
	2. 연료 상태 점검	1. 연료량 및 누유 점검
	3. 외관점검	1. 휠 볼트, 너트 상태 점검 2. 그리스 주입 점검 3. 윤활유 및 냉각수 점검
	4. 작업 및 관리일지 작성	1. 작업일지 2. 장비관리일지
7. 도로주행	1. 교통법규 준수	1. 도로주행 관련 도로교통법 2. 도로표지판(신호, 교통표지) 3. 도로교통법 관련 벌칙
	2. 안전운전 준수	1. 도로주행 시 안전운전
	3. 건설기계관리법	1. 건설기계 등록 및 검사 2. 면허 · 벌칙 · 사업
8. 응급대처	1. 고장 시 응급처치	1. 고장표시판 설치 2. 고장내용 점검 3. 고장유형별 응급조치
	2. 교통사고 시 대처	1. 교통사고 유형별 대처 2. 교통사고 응급조치 및 긴급구호
9. 장비구조	1. 엔진구조	1. 엔진본체 구조와 기능 2. 윤활장치 구조와 기능 3. 연료장치 구조와 기능 4. 흡배기장치 구조와 기능 5. 냉각장치 구조와 기능
	2. 전기장치	1. 시동장치 구조와 기능 2. 충전장치 구조와 기능 3. 등화장치 구조와 기능 4. 퓨즈 및 계기장치 구조와 기능
	3. 전 · 후진 주행장치	1. 조향장치의 구조와 기능 2. 변속장치의 구조와 기능 3. 동력전달장치 구조와 기능 4. 제동장치 구조와 기능 5. 주행장치 구조와 기능
	4. 유압장치	1. 유압펌프 구조와 기능 2. 유압 실린더 및 모터 구조와 기능 3. 컨트롤 밸브 구조와 기능 4. 유압탱크 구조와 기능 5. 유압유 6. 기타 부속장치
	5. 작업장치	1. 마스트 구조와 기능 2. 체인 구조와 기능 3. 포크 구조와 기능 4. 가이드 구조와 기능 5. 조작레버 장치 구조와 기능 6. 기타 지게차의 구조와 기능

※ 시험에 관한 자세한 사항은 반드시 www.q-net.or.kr에서 확인하시기 바랍니다.

차 례

01 핵심요약정리

02 CBT 기출분석문제

CBT 상시기출분석문제

도로명주소

도로명주소 도입의 필요성

(1) 물류기반 주소정보 인프라(Infra) → 물류비용 절감
(2) 전자상거래의 확대에 따른 주소 정보화
(3) 국제적으로 보편화된 주소제도 사용 → 국가경쟁력 및 위상 제고
(4) 행정적 측면 : 소방 · 방범 · 재난 등 국민의 생명과 재산 관련 업무 긴급출동 시 시간 단축

도로명주소의 부여

(1) 도로구간의 시작지점과 끝지점은 '서쪽에서 동쪽, 남쪽에서 북쪽 방향'으로 설정 · 변경한다.
(2) 도로구간이 설정된 모든 도로에는 도로구간별로 고유한 도로명을 부여한다.
(3) 도로명부여 대상 도로별 구분
- 대로(大路) : 도로의 폭이 40미터 이상 또는 왕복 8차로 이상인 도로
- 로(路) : 도로의 폭이 12미터 이상 40미터 미만 또는 왕복 2차로 이상 8차로 미만인 도로
- 길 : '대로'와 '로' 외의 도로

도로명주소 표기방법

행정구역명 + 도로명 + 건물번호 + " , " + 상세주소 + 참고항목
(시 · 도/시 · 군 · 구/읍 · 면) (동 · 호수 등) (법정동, 아파트단지 명칭 등)

(1) 도로명은 모두 붙여 쓴다. 예 국회대로62길, 용호로21번길
(2) 도로명과 건물번호는 띄어 쓴다. 예 국회대로62길 25, 용호로21번길 15
(3) 건물번호와 상세주소(동 · 층 · 호) 사이에는 쉼표(" , ")를 찍는다.
- 단 독 주 택 : 경기도 파주시 문산읍 문향로85번길 6
- 업무용빌딩 : 서울특별시 종로구 세종대로 209, 000호(세종로)
- 공 동 주 택 : 인천광역시 부평구 체육관로 27, 000동 000호(삼산동, 00아파트)

도로명주소 안내시설

(1) 도로명판

왼쪽 또는 오른쪽 한 방향용(시작지점)

넓은 길, 시작지점을 의미
강남대로 1→699 Gangnam-daero
강남대로는 6.99km(699×10m)
1→ 현 위치는 도로 시작점

왼쪽 또는 오른쪽 한 방향용(끝지점)

'대정로' 시작지점에서부터 약 230m 지점에서 왼쪽으로 분기된 도로
1←65 대정로23번길 Daejeong-ro23beon-gil
이 도로는 650m(65×10m)
←65 현 위치는 도로 끝지점

양방향용(중간지점)

전방 교차도로는 중앙로
92 중앙로 Jungang-ro 96
좌측으로 92번 이하 건물 위치
우측 96번 이상 건물 위치

앞쪽 방향용(중간지점)

중간지점을 의미
사임당로 Saimdang-ro 250 ↑ 92
남은 거리는 1.5km
92→ 현 위치는 도로상의 92번

예고용 도로명판

현 위치에서 다음에 나타날 도로는 '종로'

현 위치로부터 전방 200m에 예고한 도로가 있음

기초번호판

다음 도로명판에 대한 설명으로 옳지 않은 것은?

1←65 대정로23번길 Daejeong-ro23beon-gil

✔ 대정로 시작점 부근에 설치된다.
② 대정로 종료지점에 설치된다.
③ 대정로는 총 650m이다.
④ 대정로 시작점에서 230m에 분기된 도로이다.

해설 제시된 도로명판은 대정로 종료지점에 설치된다.

(2) 건물번호판

※ 현재 지게차 · 굴착기 등 운전기능사시험에서 도로명주소 · 도로명표지에 관한 내용이 출제되고 있습니다. 이 책 뒤 표지 안쪽의 내용도 함께 보시면 좋습니다. 도로명주소 안내시스템(http://www.juso.go.kr), 주소정보시설규칙(법제처 http://www.law.go.kr)에서 자세한 내용을 확인할 수 있습니다.

자료출처 : 도로명주소 안내시스템(http://www.juso.go.kr)

Keyword

01 디젤기관의 특징
- 연료 소비율이 적고 열효율이 높음
- 화재의 위험이 적음
- 전기 점화장치가 없어 고장률이 적음
- 냉각손실이 적음

02 디젤기관에서 시동이 되지 않는 원인
- 연료계통에 공기가 들어있을 때
- 배터리 방전으로 교체가 필요한 상태일 때
- 연료분사 펌프의 기능이 불량할 때, 연료가 부족할 때

03 기관이 과열되는 원인
- 라디에이터 코어의 막힘
- 냉각장치 내부에 물때가 끼었을 때
- 냉각수의 부족
- 무리한 부하 운전
- 팬벨트의 느슨함
- 물펌프 작동 불량

04 디젤기관의 진동원인
- 연료공급 계통에 공기 침입
- 분사압력이 실린더별로 차이가 있을 때
- 피스톤 및 커넥팅로드의 중량차가 클 때
- 4기통 엔진에서 한 개의 분사노즐이 막혔을 때

05 압력식 라디에이터 캡 : 냉각장치 내부압력이 부압이 되면 진공밸브는 열림

06 과급기(터보차저)를 사용하는 목적
기관 출력 증대, 회전력 증대, 실린더 내의 흡입 공기량 증가

07 교류 발전기의 특징
경량이고 출력이 큼, 브러시 수명이 김, 저속회전 시 충전이 양호함, 전기적 용량이 큼, 전압조정기만 필요함

08 클러치가 미끄러지는 원인
클러치 페달의 자유간극 없음, 압력판의 마멸, 클러치 판에 오일 부착

09 베이퍼 록 발생원인
드럼의 과열, 지나친 브레이크 조작, 잔압의 저하, 오일의 변질에 의한 비등점 저하

10 페이드 현상
브레이크를 연속하여 자주 사용하면 브레이크 드럼이 과열되어 마찰계수가 떨어지고 브레이크가 잘 듣지 않는 것으로, 짧은 시간 내에 반복 조작이나 내리막길을 내려갈 때 브레이크 효과가 나빠지는 현상

11 노킹의 원인
연료의 분사압력이 낮음, 연소실의 온도가 낮음, 착화지연 시간이 김, 노즐의 분무상태가 불량함

12 운전 중 엔진부조를 하다가 시동이 꺼지는 원인
- 연료필터 막힘
- 연료에 물 혼입
- 분사노즐이 막힘
- 연료파이프 연결 불량
- 탱크 내에 오물이 연료장치에 유입

13 에어클리너가 막혔을 때 나타나는 현상
배출가스 색은 검고 출력은 저하됨

14 토크 컨버터
- 펌프, 터빈 스테이터 등이 상호 운동을 하여 회전력을 변환시킴
- 조작이 용이하고 엔진에 무리가 없음
- 기계적인 충격을 흡수하여 엔진의 수명을 연장함
- 부하에 따라 자동적으로 변속함

15 기계식 변속기가 설치된 건설기계에서 클러치판의 비틀림 코일 스프링의 역할 : 클러치 작동 시 충격을 흡수

16 지게차의 구동방식과 조향방식
구동방식(앞바퀴 구동), 조향방식(뒷바퀴 조향)

17 틸트 록 밸브
지게차의 마스트를 기울일 때 갑자기 시동이 정지되면 작동하는 밸브

18 틸트 실린더 : 지게차 마스트의 앞 · 뒤 경사각을 유지하는 복동 실린더

19 리프트 실린더 : 지게차의 포크를 상승 · 하강시키는 단동 실린더

20 지게차의 포크를 하강시키는 방법
가속 페달을 밟지 않고 리프트 레버를 앞으로 밂

21 지게차의 동력전달순서
엔진 → 클러치 → 변속기 → 종감속기어 및 차동장치 → 앞구동축 → 차륜

22 인칭조절장치의 위치 : 트랜스미션 내부

23 지게차에서 자동차와 같이 스프링을 사용하지 않는 이유
롤링이 생기면 적하물이 떨어지기 때문

24 카운터 웨이트 : 작업 시 안전성 및 균형을 잡아주기 위해 지게차 장비 뒤쪽에 설치되어 있음

25 지게차 조종레버

구분	내용
전 · 후진레버	전진(앞으로 밂), 후진(뒤로 당김)
리프트레버	포크의 하강(앞으로 밂), 상승(당김)
틸트레버	마스트 앞으로 기울임(앞으로 밂), 마스트 뒤로 기울어짐(당김)

26 지게차 유량을 점검할 때 포크의 위치 : 포크를 지면에 내려놓고 점검

27 포크의 한쪽이 기울어지는 원인 : 한쪽 체인이 늘어남

28 지게차 체인장력 조정법
- 좌우 체인이 동시에 평행한지 확인
- 포크를 지상에 조금 올린 후 조정
- 체인을 눌러보아 양쪽이 다르면 조정너트로 조정
- 체인 장력을 조정한 후 반드시 로크너트로 고정

29 지게차 운반작업 : 마스트를 뒤로 4° 정도 경사시켜 운반, 포크를 지면에서 20~30cm 정도 유지, 경사지 운반 시 화물을 위쪽으로 하고, 내려갈 때에는 저속 후진, 화물 가까이 가면 속도를 줄임

30 지게차의 일상점검사항
타이어 손상 및 공기압 점검, 틸트 실린더의 오일 누유 상태, 작동유의 양

31 유압유의 구비조건
- 점도변화가 적을 것
- 내열성이 클 것
- 화학적 안정성이 클 것
- 적정한 유동성과 점성을 갖고 있을 것
- 압축성이 낮을 것
- 밀도가 작을 것
- 발화점이 높을 것

32 유압유의 점도

점도가 높을 때	점도가 낮을 때
• 동력 손실의 증가 • 관내의 마찰 손실 증가 • 열발생의 원인이 될 수 있음	• 펌프 효율 저하 • 오일 누설 • 유압회로 내 압력 저하 • 유압실린더의 속도가 늦어짐

33 캐비테이션 현상 : 유압이 진공에 가까워지고, 기포가 생기며 국부적인 고압이나 소음이 발생하는 현상

34 유압유의 온도가 상승할 때 나타나는 결과
- 기계적 마모가 발생할 수 있음
- 유압유의 산화작용을 촉진
- 작동 불량 현상 발생
- 펌프 효율 저하
- 밸브류 기능 저하
- 온도변화에 의한 유압기기가 열변형되기 쉬움

35 유압오일 내에 기포(거품)가 형성되는 이유 : 오일에 공기 혼합

36 유압펌프의 소음 발생원인
- 오일의 양이 적을 때
- 오일의 점도가 너무 높을 때
- 오일 속에 공기가 들어 있을 때
- 펌프의 회전이 너무 빠를 때

37 겨울철에 연료를 가득 채우는 이유
공기 중의 수분이 응축되어 물이 생기기 때문

38 축압기(어큐뮬레이터)의 사용 목적
압력 보상, 유체의 맥동 감쇠, 보조 동력원으로 사용

39 유압회로에서 유량제어를 통하여 작업속도를 조절하는 방식
미터 인 방식, 미터 아웃 방식, 블리드 오프 방식

40 유압탱크의 구비조건
- 드레인(배출밸브) 및 유면계 설치
- 적당한 크기의 주유구 및 스트레이너를 설치
- 오일에 이물질이 혼입되지 않도록 밀폐되어야 함

41 건설기계를 등록할 때 필요한 서류
- 건설기계제작증(국내에서 제작한 건설기계)
- 수입면장 등 수입사실을 증명하는 서류(수입한 건설기계)
- 매수증서(행정기관으로부터 매수한 건설기계)
- 건설기계의 소유자임을 증명하는 서류
- 건설기계제원표
- 보험 또는 공제의 가입을 증명하는 서류

42 등록이전 신고를 하는 경우
건설기계 등록지(등록한 주소지)가 다른 시 · 도로 변경되었을 경우

43 특별표지판을 부착해야 하는 건설기계
- 길이가 16.7m를 초과하는 건설기계
- 너비가 2.5m를 초과하는 건설기계
- 높이가 4.0m를 초과하는 건설기계
- 최소 회전반경 12m를 초과하는 건설기계

44 건설기계관리법상 1년 이하 징역 또는 1천만 원 이하 벌금
- 정비명령을 이행하지 아니한 자
- 건설기계조종사면허를 받지 아니하고 건설기계를 조종한 자
- 건설기계조종사면허가 취소된 상태로 건설기계를 계속하여 조종한 자

45 건설기계의 출장검사가 허용되는 경우
- 도서지역에 있는 경우
- 자체중량이 40톤을 초과하거나 축하중이 10톤을 초과하는 경우
- 너비가 2.5m를 초과하는 경우
- 최고속도가 시간당 35km 미만인 경우

46 건설기계검사의 종류 : 신규등록검사, 정기검사, 구조변경검사, 수시검사

47 자동차 등의 속도

최고속도의 20/100 감속	최고속도의 50/100 감속
• 비가 내려 노면이 젖어 있는 경우 • 눈이 20mm 미만 쌓인 경우	• 폭우 · 폭설 · 안개 등으로 가시거리가 100m 이내인 경우 • 노면이 얼어붙은 경우 • 눈이 20mm 이상 쌓인 경우

48 정차 및 주차 금지장소
- 횡단보도, 교차로, 건널목
- 교차로의 가장자리나 도로의 모퉁이로부터 5m 이내인 곳
- 건널목의 가장자리 또는 횡단보도로부터 10m 이내인 곳
- 안전지대의 사방으로부터 10m 이내인 곳
- 소방용수시설, 비상 소화장치가 설치된 곳으로부터 5m 이내인 곳
- 버스정류장임을 표시하는 시설물이나 선이 표시된 곳으로부터 10m 이내인 곳

49 신호기의 신호와 경찰공무원의 수신호가 다른 경우 통행방법
경찰공무원의 수신호를 우선적으로 따름

50 술에 취한 상태의 기준 : 혈중 알코올 농도 0.03% 이상일 때

51 안전 · 보건표지의 색채 및 용도
빨간색(금지 · 경고), 노란색(경고), 파란색(지시), 녹색(안내)

52 산업재해 발생원인 중 직접 원인 : 불안전한 행동

53 산업재해를 예방하기 위한 재해예방 4원칙
손실 우연의 원칙, 예방 가능의 원칙, 원인 계기의 원칙, 대책 선정의 원칙

54 해머 작업 시 주의사항
- 장갑이나 기름 묻은 손으로 자루를 잡지 않을 것
- 타격면이 닳아 경사진 것은 사용하지 않을 것
- 자루 부분을 확인하고 사용할 것
- 열처리 된 재료는 때리지 않도록 주의할 것

55 렌치 작업 시 주의사항
- 렌치를 해머로 두드리면 안 됨
- 너트에 맞는 것을 사용함
- 너트에 렌치를 깊이 물려야 함
- 적당한 힘으로 볼트와 너트를 죄고 풀어야 함

56 복스렌치가 오픈렌치보다 많이 사용되는 이유 : 볼트, 너트 주위를 완전히 감싸게 되어 있어서 사용 중에 미끄러지지 않기 때문

57 먼지가 많이 발생하는 건설기계 작업장에서 사용하는 마스크
방진 마스크

58 장갑을 끼고 작업할 때 위험한 작업
드릴 작업, 해머 작업, 연삭 작업, 정밀기계 작업

59 화재의 분류
- A급화재 : 일반 가연물의 화재
- B급화재 : 유류화재
- C급화재 : 전기화재
- D급화재 : 금속화재

60 작업장의 안전수칙
- 작업장은 항상 청결하게 유지한다.
- 밀폐된 실내에서는 시동 걸지 않는다.
- 작업복과 안전장구를 반드시 착용한다.
- 연소하기 쉬운 물질은 특히 주의를 요한다.
- 각종 기계를 불필요하게 공회전시키지 않는다.
- 기계의 청소나 손질은 운전을 정지시킨 후 실시한다.
- 작업대 사이 또는 기계 사이의 통로는 안전을 위한 일정한 너비가 필요하다.
- 전원 콘센트 및 스위치 등에 물을 뿌리지 않는다.
- 작업 중 입은 부상은 즉시 응급조치하고 보고한다.
- 작업이 끝나면 사용공구는 정 위치에 정리 · 정돈한다.

쉽게 따는 必기 합격노트

01 핵심요약정리

PART 01 안전관리 및 응급대처
PART 02 도로주행
PART 03 장비구조
PART 04 유압일반

※ 최신 출제기준을 반영하여 시험에 자주 나오는 핵심 내용을 4개 영역으로 나누어 요약 정리하였습니다.
법령의 경우, 최근 개정된 사항은 개정 전후 내용을 알아두어야 합니다.

제1장 안전관리

1 산업안전 일반

(1) 산업안전

사업장의 생산 활동에서 발생되는 모든 위험으로부터 근로자의 신체와 건강을 보호하고 산업시설을 안전하게 유지하는 것

(2) 산업재해의 발생원리

① 산업재해의 정의

산업안전 보건법상의 정의	노무를 제공하는 사람이 업무에 관계되는 건설물 · 설비 · 원재료 · 가스 · 증기 · 분진 등에 의하거나 작업 또는 그 밖의 업무로 인하여 사망 또는 부상하거나 질병에 걸리는 것
국제노동기구(ILO)의 정의	근로자가 물체나 물질, 타인과 접촉에 의해서 또는 물체나 작업 조건, 근로자의 작업동작 때문에 사람에게 상해를 주는 사건이 일어나는 것

② 산업재해 부상의 종류

㉠ 중상해 : 부상으로 인하여 2주 이상의 노동손실을 가져온 상해 정도

㉡ 경상해 : 부상으로 인하여 1일 이상 14일 미만의 노동손실을 가져온 상해 정도

㉢ 경미상해 : 부상으로 8시간 이하의 휴무 또는 작업에 종사하면서 치료를 받는 상해 정도

③ 재해의 발생 이론(도미노 이론)★ : 사고 연쇄의 5가지 요인들이 표시된 도미노 골패가 한쪽에서 쓰러지면 연속적으로 모두 쓰러지는 것과 같이 연쇄성을 이루고 있다는 것이다. 이들 요인 중 하나만 제거하면 재해는 발생하지 않으며, 특히 불안전한 행동과 불안전한 상태를 제거하는 것이 재해 예방을 위해 가장 바람직하다.

④ 사고의 요인★

㉠ 가정 및 사회적 환경(유전적)의 결함 : 빈부의 차나 감정의 영향, 주변 환경의 질적 요소 등은 인간의 성장 과정에서 성격 구성에 커다란 영향을 끼치며 교육적인 효과에도 좌우되고 유전이나 가정환경은 인간 결함의 주원인이 되기도 함

㉡ 개인적인 결함 : 유전이나 후천적인 결함 또는 무모, 신경질, 흥분성, 무분별, 격렬한 기질 등은 불안전 행동을 범하게 되고 기계적 · 물리적인 위험 존재의 원인이 됨

㉢ 불안전 행동 또는 불안전 상태 : 사고 발생의 직접 원인

㉣ 사고(Accident) : 인간이 추락, 비래물에 의한 타격 등으로 돌발적으로 발생한 사건

㉤ 재해(Injury) : 골절, 열상 등 사고로 인한 결과 피해를 가져온 상태

2 보호구 및 안전표지

(1) 보호구

① 정의 : 외부의 유해한 자극물을 차단하거나 또는 그 영향을 감소시킬 목적을 가지고 작업자의 신체 일부 또는 전부에 장착하는 보조기구

② 구비조건 및 보관

구비 조건	• 착용이 간편하고 작업에 방해를 주지 않을 것 • 구조 및 표면 가공이 우수할 것 • 보호장구의 원재료의 품질이 우수할 것 • 유해 · 위험 요소에 대한 방호 성능이 완전할 것
보 관	• 청결하고 습기가 없는 곳에 보관 • 주변에 발열체가 없도록 함 • 세척 후 그늘에서 완전히 건조시켜 보관 • 부식성 액체, 유기용제, 기름, 화장품, 산 등과 혼합하여 보관하지 않음 • 개인 보호구는 관리자 등에 일괄 보관하지 않음

③ 보호구의 종류별 특성★

㉠ 안전모 : 건설작업, 보수작업, 조선작업 등에서 물체의 낙하, 비래, 붕괴 등의 우려가 있는 작업이나 화물의 적재 및 하역작업 등에서 추락, 전락, 전도 등의 우려가 있는 작업에서 작업원의 안전을 위해 착용

선택 방법	• 작업성질에 따라 머리에 가해지는 각종 위험으로부터 보호할 수 있는 종류의 안전모 선택 • 규격에 알맞고 성능 검사 합격품 • 가볍고 성능이 우수하며 충격 흡수성이 좋아야 함	
착용 대상 사업장	• 2m 이상 고소 작업 • 비계의 해체 조립 작업	• 낙하 위험 작업 • 차량계 운반 하역작업

자주나와요 꼭 암기

1. 안전보호구의 종류는? 안전화, 안전장갑, 안전모, 안전대
2. 사고 발생이 많이 일어날 수 있는 원인에 대한 순서는?
   불안전 행위 > 불안전 조건 > 불가항력
3. 산업재해 분류에서 사람이 평면상으로 넘어졌을 때(미끄러짐 포함)를 말하는 것은?
   전도

신유형

1. 재해의 원인 중 생리적인 원인에 해당되는 것은? **작업자의 피로**
2. 산업재해의 발생 요인은? **인적 요인(관리상, 생리적, 심리적), 환경적 요인**
3. 안전보호구 선택 시 유의사항은?
   - **보호구 검정에 합격하고 보호성능이 보장될 것**
   - **작업 행동에 방해되지 않을 것**
   - **착용이 용이하고 크기 등 사용자에게 편리할 것**

㉡ 안전대 : 추락에 의한 위험을 방지하기 위해 로프, 고리, 급정지 기구와 근로자의 몸에 묶는 띠 및 그 부속품

착용 대상 사업장	• 2m 이상의 고소 작업 • 슬레이트 지붕 위의 작업	• 분쇄기 또는 혼합기의 개구부 • 비계의 조립, 해체 작업
안전대용 로프의 구비조건	• 내마모성이 높을 것 • 내열성이 높을 것 • 충격 및 인장 강도에 강할 것	

㉢ 안전장갑 : 용접용 가죽제 보호장갑(불꽃, 용융금속 등으로부터 상해 방지), 전기용 고무장갑(7,000V 이하 전기회로 작업에서의 감전 방지), 내열(방열)장갑(로 작업 등에서 복사열로부터 보호), 산업위생 보호장갑(산, 알칼리 및 화학약품 등으로부터 피부장해 또는 피부 침투가 우려되는 물질을 취급하는 작업으로부터 보호), 방진장갑(진동공구 사용 시 진동장해가 발생되므로 착용)

㉣ 안전화, 보안경, 보안면

구 분	기 능	구비조건
안전화	물체의 낙하, 충격, 날카로운 물체로 인한 위험으로부터 발 또는 발등을 보호하거나 감전이나 정전기의 대전을 방지하기 위한 것	• 앞발가락 끝 부분에 선심을 넣어 압박 및 충격에 대하여 착용자의 발가락을 보호할 수 있는 구조일 것 • 선심의 내측은 헝겊, 가죽, 고무 또는 플라스틱 등으로 감쌀 것 • 착용감이 좋고 작업에 편리할 것 • 견고하게 제작하여 부분품의 마무리가 확실하고 형상은 균형이 있을 것
보안경	유해 약물의 침입을 막기 위해, 비산되는 칩에 의한 부상을 막기 위해, 유해 광선으로부터 눈을 보호하기 위하여 사용함	• 착용 시 편안하고 세척이 쉬울 것 • 내구성이 있고 충분히 소독이 되어 있을 것 • 특정한 위험에 대해서 적절한 보호를 할 수 있을 것 • 견고하게 고정되어 착용자가 움직이더라도 쉽게 탈락 또는 움직이지 않을 것
보안면	유해 광선으로부터 눈을 보호하고 용접 시 불꽃 또는 날카로운 물체에 의한 위험으로부터 안면을 보호하는 보호구	• 구조적으로 충분한 강도가 있고 가벼울 것 • 착용 시 피부에 해가 없고 수시로 세탁·소독이 가능할 것 • 금속은 방청 처리를 하고 플라스틱은 난연성일 것 • 투시부의 플라스틱은 광학적 성능을 가질 것

㉤ 호흡용 보호구★

구분	내용
방진 마스크의 구비조건	• 여과 효율(분진·포집 효율)이 좋고 흡배기 저항이 낮을 것 • 사용적(유효공간)이 적을 것(180cm² 이하) • 중량이 가볍고 시야가 넓을 것 • 안면 밀착성이 좋고 피부 접촉 부위의 고무질이 좋을 것
방독 마스크 사용 시 유의 사항	• 수명이 지난 것은 절대로 사용하지 말 것 • 산소 결핍(일반적으로 16% 기준) 장소에서는 사용하지 말 것 • 가스의 종류에 따라 용도 이외의 것을 사용하지 말 것
호스 마스크	작업장 또는 작업 공간 내의 공기가 유해·유독 물질의 오염이나 산소 결핍 등으로 방진 마스크 또는 방독 마스크를 사용할 수 없는 불량한 작업 환경에서 주로 사용하는 보호구

자주나와요 꼭 암기

1. 감전의 위험이 많은 작업현장에서 보호구로 가장 적절한 것은? 보호장갑
2. 보안경을 사용해야 하는 작업은? 장비 밑에서 정비작업할 때, 철분 및 모래 등이 날리는 작업을 할 때, 전기용접 및 가스용접 작업을 할 때
3. 안전장치 선정 시의 고려사항은?
   • 위험 부분에는 안전 방호 장치가 설치되어 있을 것
   • 강도나 기능면에서 신뢰도가 클 것, 작업하기에 불편하지 않은 구조일 것
4. 전기용접 작업 시 보안경을 사용하는 이유로 가장 적절한 것은? 유해 광선으로부터 눈을 보호하기 위하여

신유형

1. 보호안경을 끼고 작업해야 하는 경우는?
   산소용접 작업 시, 그라인더 작업 시, 장비의 하부에서 점검 시, 정비 작업 시
2. 진동에 의한 건강장해의 예방방법은?
   저진동형 기계공구를 사용한다. 방진장갑과 귀마개를 착용한다. 휴식시간을 충분히 갖는다.

④ 작업장 안전수칙

• 작업복과 안전장구는 반드시 착용
• 좌·우측 통행 규칙을 엄수
• 각종 기계를 불필요하게 회전시키지 않음
• 중량물 이동에는 체인블록이나 호이스트를 사용

(2) 안전보건표지

① 종류와 형태★

1. 금지표지	101 출입금지	102 보행금지	103 차량통행금지	104 사용금지	105 탑승금지	106 금연
107 화기금지	108 물체이동금지	2. 경고표지	201 인화성물질 경고	202 산화성물질 경고	203 폭발성물질 경고	204 급성독성물질 경고
205 부식성물질 경고	206 방사성물질 경고	207 고압전기 경고	208 매달린 물체 경고	209 낙하물 경고	210 고온 경고	211 저온 경고
212 몸균형 상실 경고	213 레이저광선 경고	214 발암성·변이원성·생식독성·전신독성·호흡기과민성 물질 경고	215 위험장소 경고	3. 지시표지	301 보안경 착용	302 방독마스크 착용
303 방진마스크 착용	304 보안면 착용	305 안전모 착용	306 귀마개 착용	307 안전화 착용	308 안전장갑 착용	309 안전복 착용
4. 안내표지	401 녹십자표지	402 응급구호표지	403 들것	404 세안장치	405 비상용기구	406 비상구
407 좌측비상구	408 우측비상구					

자주나와요 꼭 암기

1. 산업안전보건법상 안전표지의 종류는?
   금지표지, 경고표지, 지시표지, 안내표지
2. 작업현장에서 사용되는 안전표지 색은?
   • 빨간색－방화 표시 • 노란색－충돌·추락 주의 표시
   • 녹색－비상구 표시

신유형

1. 응급구호표지의 바탕색은?
   녹색
2. 해당하는 안전보건표지는?
   사용금지, 레이저광선

② 안전보건표지의 색채, 색도 기준 및 색채 용도

색 채	색도 기준	용 도	사용 예
빨간색	7.5R 4/14	금지	정지신호, 소화설비 및 그 장소, 유해행위의 금지
		경고	화학물질 취급장소에서의 유해·위험경고
노란색	5Y 8.5/12	경고	화학물질 취급장소에서의 유해·위험경고 이외의 위험경고, 주의표지 또는 기계방호물
파란색	2.5PB 4/10	지시	특정 행위의 지시 및 사실의 고지
녹색	2.5G 4/10	안내	비상구 및 피난소, 사람 또는 차량의 통행표지
흰색	N9.5		파란색 또는 녹색에 대한 보조색
검은색	N0.5		문자 및 빨간색 또는 노란색에 대한 보조색

3 기계 · 기기 및 공구의 안전

(1) 기계의 위험 및 안전 조건

① 기계 사고의 일반적 원인

인적 원인	교육적 결함	안전 교육 부족, 교육 미비, 표준화 및 통제 부족 등
	작업자의 능력 부족	무경험, 미숙련, 무지, 판단력 부족 등
	규율 부족	규칙, 작업 기준 불이행 등
	불안전 동작	서두름, 날림 동작 등
	정신적 결함	피로, 스트레스 등
	육체적 결함	체력 부족, 피로 등
물적 원인	환경 불량	조명, 청소, 청결, 정리, 정돈, 작업 조건 불량 등
	기계시설의 위험	가드(guard)의 불충분, 설계 불량 등
	구조의 불안전	방화 대책의 미비, 비상 출구의 불안전 등
	계획의 불량	작업 계획의 불량, 기계 배치 계획의 불량 등
	보호구의 부적합	안전 보호구, 보호의 결함 등
	기기의 결함	불량 기기 · 기구 등

② 기계 안전 일반

작업 복장 ★	• 작업 종류에 따라 규정된 복장, 안전모, 안전화 및 보호구 착용 • 작업복은 몸에 맞고 동작이 편해야 함 • 장갑은 작업용도에 따라 적합한 것을 착용하고 수건을 허리에 차거나 어깨 · 목 등에 걸지 않음 • 작업복의 소매와 바지의 단추를 풀면 안 되고 상의의 옷자락이 밖으로 나오지 않도록 함 • 오손되거나 지나치게 기름이 많은 작업복은 착용하지 않음 • 신발은 안전화를 착용하여 물체가 떨어져 부상당하거나 예리한 못이나 쇠붙이에 찔리지 않도록 함
통로의 안전	• 중요한 통로에는 통로표시를 하고 근로자가 안전하게 통행할 수 있게 할 것 • 옥내 통로를 설치 시 걸려 넘어지거나 미끄러지는 위험이 없을 것 • 통로 폭은 지게차 폭에 더해 최소 60cm를 확보한다. • 통로면으로부터 높이 2m 이내에는 장애물이 없도록 할 것 • 정상적인 통행을 방해하지 않는 정도의 채광 · 조명시설을 할 것
계단의 안전	• 계단 및 계단참을 설치할 때는 매 m^2당 500kg 이상의 하중에 견딜 수 있는 강도를 가진 구조로 설치할 것 • 계단의 폭은 1m 이상으로 하고, 계단참은 높이가 3.7m를 초과하지 않도록 설치할 것

(2) 기계의 방호

① 방호장치 : 기계 · 기구 및 설비 또는 시설을 사용하는 작업자에게 상해를 입힐 우려가 있는 부분에 작업자를 보호하기 위해 일시적 또는 영구적으로 설치하는 기계적 · 물리적 안전장치

종 류	• 위치제한형 방호장치 : 위험구역에서 일정거리 이상 떨어지게 하는 방호장치 • 접근반응형 방호장치 : 감지하여 작동 중인 기계를 즉시 정지, 꺼지도록 하는 장치 • 포집형 방호장치 : 작업자로부터 위험원을 차단하는 방호장치 • 격리형 방호장치 : 기계설비 외부에 차단벽이나 방호망을 설치하는 것

② 동력기계의 안전장치

종 류	인터록 시스템(interlock system), 리미트 스위치(limit switch)
선정 시 고려 사항	• 안전장치의 사용에 따라 방호가 완전할 것 • 강도면 · 기능면에서 신뢰도가 클 것 • 현저히 작업에 지장을 가져오지 않을 것 • 보전성을 고려하여 소모 부품 등의 교환이 용이한 구조일 것 • 정기 점검 시 이외는 사람의 손으로 조정할 필요가 없을 것 • 안전장치를 제거하거나 기능의 정지를 용이하게 할 수 없을 것

③ 기계설비의 방호장치★

동력전달장치의 안전대책	샤프트	세트 볼트, 귀, 머리 등의 돌출 부분은 회전 시 위험성이 높아서 노출되면 근로자의 몸, 복장이 말려들어 중대한 재해 발생
	벨 트	• 벨트를 걸 때나 벗길 때는 기계를 정지한 상태에서 행함 • 운전 중인 벨트에는 접근하지 않도록 하고 벨트의 이음쇠는 풀리가 없는 구조로 하고 풀리에 감겨 돌아갈 때는 커버나 울로 덮개 설치
	기 어	• 기어가 맞물리는 부분에 완전히 덮개를 함 • 원판형인 때에는 치차의 주위를 완전히 덮도록 기어 케이싱을 만들어야 하며, 플랜지가 붙은 밴드형 덮개를 해야 함
	풀 리	상면 또는 작업대로부터 2.6m 이내에 있는 풀리는 방책 또는 덮개로 방호
	스프로킷 및 체인	동력으로 회전하는 스프로킷 및 체인은 그 위치에 따라 방호가 필요 없는 것을 제외하고는 완전히 덮어야 함
방호덮개		• 가공물, 공구 등의 낙하 비래에 의한 위험을 방지하고, 위험 부위에 인체의 접촉 · 접근을 방지하기 위한 것 • 기계의 주위를 청소 또는 수리하는 데 방해되지 않는 한 작업상으로부터 15cm 띄어 놓고 완전히 에워싸서 노출시키지 말 것
방호망		동력으로 작동되는 기계 · 기구의 돌기 부분, 동력 전달 및 속도 조절 부분에 설치

(3) 공작기계의 안전대책★

밀링머신	• 작업 전에 기계의 이상 유무를 확인하고 동력스위치를 넣을 때 두세 번 반복할 것 • 절삭 중에는 절대로 장갑을 끼지 말 것 • 가공물, 커터 및 부속장치 등을 제거할 때 시동레버를 건드리지 말 것 • 강력 절삭 시에는 일감을 바이스에 깊게 물릴 것
플레이너	• 일감을 견고하게 장치하고 볼트는 일감에 가깝게 하여 죔 • 바이트는 되도록 짧게 나오도록 설치하고 일감 고정 작업 중에는 반드시 동력스위치 끌 것
세이퍼	• 바이트는 되도록 짧게 고정, 보호안경 착용, 평형대 사용 • 작업공구를 정돈하고 알맞은 렌치나 핸들을 사용하고 시동하기 전에 행정 조정용 핸들을 빼놓을 것
드릴링머신	• 장갑을 끼고 작업하지 말 것 • 드릴을 끼운 뒤에 척 렌치를 반드시 빼고 전기 드릴 사용 시에는 반드시 접지할 것 • 드릴은 좋은 것을 골라 바르게 연마하여 사용하고 플레임 상처가 있거나 균열이 생긴 것은 사용하지 말 것
연삭기	• 치수 및 형상이 구조 규격에 적합한 숫돌 사용 • 작업 시작 전 1분 이상, 숫돌 교체 시 3분 이상 시운전 • 숫돌 측면 사용제한, 숫돌덮개 설치 후 작업 • 보안경과 방진마스크 착용 • 탁상용 연삭기에는 작업받침대(연삭숫돌과 3mm 이하 간격)와 조정편 설치 • 연삭기 사용 작업 시 발생할 수 있는 사고 : 회전하는 연삭숫돌의 파손, 작업자 발의 협착, 작업자의 손이 말려 들어감 • 연삭기에서 연삭칩의 비산을 막기 위한 안전방호장치 : 안전덮개
프레스	• 장갑을 사용하지 않을 것 • 작업 전에 공회전하여 클러치 상태 점검 • 작업대 교환한 후 반드시 시운전할 것 • 연속작업이 아닐 경우 스위치 끌 것 • 손질, 급유 작업 및 조정 시 기계를 멈추고 작업할 것 • 2명 이상 작업 시 서로 정확한 신호와 안전한 동작 할 것

참고

드릴 작업 시 주의사항
- 작업 시 면장갑의 착용 금지
- 작업 중 칩 제거 금지 ⇒ 칩 제거 시 회전을 정지시키고 솔로 제거함
- 균열이 있는 드릴 사용 금지
- 칩을 털어낼 때 칩 털이를 사용
- 작업이 끝나면 드릴을 척에서 빼놓음
- 재료는 힘껏 조이거나 정지구로 고정

(4) 각종 위험 기계 · 기구의 안전대책

구분		안전대책
롤러기(Roller)		• 롤러기 주위 바닥은 평탄하고 돌출물이나 제거물이 있으면 안 되며 기름이 묻어 있으면 제거할 것 • 상면 또는 작업상으로부터 2.6m 이내에 있는 기계의 벨트, 커플링, 플라이휠, 치차, 피니언, 샤프트, 스프로킷, 기타 회전운동 또는 왕복운동을 하는 부분은 표준 방호덮개를 할 것
★ 가스용접작업	아세틸렌 용접장치의 관리	• 발생기에서 5m 이내 또는 발생기실에서 3m 이내의 장소에서 흡연, 화기의 사용 또는 불꽃이 발생할 위험한 행위를 금지시킬 것
	가스 집합 용접장치의 관리	• 사용하는 가스의 명칭 및 최대 가스저장량을 가스 장치실의 보기 쉬운 장소에 게시할 것 • 가스용기 교환은 안전담당자의 참여 하에 할 것 • 가스집합장치의 설치 장소에는 적당한 소화설비를 설치할 것 ※ 이동식 아세틸렌 용접장치의 발생기와 이동식 가스집합용접장치의 가스집합장치는 고온의 장소, 통풍 · 환기가 불충한 장소 또는 진동이 많은 장소에 설치하지 않을 것
보일러		압력방출장치 및 압력제한 스위치 정상작동 여부를 점검하고, 고저 수위조절장치와 급수펌프와의 상호 기능 상태를 점검할 것
압력용기		과압으로 인한 폭발을 방지하기 위해 압력방출장치를 설치할 것
공기압축기		• 점검 및 청소는 반드시 전원을 차단한 후에 실시할 것 • 운전 중에 어떠한 부품도 건드려서는 안 됨 • 최대공기압력을 초과한 공기압력으로는 절대로 운전해서는 안 됨

참고

가스용접의 안전사항
- 산소누설 시험에는 비눗물 사용
- 용접가스를 들이마시지 않도록 함
- 토치 끝으로 용접물의 위치를 바꾸거나 재를 제거하면 안 됨
- 산소 봄베와 아세틸렌 봄베 가까이에서는 불꽃조정을 피해야 함
- 가스용접 시 산소용 호스는 녹색, 아세틸렌용 호스는 적색

(5) 수공구의 안전수칙

① 일반 작업장의 안전수칙
- ㉠ 작업장은 항상 청결하게 유지한다.
- ㉡ 흡연장소로 정해진 곳에서 흡연한다.
- ㉢ 작업복과 안전장구를 반드시 착용한다.
- ㉣ 밀폐된 실내에서는 시동 걸지 않는다.
- ㉤ 연소하기 쉬운 물질은 특히 주의를 요한다.
- ㉥ 각종 기계를 불필요하게 공회전시키지 않는다.
- ㉦ 기계의 청소나 손질은 운전을 정지시킨 후 실시한다.
- ㉧ 위험한 작업장에는 안전수칙을 부착하여 사고예방을 한다.
- ㉨ 무거운 구조물은 인력으로 무리하게 이동하지 않는 것이 좋다.
- ㉩ 작업대 사이 또는 기계 사이의 통로는 안전을 위한 일정한 너비가 필요하다.
- ㉪ 전원 콘센트 및 스위치 등에 물을 뿌리지 않는다.
- ㉫ 작업 중 입은 부상은 즉시 응급조치하고 보고한다.
- ㉬ 통로나 마룻바닥에 공구나 부품을 방치하지 않는다.
- ㉭ 기름 묻은 걸레는 정해진 용기에 보관한다.
- ㉮ 작업이 끝나면 사용공구는 정 위치에 정리 · 정돈한다.

② 통상적인 수공구의 안전수칙
- ㉠ 공구는 작업에 적합한 것을 사용하여야 하며 규정된 작업 용도 이외에는 사용하지 말 것
- ㉡ 공구는 일정한 장소에 비치하여 사용하고 손이나 공구에 기름이 묻어 있을 때에는 완전히 제거하여 사용할 것
- ㉢ 공구는 확실히 손에서 손으로 전하고 작업 종료 시에는 반드시 공구 수량이나 파손 유무를 점검 · 정비하여 보관할 것
- ㉣ 전기 및 전기식 공구는 유자격자 및 감독자로부터 허가된 자만 사용할 것
- ㉤ 사용 후 기름이나 먼지를 깨끗이 닦아 공구실에 반납할 것

③ 각종 수공구의 안전수칙★

구분	안전수칙
펀치 및 정	• 문드러진 펀치 날은 연마하여 사용할 것 • 정 작업 시에는 작업복 및 보호안경을 착용할 것 • 정의 머리는 항상 잘 다듬어져 있어야 함
스패너 및 렌치	• 사용 목적 외에 다른 용도로 절대 사용하지 말 것 • 힘을 주기적으로 가하여 회전시키고 옆으로 당겨서 사용할 것 • 파이프를 끼우거나 망치로 때려서 사용하지 말 것 • 스패너는 볼트 및 너트 두부에 잘 맞는 것을 사용할 것 • 너트 크기에 알맞은 렌치를 사용하고, 렌치는 몸 쪽으로 당기면서 볼트 · 너트를 조일 것 • 렌치의 종류 : 복스렌치, 소켓렌치, 토크렌치, 오픈엔드렌치
줄	• 균열의 유무를 충분히 점검할 것 • 줄의 손잡이가 줄 자루에 정확하고 단순하게 끼워져 있는지 확인할 것 • 줄 작업으로 생긴 쇳밥은 반드시 솔로 제거하고 줄의 손잡이가 일감에 부딪치지 않도록 할 것
해 머	• 해머 자루는 단단히 박혀 있어야 함 • 해머의 고정상태 및 자루의 파손상태, 해머 면에 홈이 변형된 것은 없는지 사용 전에 점검함 • 기름이 묻은 해머는 즉시 닦은 후 작업하고 장갑을 착용하면 안 됨 • 좁은 장소, 발판이 불량한 곳에서는 반동에 주의할 것 • 공동으로 해머작업 시 호흡을 맞출 것
드라이버	• 공작물을 바이스(vise)에 고정할 것 • (−)드라이버 날 끝은 편평한 것이어야 함 • 전기작업 시에는 절연된 손잡이(자루)를 사용할 것 • 날 끝이 홈의 폭과 길이에 맞는 것을 사용할 것 • 자루가 쪼개졌거나 허술한 드라이버는 사용하지 않음 • 날 끝이 수평이어야 하며, 둥글거나 이가 빠진 것은 사용하지 않음 • 드라이버의 끝을 항상 양호하게 관리하여야 함

자주나와요 꼭 암기

1. 복스렌치가 오픈렌치보다 많이 사용되는 이유는?
   볼트 · 너트 주위를 완전히 감싸게 되어 있어 사용 중에 미끄러지지 않음
2. 벨트를 풀리에 걸 때 가장 올바른 방법은? 회전을 정지시킨 때
3. 수공구 취급 시 지켜야 할 안전수칙은? 해머 작업 시 손에 장갑을 착용하지 않는다. 정 작업 시 보안경을 착용한다. 기름이 묻은 해머는 즉시 닦은 후 작업한다.
4. 가스용접 시 사용하는 산소용 호스의 색상은? 녹색

신유형

1. 금속 표면이 거칠거나 각진 부분에 다칠 우려가 있어 매끄럽게 다듬질하고자 한다. 적합한 수공구는? **줄**
2. 소켓렌치 사용에 대한 설명은? **큰 힘으로 조일 때 사용한다. 오픈렌치와 규격이 동일하다. 사용 중 잘 미끄러지지 않는다.**
3. 토크렌치의 장점은? **현재 조이고 있는 토크를 나타내는 게이지가 있어 일정한 힘으로 볼트와 너트를 조임**
4. 작업장에서 공동작업으로 물건을 들어 이동할 때는?
   - **보조를 맞추어 들도록 할 것, 힘의 균형을 유지하여 이동할 것**
   - **불안전한 물건은 드는 방법에 주의할 것**
   - **명령과 지시는 한 사람이 할 것**

4 화재안전

(1) 화재의 분류 및 소화방법★

분 류	의 미	소화방법
A급 화재 (일반화재)	목재, 종이, 석탄 등 재를 남기는 일반 가연물의 화재	포말소화기 사용
B급 화재 (유류화재)	가연성 액체, 유류 등 연소 후에 재가 거의 없는 화재(유류화재)	• 분말소화기 사용 • 모래를 뿌린다. • ABC소화기 사용
C급 화재 (전기화재)	통전 중인 전기기기 등에서 발생한 전기화재	이산화탄소 소화기 사용
D급 화재 (금속화재)	마그네슘, 티타늄, 지르코늄, 나트륨, 칼륨 등의 가연성 금속화재	건조사를 이용한 질식효과로 소화

(2) 소화방법

① 가연물질을 제거한다.
② 화재가 일어나면 화재 경보를 한다.
③ 배선 부근에 물을 뿌릴 때에는 전기가 통하는지 여부를 먼저 확인하도록 한다.
④ 가스밸브를 잠그고 전기스위치를 끈다.
⑤ 산소의 공급을 차단한다.
⑥ 점화원을 발화점 이하의 온도로 낮춘다.

자주나와요 꼭 암기

1. 목재, 종이, 석탄 등 일반 가연물의 화재는? A급 화재
2. 휘발유(액상 또는 기체상의 연료성 화재)로 인해 발생한 화재는? B급 화재
3. 유류화재 시 소화방법은?
   B급 화재 소화기를 사용한다. 모래를 뿌린다. ABC 소화기를 사용한다.
4. 자연발화가 일어나기 쉬운 조건은?
   주위 온도가 높다, 발열량이 크다, 열전도율이 작을 것.

신유형

1. 화재가 발생하기 위한 3가지 요소는? **가연성물질, 점화원, 산소**
2. 가동하고 있는 엔진에서 화재가 발생하였다. 불을 끄기 위한 조치방법으로 가장 올바른 것은? **엔진 시동스위치를 끄고, ABC소화기를 사용한다.**
3. 감전사고 예방요령은? **작업 시 절연장비 및 안전장구를 착용한다. 젖은 손으로는 전기기기를 만지지 않는다. 전력선에 물체가 접촉하지 않도록 한다.**

제2장 응급대처

1 고장유형별 응급조치

(1) 시동이 꺼졌을 경우의 응급조치

후면 안전거리에 고장표시판을 설치한 후 고장내용을 점검한다.

(2) 제동불량 시 응급조치

① 주행 중 제동불량 원인 : 브레이크액 부족, 브레이크 연결 호스 및 라인 파손, 디스크 패드 마모, 휠 실린더 누유, 베이퍼 록 및 페이드 현상 등
② 브레이크 페달 유격이 크게 되어 제동력 불량일 경우에는 안전주차하고 후면 안전거리에 고장표시판을 설치한 후 고장 내용을 점검하고 아래와 같이 조치한다.
  ㉠ 브레이크 오일에 공기가 들어 있을 경우의 원인은 브레이크 오일 부족, 오일 파이프 파열, 마스트 실린더 내의 체결 밸브 불량으로 공기빼기를 실시하여 조치한다.
  ㉡ 브레이크 라인이 마멸된 경우 정비공장에 의뢰하여 수리 · 교환한다.
  ㉢ 브레이크 파이프에서 오일이 누유될 경우 정비공장에 의뢰하여 교환한다.
  ㉣ 마스트 실린더 및 휠 실린더 불량일 경우 정비공장에 의뢰하여 수리 · 교환한다.
  ㉤ 베이퍼 록 현상 시 엔진브레이크를 사용한다.
  ㉥ 페이드 현상이 발생 시에는 엔진 브레이크를 병용한다.
③ 베이퍼 록 현상의 원인
  ㉠ 브레이크 드럼의 과열
  ㉡ 지나친 브레이크 조작
  ㉢ 회로 내의 잔압 저하
  ㉣ 드럼과 라이닝의 간극 과소
  ㉤ 브레이크 오일의 비등점이 낮을 경우
④ 페이드 현상의 원인
  ㉠ 브레이크 페달 조작을 반복할 때 : 마찰력의 축적으로 드럼과 라이닝이 과열되어 제동력 감소
  ㉡ 과도한 브레이크 사용 : 드럼과 슈에 마찰력이 축적됨

(3) 타이어 펑크 시 응급조치

타이어 펑크 시 안전주차하고 후면 안전거리에 고장표시판을 설치한 후 정비사에게 지원 요청한다.

(4) 전 · 후진 주행장치 고장 시 응급조치

전 · 후진 주행장치 고장 시 안전주차하고 후면 안전거리에 고장표시판을 설치한 후 견인조치를 의뢰한다.

(5) 마스트 유압라인 고장 시 응급조치

① 마스트 유압라인 고장 시 안전주차하고 후면 안전거리에 고장표시판을 설치한 후 포크를 마스트에 고정하여 응급운행한다.
② 마스트 유입라인 고장 원인 : 리프트 실린더, 유압호스, 피스톤 실 파손, 틸트 실린더, 유압펌프, 방향전환 밸브, 압력조정 밸브 등의 고장
③ 마스트 유압라인 고장 시 응급운행 요령
  ㉠ 안전주차 후 후면의 고장표시판을 설치하고 포크를 마스트에 고정한다.
  ㉡ 주차 브레이크를 푼다.
  ㉢ 상용브레이크 페달을 놓는다.
  ㉣ 키 스위치를 OFF로 한다.
  ㉤ 방향조정 레버를 중립에 위치한다.
  ㉥ 지게차에 견인봉을 연결한다.
  ㉦ 바퀴 굄목을 들어내고 지게차를 서서히 견인한다.
  ㉧ 속도는 2km/h 이하로 유지한다.

자주나와요 꼭 암기

브레이크 장치의 베이퍼 록 발생원인은? 긴 내리막길에서 과도한 브레이크 사용, 드럼과 라이닝의 끌림에 의한 가열, 오일의 변질에 의한 비등점 저하

신유형

1. 브레이크에 페이드 현상이 일어났을 때의 조치방법은?
   작동을 멈추고 열이 식도록 한다.
2. 마스트 점검사항은?
   • 각종 볼트 및 클램프류의 풀림 상태를 점검한다.
   • 리프트 실린더의 로드 부위를 깨끗하게 유지한다.
   • 작동오일이 흐르는 부위의 피팅, 호스류들의 누유를 점검한다.

2 사고유형별 대처방안

(1) 경사로에서 지게차가 넘어짐

공장 입구 경사로에서 운전자가 지게차(3.3톤)를 운행하여 올라가던 중 지게차가 중심을 잃고 옆으로 넘어지면서 운전자 상체가 지게차 헤드가드와 지면 사이에 끼여 사망

재해 발생 원인	재해 예방 대책
• 무자격자의 지게차 운행 • 좌석 안전띠 미착용 • 넘어짐 등 위험 방지조치 미흡 • 사전조사 및 작업계획서의 미작성	• 넘어짐 등의 위험 대비 – 유도자 배치 • 사전조사 및 작업계획서의 작성

(2) 지게차 포크 위에 탑승해 이동 중 떨어짐

지게차 포크에 파렛트를 끼운 다음 그 위에 드럼을 실어 운반작업을 마친 후 파렛트 위에 작업자를 태우고 지게차를 운행하던 중 작업자가 운행 중인 지게차에서 떨어지면서 지게차 앞바퀴에 치여 사망

재해 발생 원인	재해 예방 대책
• 운전석이 아닌 포크 위에 작업자가 탑승 • 작업계획서 미작성 및 작업지휘자 미지정 • 조종 면허 미소지자의 지게차 운전	• 운전석 외 탑승 금지 • 작업계획서 작성 및 작업지휘자 지정 • 유자격자 운전

(3) 지게차 운행 중 적재물 떨어짐

건물 신축공사현장에서 지게차를 이용해 도로상에 적재된 자재(합판 100장 다발, 1.8톤)를 인근지역으로 운반하던 중 지게차 조작 미숙으로 합판 다발이 아래로 쏟아지면서 지게차(적재능력 4.5톤)를 유도하던 근로자가 깔려 사망

재해 발생 원인	재해 예방 대책
• 하역운반기계 사용에 따른 작업계획서 미작성 • 지게차 등 건설기계 조작자의 자격 및 면허 미확인	• 작업계획서 작성 • 지게차 유도자 위치 확인 • 지게차 등 건설기계 조작자의 자격 및 교육 이수 여부 확인

(4) 마스트와 지게차 프레임 사이에 끼임

지게차 운전자가 지게차로 포장박스를 트럭에 싣던 중 포크 위에 쌓여 있던 박스들이 운전석 쪽으로 쏟아지려 하자 운전자가 운전석에서 일어나 손을 뻗어 박스를 잡으려는 과정에서 발로 조종레버를 잘못 작동하여 운전자가 마스트와 지게차 프레임 사이에 흉부가 끼여 사망

재해 발생 원인	재해 예방 대책
• 운전 위치 이탈 시의 조치 미이행 • 작업계획서 미작성	• 운전 위치 이탈 시의 조치 이행 • 작업계획서 작성

(5) 지게차 포크를 이용한 고소작업 중 떨어짐

지붕 설치작업을 하기 위해 지게차 포크 위에 파렛트를 쌓은 후 그 위에 패널을 적재하고 지면에서 약 4m 높이로 포크를 상승시킨 상태에서 작업자가 파렛트 위로 올라가 지붕 위에 있던 타 작업자에게 패널을 들어서 넘겨주는 작업을 하던 중 작업자가 몸의 균형을 잃고 패널과 함께 바닥으로 떨어져 사망

재해 발생 원인	재해 예방 대책
• 지게차의 용도 외 사용 • 운전석이 아닌 위치에 근로자가 탑승하여 작업 • 떨어짐 위험 방지를 위한 조치 미실시	• 지게차의 용도 이외 사용 금지 • 운전석 외의 탑승 제한 • 떨어짐 사고 방지를 위한 조치

3 교통사고 응급조치 및 긴급구호

(1) 사고 발생 시 응급조치 후 긴급구호 요청

① 차의 운전 등 교통으로 인하여 사람을 사상하거나 물건을 손괴(교통사고)한 경우에는 그 차의 운전자나 그 밖의 승무원은 즉시 정차하여 다음의 조치를 하여야 한다.
㉠ 사상자를 구호하는 등 필요한 조치
㉡ 피해자에게 인적 사항(성명 · 전화번호 · 주소 등을 말함) 제공

② 그 차의 운전자 등은 경찰공무원이 현장에 있을 때에는 경찰공무원에게, 경찰공무원이 현장에 없을 때에는 가장 가까운 국가경찰관서에 다음의 사항을 지체 없이 신고하여야 한다(차만 손괴된 것이 분명하고 도로에서의 위험방지와 원활한 소통을 위하여 필요한 조치를 한 경우에는 제외).
㉠ 사고가 일어난 곳 ㉡ 사상자 수 및 부상 정도
㉢ 손괴한 물건 및 손괴 정도 ㉣ 그 밖의 조치사항 등

③ 신고를 받은 국가경찰관서의 경찰공무원은 부상자의 구호와 그 밖의 교통위험 방지를 위하여 필요하다고 인정하면 경찰공무원(자치경찰공무원은 제외)이 현장에 도착할 때까지 신고한 운전자 등에게 현장에서 대기할 것을 명할 수 있다.

④ 경찰공무원은 교통사고를 낸 차의 운전자 등에 대하여 그 현장에서 부상자의 구호와 교통안전을 위하여 필요한 지시를 명할 수 있다.

⑤ 긴급자동차, 부상자를 운반 중인 차 및 우편물자동차 등의 운전자는 긴급한 경우에는 동승자로 하여금 조치나 신고를 하게 하고 운전을 계속할 수 있다.

⑥ 경찰공무원(자치경찰공무원은 제외)은 교통사고가 발생한 경우에는 대통령령으로 정하는 바에 따라 필요한 조사를 하여야 한다.

(2) 전복 시 생존 방법

① 항상 운전자 안전장치를 사용한다.
② 뛰어내리지 않는다.
③ 핸들을 꽉 잡는다.
④ 발을 힘껏 벌린다.
⑤ 상체를 전복되는 반대 방향으로 기울인다.
⑥ 머리와 몸을 앞쪽으로 기울인다.

자주나와요 꼭 암기 

1. 교통사고 시 사상자가 발생하였을 때, 운전자가 즉시 취하여야 할 조치사항은?
   즉시 정차 – 사상자 구호 – 신고
2. 운전사고 시 안전조치 순서는?
   운행 중지 – 부상자 구조 – 응급구호조치 – 2차사고 예방
3. 현장에 경찰공무원이 없는 장소에서 인명사고와 물건의 손괴를 입힌 교통사고가 발생하였을 때 가장 먼저 취할 조치는?
   즉시 사상자를 구호하고 경찰공무원에게 신고한다.
4. 야간에 자동차를 도로에 정차 또는 주차하였을 때 켜야 하는 등화는? 미등 및 차폭등
5. 야간에 도로에서 차를 운행할 때 켜야 하는 등화의 종류 중 견인되는 자동차의 등화는?
   미등, 차폭등 및 번호등
6. 화상을 입었을 때 응급조치는? 빨리 찬물에 담갔다가 아연화 연고를 바른다.

신유형

1. 교통사고로 중상의 기준은? **3주 이상의 치료를 요하는 부상**
2. 교통사고가 발생하였을 때 승무원으로 하여금 신고하게 하고 운전할 수 있는 경우는?
   긴급자동차, 긴급을 요하는 우편물 자동차, 위급한 환자를 운반 중인 구급차
3. 소화하기 힘든 정도로 화재가 진행된 현장에서 제일 먼저 취하여야 하는 것은?
   인명 구조

PART 02 도로주행

제1장 도로교통법

1 목 적

도로에서 일어나는 교통상의 모든 위험과 장해를 방지하고 제거하여 안전하고 원활한 교통을 확보함을 목적으로 한다.

2 도로통행방법에 관한 사항

(1) 차량신호등의 종류 및 의미

신호의 종류		신호의 의미
원형 등화	녹색의 등화	• 차마는 직진 또는 우회전할 수 있음 • 비보호좌회전표지 또는 비보호좌회전표시가 있는 곳에서는 좌회전할 수 있음
	황색의 등화	• 차마는 정지선이 있거나 횡단보도가 있을 때에는 그 직전이나 교차로의 직전에 정지하여야 하며 이미 교차로에 차마의 일부라도 진입한 경우에는 신속히 교차로 밖으로 진행하여야 함 • 차마는 우회전할 수 있고 우회전하는 경우에는 보행자의 횡단을 방해하지 못함
	적색의 등화	차마는 정지선, 횡단보도 및 교차로의 직전에서 정지해야 하고, 신호에 따라 진행하는 다른 차마의 교통을 방해하지 않고 우회전할 수 있음
	황색등화의 점멸	차마는 다른 교통 또는 안전표지의 표시에 주의하면서 진행할 수 있음
	적색등화의 점멸	차마는 정지선이나 횡단보도가 있을 때에는 그 직전이나 교차로의 직전에 일시정지한 후 다른 교통에 주의하면서 진행할 수 있음
화살표 등화	녹색화살표의 등화	차마는 화살표시 방향으로 진행할 수 있음
	황색화살표의 등화	• 화살표시 방향으로 진행하려는 차마는 정지선이 있거나 횡단보도가 있을 때에는 그 직전이나 교차로의 직전에 정지하여야 함 • 이미 교차로에 차마의 일부라도 진입한 경우에는 신속히 교차로 밖으로 진행하여야 함
	적색화살표 등화의 점멸	차마는 정지선이나 횡단보도가 있을 때에는 그 직전이나 교차로의 직전에 일시정지한 후 다른 교통에 주의하면서 화살표시 방향으로 진행할 수 있음
	황색화살표 등화의 점멸	차마는 다른 교통 또는 안전표지의 표시에 주의하면서 화살표시 방향으로 진행할 수 있음

자주나와요 꼭 암기

1. 통행의 우선순위는? 긴급자동차 → 일반자동차 → 원동기장치자전거
2. 신호등에 녹색등화 시 차마의 통행방법은?
   차마는 직진할 수 있다. 차마는 좌회전을 하여서는 안 된다. 차마는 우회전할 수 있다.
3. 도로교통법상 가장 우선하는 신호는? 경찰공무원의 수신호

신유형

1. 도로교통법상 3색 등화로 표시되는 신호등의 신호순서는?
   녹색(적색 및 녹색화살표)등화, 황색등화, 적색등화의 순이다.
2. 건설기계를 운전하여 교차로 전방 20m 지점에 이르렀을 때 황색등화로 바뀌었을 경우 운전자의 조치방법은? **정지할 조치를 취하여 정지선에 정지한다.**
3. 적색등화임에도 진행할 수 있는 경우는? **경찰공무원에 의한 교통정리가 있을 경우**

(2) 차마의 통행방법

① 차마의 통행

㉠ 보도와 차도가 구분된 도로
- 보도와 차도가 구분된 도로에서는 차도 통행
- 도로 외의 곳에 출입 시 보도를 횡단하는 경우 차마의 운전자는 보도를 횡단하기 직전에 일시정지하여 좌측과 우측 부분 등을 살핀 후 보행자의 통행을 방해하지 않도록 횡단
- 도로의 중앙 우측 부분 통행

㉡ 도로의 중앙이나 좌측 부분을 통행할 수 있는 경우
- 도로가 일방통행인 경우
- 도로의 파손, 도로공사나 그 밖의 장애 등으로 도로의 우측 부분을 통행할 수 없는 경우
- 도로 우측 부분의 폭이 6미터가 되지 않는 도로에서 다른 차를 앞지르려는 경우
  ※ 예외 : 도로의 좌측 부분을 확인할 수 없는 경우, 반대 방향의 교통을 방해할 우려가 있는 경우, 안전표지 등으로 앞지르기를 금지하거나 제한하고 있는 경우
- 도로 우측 부분의 폭이 차마의 통행에 충분하지 않은 경우
- 가파른 비탈길의 구부러진 곳에서 교통의 위험을 방지하기 위해 시·도경찰청장이 필요하다고 인정하여 구간 및 통행방법을 지정하고 있는 경우에 그 지정에 따라 통행하는 경우

② 악천후 시의 감속운행 ★

도로의 상태	감속운행속도
• 비가 내려 노면이 젖어 있는 경우 • 눈이 20mm 미만 쌓인 경우	최고속도의 20/100 감속
• 폭우, 폭설, 안개 등으로 가시거리가 100m 이내인 경우 • 노면이 얼어붙은 경우 • 눈이 20mm 이상 쌓인 경우	최고속도의 50/100 감속

③ 차로에 따른 통행차의 기준 : 모든 차는 다음의 표에서 지정된 차로보다 오른쪽에 있는 차로로 통행할 수 있다.

㉠ 고속도로 외의 도로

차로 구분	통행할 수 있는 차종
왼쪽 차로	승용자동차 및 경형·소형·중형 승합자동차
오른쪽 차로	대형승합·화물·특수자동차, 건설기계, 이륜자동차, 원동기장치자전거

㉡ 고속도로

도로	차로 구분	통행할 수 있는 차종
편도 2차로	1차로	• 앞지르기를 하려는 모든 자동차 • 도로상황으로 시속 80km 미만으로 통행할 수밖에 없는 경우에는 앞지르기를 하는 경우가 아니라도 통행할 수 있음
	2차로	모든 자동차
편도 3차로 이상	1차로	• 앞지르기를 하려는 승용자동차 및 앞지르기를 하려는 경형·소형·중형 승합자동차 • 도로상황으로 시속 80km 미만으로 통행할 수밖에 없는 경우에는 앞지르기를 하는 경우가 아니라도 통행할 수 있음
	왼쪽 차로	승용자동차 및 경형·소형·중형 승합자동차
	오른쪽 차로	대형 승합·화물·특수자동차, 건설기계

참고

왼쪽 차로와 오른쪽 차로

고속도로 외의 도로	왼쪽 차로	• 차로를 반으로 나눠 1차로에 가까운 부분의 차로 • 차로수가 홀수인 경우 가운데 차로 제외
	오른쪽 차로	왼쪽 차로를 제외한 나머지 차로
고속도로	왼쪽 차로	• 1차로를 제외한 차로를 반으로 나눠 그중 1차로에 가까운 부분의 차로 • 1차로를 제외한 차로의 수가 홀수인 경우 그중 가운데 차로 제외
	오른쪽 차로	1차로와 왼쪽 차로를 제외한 나머지 차로

자주나와요 꼭 암기

1. 최고속도의 100분의 20을 줄인 속도로 운행하여야 할 경우는?
   비가 내려 노면이 젖어 있는 경우, 눈이 20mm 미만 쌓인 경우
2. 노면의 결빙이나 폭설 시 평상시보다 얼마나 감속운행하여야 하는가? 100분의 50
3. 자동차전용 편도 4차로의 도로에서 굴착기와 지게차가 주행하는 차로는?
   3차로, 4차로

신유형

보도와 차도가 구분된 도로에서 중앙선이 설치되어 있는 경우 차마의 통행방법은?
중앙선 우측 부분 통행

④ **진로양보의 의무** : 모든 차(긴급자동차 제외)의 운전자는 뒤에서 따라오는 차보다 느린 속도로 가려는 경우에는 도로의 우측 가장자리로 피하여 진로양보(다만 통행 구분이 설치된 도로의 경우에는 그러하지 아니함)

⑤ 교통정리가 없는 교차로에서의 양보운전

㉠ 교통정리를 하고 있지 않는 교차로에 들어가려고 하는 차의 운전자는 이미 교차로에 들어가 있는 다른 차가 있을 때에는 그 차에 진로양보

㉡ 교통정리를 하고 있지 않는 교차로에 들어가려고 하는 차의 운전자는 그 차가 통행하고 있는 도로의 폭보다 교차하는 도로의 폭이 넓은 경우에는 서행하고, 폭이 넓은 도로로부터 교차로에 들어가려고 하는 다른 차가 있을 때에는 그 차에 진로양보

㉢ 교통정리를 하고 있지 않는 교차로에 동시에 들어가려고 하는 차의 운전자는 우측도로의 차에 진로양보

㉣ 교통정리를 하고 있지 않는 교차로에서 좌회전하려고 하는 차의 운전자는 그 교차로에서 직진하거나 우회전하려는 다른 차가 있을 때에는 그 차에 진로양보

⑥ 횡단금지 및 안전거리 확보

횡단금지	• 보행자나 다른 차마의 정상적인 통행을 방해할 우려가 있는 경우 차마를 운전하여 도로를 횡단하거나 유턴 또는 후진하면 안 됨 • 시·도경찰청장은 도로에서의 위험을 방지하고 교통의 안전과 원활한 소통을 확보하기 위해 특히 필요하다고 인정하는 경우에는 도로의 구간을 지정하여 차마의 횡단이나 유턴 또는 후진을 금지할 수 있음 • 길가의 건물이나 주차장 등에서 도로에 들어갈 때에는 일단 정지한 후에 안전한지 확인하면서 서행
안전거리 확보	• 같은 방향으로 가고 있는 앞차의 뒤를 따르는 경우에는 앞차가 갑자기 정지하게 되는 경우 그 앞차와의 충돌을 피할 수 있는 필요한 거리 확보 • 차의 진로를 변경하려는 경우에 그 변경하려는 방향으로 오고 있는 다른 차의 정상적인 통행에 장애를 줄 우려가 있을 때에는 진로를 변경하면 안 됨 • 위험방지를 위한 경우와 그 밖의 부득이한 경우가 아니면 운전하는 차를 갑자기 정지시키거나 속도를 줄이는 등의 급제동을 하면 안 됨

⑦ 앞지르기 및 끼어들기★

앞지르기	방법	• 다른 차를 앞지르려면 앞차의 좌측으로 통행 • 앞지르려고 하는 모든 차의 운전자는 반대방향의 교통과 앞차 앞쪽의 교통에도 주의를 충분히 기울여야 하며, 앞차의 속도·진로와 그 밖의 도로상황에 따라 방향지시기·등화 또는 경음기를 사용하는 등 안전한 속도와 방법으로 앞지르기를 해야 함 • 앞지르기를 하는 차가 있을 때에는 속도를 높여 경쟁하거나 그 차의 앞을 가로막는 등의 방법으로 앞지르기를 방해하면 안 됨
	금지 시기	• 앞차의 좌측에 다른 차가 앞차와 나란히 가고 있는 경우 • 앞차가 다른 차를 앞지르고 있거나 앞지르려고 하는 경우 • 도로교통법이나 도로교통법에 따른 명령에 따라 정지하거나 서행하고 있는 차 • 경찰공무원의 지시에 따라 정지하거나 서행하고 있는 차 • 위험을 방지하기 위하여 정지하거나 서행하고 있는 차
	금지 장소	• 교차로 • 터널 안 • 다리 위 • 도로의 구부러진 곳, 비탈길의 고갯마루 부근 또는 가파른 비탈길의 내리막 등 시·도경찰청장이 안전표지로 지정한 곳
끼어들기 금지		도로교통법이나 도로교통법에 따른 명령 또는 경찰공무원의 지시에 따르거나 위험방지를 위해 정지 또는 서행하고 있는 다른 차 앞으로 끼어들지 못함

⑧ 철길건널목 및 교차로★

철길 건널목의 통과	• 건널목 앞에서 일시정지하여 안전한지 확인한 후에 통과(단, 신호기 등이 표시하는 신호에 따르는 경우에는 정지하지 않고 통과 가능) • 건널목의 차단기가 내려져 있거나 내려지려고 하는 경우 또는 건널목의 경보기가 울리고 있는 동안에는 그 건널목으로 들어가서는 안 됨 • 건널목을 통과하다가 고장 등의 사유로 건널목 안에서 차를 운행할 수 없게 된 경우에는 즉시 승객을 대피시키고 비상신호기 등을 사용하거나 그 밖의 방법으로 철도공무원이나 경찰공무원에게 그 사실을 알려야 함
교차로 통행방법	• 교차로에서 우회전 : 미리 도로의 우측 가장자리를 서행하면서 우회전 • 교차로에서 좌회전 : 미리 도로의 중앙선을 따라 서행하면서 교차로의 중심 안쪽을 이용하여 좌회전(단, 시·도경찰청장이 교차로의 상황에 따라 특히 필요하다고 인정하여 지정한 곳에서는 교차로의 중심 바깥쪽 통과 가능) • 우회전 또는 좌회전을 하기 위해 손이나 방향지시기 또는 등화로써 신호를 하는 차가 있는 경우에 그 뒤차의 운전자는 신호를 한 앞차의 진행을 방해하면 안 됨 • 신호기로 교통정리를 하고 있는 교차로에 들어가려는 경우에는 진행하려는 진로의 앞쪽에 있는 차의 상황에 따라 교차로(정지선이 설치되어 있는 경우에는 그 정지선을 넘은 부분)에 정지하게 되어 다른 차의 통행에 방해가 될 우려가 있는 경우에는 그 교차로에 들어가서는 안 됨 • 교통정리를 하고 있지 않고 일시정지나 양보를 표시하는 안전표지가 설치되어 있는 교차로에 들어가려고 할 때에는 다른 차의 진행을 방해하지 않도록 일시정지하거나 양보하여야 함

자주나와요 꼭 암기

1. 신호등이 없는 철길건널목 통과방법은?
   반드시 일시정지를 한 후 안전을 확인하고 통과한다.
2. 유도표시가 없는 교차로에서의 좌회전 방법은?
   교차로 중심 안쪽으로 서행한다.
3. 교차로 통과에서 가장 우선하는 것은? 경찰공무원의 수신호
4. 건널목 안에서 차가 고장이 나서 운행할 수 없게 되었다. 운전자의 조치사항은?
   철도 공무 중인 직원이나 경찰공무원에게 즉시 알려 차를 이동하기 위한 필요한 조치를 한다. 차를 즉시 건널목 밖으로 이동시킨다. 승객을 하차시켜 즉시 대피시킨다.
5. 보행자 보호를 위한 통행방법은? 보행자가 횡단보도를 통행하고 있거나 통행하려고 하는 때에는 보행자의 횡단을 방해하거나 위험을 주지 아니하도록 그 횡단보도 앞에서 일시정지하여야 한다.

⑨ 서행 또는 일시정지할 장소★

서행할 장소	• 도로가 구부러진 부근 • 교통정리를 하고 있지 않는 교차로 • 비탈길의 고갯마루 부근 • 가파른 비탈길의 내리막 • 시 · 도경찰청장이 안전표지로 지정한 곳
일시정지할 장소	• 교통정리를 하고 있지 않고 좌우를 확인할 수 없거나 교통이 빈번한 교차로 • 시 · 도경찰청장이 안전표지로 지정한 곳

⑩ 정차 및 주차금지★

㉠ 정차 및 주차금지 장소
- 교차로 · 횡단보도 · 건널목이나 보도와 차도가 구분된 도로의 보도
- 교차로의 가장자리나 도로의 모퉁이로부터 5m 이내인 곳
- 안전지대가 설치된 도로에서는 그 안전지대의 사방으로부터 각각 10m 이내인 곳
- 버스여객자동차의 정류지임을 표시하는 기둥이나 표지판 또는 선이 설치된 곳으로부터 10m 이내인 곳(단, 버스여객자동차의 운전자가 그 버스여객자동차의 운행시간 중에 운행노선에 따르는 정류장에서 승객을 태우거나 내리기 위해 차를 정차하거나 주차하는 경우 제외)
- 건널목의 가장자리 또는 횡단보도로부터 10m 이내인 곳
- 소방용수시설 또는 비상소화장치가 설치된 곳으로부터 5m 이내인 곳
- 소화설비, 경보설비, 피난구조설비, 소화용수설비, 그 밖에 소화활동설비로서 대통령령으로 정하는 시설이 설치된 곳으로부터 5m 이내인 곳
- 시 · 도경찰청장이 도로에서의 위험을 방지하고 교통의 안전과 원활한 소통을 확보하기 위해 필요하다고 인정하여 지정한 곳
- 시장 등이 지정한 어린이 보호구역

㉡ 주차금지의 장소
- 터널 안 및 다리 위
- 도로공사를 하고 있는 경우에는 그 공사 구역의 양쪽 가장자리로부터 5m 이내인 곳
- 다중이용업소의 영업장이 속한 건축물로 소방본부장의 요청에 의하여 시 · 도경찰청장이 지정한 곳으로부터 5m 이내인 곳
- 시 · 도경찰청장이 도로에서의 위험을 방지하고 교통의 안전과 원활한 소통을 확보하기 위하여 필요하다고 인정하여 지정한 곳

⑪ 차의 등화

㉠ 전조등 · 차폭등 · 미등과 그 밖의 등화를 켜야 하는 경우
- 밤에 도로에서 차를 운행하거나 고장이나 그 밖의 부득이한 사유로 도로에서 차를 정차 또는 주차하는 경우
- 안개가 끼거나 비 또는 눈이 올 때에 도로에서 차를 운행하거나 고장이나 그 밖의 부득이한 사유로 도로에서 차를 정차 또는 주차하는 경우

㉡ 밤에 차가 서로 마주보고 진행하거나 앞차의 바로 뒤를 따라가는 경우에는 등화의 밝기를 줄이거나 잠시 등화를 끄는 등의 필요한 조작을 할 것

⑫ 승차 또는 적재의 방법과 제한

㉠ 승차인원, 적재중량 및 적재용량에 관하여 운행상의 안전기준을 넘어서 승차시키거나 적재한 상태로 운전하여서는 안 됨(다만 출발지를 관할하는 경찰서장의 허가를 받은 경우에는 예외)

㉡ 시 · 도경찰청장은 도로에서의 위험을 방지하고 교통의 안전과 원활한 소통을 확보하기 위하여 필요하다고 인정하는 경우에는 차의 운전자에 대하여 승차인원, 적재중량 또는 적재용량을 제한할 수 있음

㉢ 안전기준을 넘는 화물의 적재허가를 받은 사람은 그 길이 또는 폭의 양끝에 너비 30cm, 길이 50cm 이상의 빨간 헝겊으로 된 표지를 달아야 함(단, 밤에 운행하는 경우에는 반사체로 된 표지)

자주나와요 꼭 암기

1. 모든 차가 반드시 서행하여야 할 곳은? 교통정리를 하고 있지 아니하는 교차로, 도로가 구부러진 부근, 비탈길의 고갯마루 부근, 가파른 비탈길의 내리막
2. 교차로의 가장자리 또는 도로의 모퉁이로부터 관련법상 몇 m 이내의 장소에 정차 주차를 해서는 안 되는가? 5m
3. 술에 취한 상태의 기준은?
   혈중알코올농도 0.03% 이상
4. 교통사고로 인하여 사람을 사상하거나 물건을 손괴하는 사고가 발생했을 때 우선 조치사항은?
   그 차의 운전자나 그 밖의 승무원은 즉시 정차하여 사상자를 구호하는 등 필요한 조치를 취해야 한다.
5. 승차인원 · 적재중량에 관하여 안전기준을 넘어서 운행하고자 하는 경우 누구에게 허가를 받아야 하는가? 출발지를 관할하는 경찰서장

신유형

1. 제1종 보통면허로 운전할 수 있는 것은?
   승차정원 15인승의 승합자동차, 적재중량 11톤급의 화물자동차, 원동기장치자전거
2. '안전거리'에 대한 정의는?
   앞차가 갑자기 정지하게 될 경우 그 앞차와의 추돌을 방지하기 위해 필요한 거리

참고

교통사고처리특례법상 12개 항목

- 신호 · 지시위반
- 속도위반(20km/h 초과)
- 철길건널목 통과방법 위반
- 무면허운전
- 보도침범 · 보도횡단방법 위반
- 어린이보호구역 내 안전운전의무 위반
- 중앙선 침범
- 앞지르기 방법 위반
- 보행자 보호의무 위반
- 주취운전 · 약물복용 운전(음주운전)
- 승객추락방지의무 위반
- 화물고정조치 위반

제2장 건설기계관리법

1 목적 및 용어

(1) 목 적

건설기계의 등록 · 검사 · 형식승인 및 건설기계사업과 건설기계조종사면허 등에 관한 사항을 정하여 건설기계를 효율적으로 관리하고 건설기계의 안전도를 확보하여 건설공사의 기계화를 촉진한다.

(2) 용 어★

건설기계		건설공사에 사용할 수 있는 기계
건설기계사업	건설기계대여업	건설기계의 대여를 업으로 하는 것
	건설기계정비업	건설기계를 분해 · 조립 또는 수리하고 그 부분품을 가공제작 · 교체하는 등 건설기계를 원활하게 사용하기 위한 모든 행위를 업으로 하는 것
	건설기계매매업	중고건설기계의 매매 또는 그 매매의 알선과 그에 따른 등록사항에 관한 변경신고의 대행을 업으로 하는 것
	건설기계해체재활용업	폐기 요청된 건설기계의 인수, 재사용 가능한 부품의 회수, 폐기 및 그 등록말소 신청의 대행을 업으로 하는 것
중고건설기계		건설기계를 제작 · 조립 또는 수입한 자로부터 법률행위 또는 법률의 규정에 따라 취득한 때부터 사실상 그 성능을 유지할 수 없을 때까지의 건설기계
건설기계형식		건설기계의 구조 · 규격 및 성능 등에 관해 일정하게 정한 것

2 건설기계의 등록 · 등록번호

(1) 건설기계의 등록

등록의 신청	건설기계 소유자의 주소지 또는 건설기계의 사용본거지를 관할하는 특별시장 · 광역시장 · 특별자치시장 · 도지사 또는 특별자치도지사에게 제출
등록 시 첨부서류	• 건설기계의 출처를 증명하는 서류 : 건설기계제작증(국내에서 제작한 건설기계), 수입면장 등 수입사실을 증명하는 서류(수입한 건설기계), 매수증서(행정기관으로부터 매수한 건설기계) • 건설기계의 소유자임을 증명하는 서류 • 건설기계제원표 • 보험 또는 공제 가입을 증명하는 서류
등록신청기간	• 건설기계를 취득한 날부터 2월 이내 • 판매를 목적으로 수입된 건설기계 : 판매한 날부터 2월 이내 • 전시 · 사변 기타 이에 준하는 국가비상사태 : 5일 이내

자주나와요 꼭 암기

1. 건설기계를 등록할 때 필요한 서류는?
   건설기계제작증, 수입면장, 매수증서
2. 건설기계 등록신청은 누구에게 하는가?
   건설기계 소유자의 주소지 또는 건설기계의 사용본거지를 관할하는 특별시장 · 광역시장 · 도지사 또는 특별자치도지사
3. 건설기계 등록신청은 건설기계를 취득한 날로부터 얼마의 기간 이내에 하여야 하는가?
   2월

(2) 미등록 건설기계의 사용 금지

임시운행 사유	임시운행 기간
• 등록신청을 하기 위해 건설기계를 등록지로 운행하는 경우 • 신규등록검사 및 확인검사를 받기 위해 건설기계를 검사장소로 운행하는 경우 • 수출을 하기 위해 건설기계를 선적지로 운행하는 경우 • 수출을 하기 위해 등록말소한 건설기계를 점검 · 정비의 목적으로 운행하는 경우 • 판매 또는 전시를 위해 건설기계를 일시적으로 운행하는 경우	15일 이내
신개발 건설기계를 시험 · 연구의 목적으로 운행하는 경우	3년 이내

(3) 등록사항의 변경신고 및 이전

변경신고자	• 건설기계의 소유자 또는 점유자 • 건설기계매매업자(매수인이 직접 변경신고하는 경우 제외)
변경신고기간	• 건설기계 등록사항에 변경이 있은 날부터 30일 이내(상속의 경우에는 상속개시일부터 6개월) • 전시 · 사변 기타 이에 준하는 국가비상사태 : 5일 이내
변경신고 시 첨부서류	변경내용을 증명하는 서류, 건설기계등록증, 건설기계검사증(건설기계등록증, 건설기계검사증은 자가용 건설기계 소유자의 주소지 또는 사용본거지가 변경된 경우는 제외)
변경신고 및 서류 제출기관	시 · 도지사
등록이전	• 등록한 주소지 또는 사용본거지가 변경된 경우(시 · 도 간의 변경이 있는 경우에 한함) • 그 변경이 있은 날부터 30일 이내(상속의 경우에는 상속개시일부터 6개월) • 새로운 등록지를 관할하는 시 · 도지사에게 제출 • 첨부서류 : 건설기계등록이전신고서, 소유자의 주소 또는 건설기계의 사용본거지의 변경사실을 증명하는 서류, 건설기계등록증 및 건설기계검사증

(4) 등록말소 사유 ★

구 분	사 유	등록말소 신청기한
시 · 도지사의 직권으로 등록말소	• 거짓이나 그 밖의 부정한 방법으로 등록을 한 경우 • 정기검사 명령, 수시검사 명령 또는 정비 명령에 따르지 아니한 경우 • 내구연한을 초과한 건설기계(정밀진단을 받아 연장된 경우는 그 연장기간을 초과한 건설기계)	–
그 소유자의 신청이나 시 · 도지사의 직권으로 등록말소할 수 있는 경우	• 건설기계를 폐기한 경우 • 건설기계가 천재지변 또는 이에 준하는 사고 등으로 사용할 수 없게 되거나 멸실된 경우 • 건설기계해체재활용업을 등록한 자에게 폐기를 요청한 경우 • 구조적 제작 결함 등으로 건설기계를 제작 · 판매자에게 반품한 경우 • 건설기계를 교육 · 연구 목적으로 사용하는 경우	사유가 발생한 날부터 30일 이내
	• 건설기계를 수출하는 경우	수출 전까지
	• 건설기계를 도난당한 경우	2개월 이내
	• 건설기계의 차대가 등록 시의 차대와 다른 경우 • 건설기계가 건설기계 안전기준에 적합하지 않게 된 경우 • 건설기계를 횡령 또는 편취당한 경우	–

(5) 등록의 표식 및 등록번호표

① 등록의 표식

㉠ 등록된 건설기계에는 등록번호표를 부착 및 봉인하고 등록번호를 새겨야 함

㉡ 건설기계소유자는 등록번호표 또는 그 봉인이 떨어지거나 알아보기 어렵게 된 경우에는 시 · 도지사에게 등록번호표의 부착 및 봉인을 신청하여야 함

② 등록번호표의 색칠 및 등록번호(2022.05.25.개정/2022.11.26.시행) ★

구 분		색 상	일련번호
비사업용	관용	흰색 바탕에 검은색 문자	0001~0999
	자가용		1000~5999
대여사업용		주황색 바탕에 검은색 문자	6000~9999

참고

등록번호표에 표시되는 모든 문자 및 외곽선은 1.5mm 튀어나와야 한다.

③ 특별표지판 부착 대상 대형건설기계 ★

㉠ 길이가 16.7m를 초과하는 건설기계

㉡ 너비가 2.5m를 초과하는 건설기계

㉢ 높이가 4.0m를 초과하는 건설기계

㉣ 최소 회전반경이 12m를 초과하는 건설기계

㉤ 총중량이 40톤을 초과하는 건설기계(굴착기, 로더 및 지게차는 운전중량이 40톤을 초과하는 경우)

㉥ 총중량 상태에서 축하중이 10톤을 초과하는 건설기계(굴착기, 로더 및 지게차는 운전중량 상태에서 축하중이 10톤을 초과하는 경우)

참고

건설기계의 안전기준 용어
- 자체중량 : 연료, 냉각수 및 윤활유 등을 가득 채우고 휴대 공구, 작업 용구 및 예비 타이어를 싣거나 부착하고 즉시 작업할 수 있는 상태에 있는 건설기계의 중량
- 최대 적재중량 : 적재가 허용되는 물질을 허용된 장소에 최대로 적재하였을 때 적재된 물질의 중량
- 총중량 : 자체중량에 최대 적재중량과 조종사를 포함한 승차인원의 체중(1명당 65kg)을 합한 것

자주나와요 꼭 암기

1. 건설기계 등록번호표 제작 등을 할 것을 통지 · 명령하여야 하는 것은?
   신규등록을 하였을 때, 등록번호의 식별이 곤란한 때
2. 시 · 도지사는 건설기계등록원부를 건설기계 등록말소한 날부터 몇 년간 보존? 10년
3. 건설기계 등록지를 변경한 때는 등록번호표를 시 · 도지사에게 며칠 이내에 반납하여야 하는가? 10일

신유형

1. 등록번호표 제작자는 등록번호표 제작 등의 신청을 받은 날로부터 며칠 이내에 제작하여야 하는가? **7일**
2. 건설기계의 등록신청을 위해 등록지로 운행하는 경우 임시운행 기간은 몇일인가? **15일**

3 건설기계의 검사

(1) 검사의 종류★

신규등록검사	건설기계를 신규로 등록할 때 실시하는 검사
구조변경검사	건설기계의 주요 구조를 변경하거나 개조한 경우 실시하는 검사
정기검사	건설공사용 건설기계로서 3년의 범위에서 검사유효기간이 끝난 후에 계속하여 운행하려는 경우에 실시하는 검사와 운행차의 정기검사
수시검사	성능이 불량하거나 사고가 자주 발생하는 건설기계의 안전성 등을 점검하기 위해 수시로 실시하는 검사와 건설기계 소유자의 신청을 받아 실시하는 검사
검사의 명령	시 · 도지사는 정기검사, 수시검사, 정비의 명령을 함

참고

정기검사 유효기간★

기 종	연 식	검사유효기간
타워크레인	–	6개월
• 굴착기(타이어식) • 기중기 • 아스팔트살포기 • 천공기 • 항타 및 항발기 • 터널용 고소작업차	–	1년
• 덤프트럭 • 콘크리트 믹서트럭 • 콘크리트펌프(트럭적재식) • 도로보수트럭(타이어식) • 트럭지게차(타이어식)	20년 이하	1년
	20년 초과	6개월
• 로더(타이어식) • 지게차(1톤 이상) • 모터그레이더 • 노면파쇄기(타이어식) • 노면측정장비(타이어식) • 수목이식기(타이어식)	20년 이하	2년
	20년 초과	1년
• 그 밖의 특수건설기계 • 그 밖의 건설기계	20년 이하	3년
	20년 초과	1년

건설기계 기종의 명칭 및 기종번호

01 : 불도저
02 : 굴착기
03 : 로더
04 : 지게차
05 : 스크레이퍼
06 : 덤프트럭
07 : 기중기
08 : 모터그레이더
09 : 롤러
10 : 노상안정기
11 : 콘크리트뱃칭플랜트
12 : 콘크리트피니셔
13 : 콘크리트살포기
14 : 콘크리트믹서트럭
15 : 콘크리트펌프
16 : 아스팔트믹싱플랜트
17 : 아스팔트피니셔
18 : 아스팔트살포기
19 : 골재살포기
20 : 쇄석기
21 : 공기압축기
22 : 천공기
23 : 항타 및 항발기
24 : 자갈채취기
25 : 준설선
26 : 특수건설기계
27 : 타워크레인

(2) 검사의 연장 · 대행

검사연장	• 천재지변, 건설기계의 도난, 사고발생, 압류, 31일 이상에 걸친 정비 그 밖의 부득이한 사유로 검사신청기간 내에 검사를 신청할 수 없는 경우에는 그 기간을 연장할 수 있음 • 검사신청기간 만료일까지 검사연장신청서에 연장사유를 증명할 수 있는 서류를 첨부하여 시 · 도지사에게 제출하여야 함 (검사대행자를 지정한 경우에는 검사대행자에게 제출함) • 검사를 연장하는 경우에는 그 연장기간을 6개월 이내로 함
검사대행	국토교통부장관은 건설기계의 검사에 관한 시설 및 기술능력을 갖춘 자를 지정하여 검사의 전부 또는 일부를 대행하게 할 수 있음

참고

검사대행자 지정 취소 및 정지 사유, 정비 명령

지정 취소 및 사업 정지를 명할 수 있는 경우	• 국토교통부령으로 정하는 기준에 적합하지 아니하게 된 경우 • 검사대행자 또는 그 소속 기술인력이 준수사항을 위반한 경우 • 검사업무의 확인 · 점검을 위해 검사대행자에게 필요한 자료를 제출하지 않거나 거짓으로 제출한 경우 • 경영부실 등의 사유로 검사대행 업무를 계속하게 하는 것이 적합하지 않다고 인정될 경우 • 건설기계관리법을 위반하여 벌금 이상의 형을 선고받은 경우
지정 취소	• 거짓이나 그 밖의 부정한 방법으로 지정을 받은 경우 • 사업정지명령을 위반하여 사업정지기간 중에 검사를 한 경우
정비 명령	시 · 도지사는 검사에 불합격한 건설기계에 대해 31일 이내의 기간을 정하여 소유자에게 검사를 완료한 날(대행의 경우 검사결과를 보고받은 날)로부터 10일 이내에 정비 명령을 해야 함

자주나와요 꼭 암기

1. 건설기계검사의 종류는? 신규등록검사, 정기검사, 구조변경검사, 수시검사
2. 덤프트럭을 신규등록한 후 최초 정기검사를 받아야 하는 시기는? 1년
3. 정기검사연기신청을 하였으나 불허통지를 받은 자는 언제까지 검사를 신청하여야 하는가? 정기검사신청기간 만료일부터 10일 이내
4. 건설기계의 구조변경 범위에 속하는 것은?
   건설기계의 길이 · 너비 · 높이 등의 변경, 조종장치의 형식변경, 수상작업용 건설기계 선체의 형식변경

신유형

1. 지게차 중 특수건설기계인 것은? **트럭지게차**
2. 건설기계검사를 연장 받을 수 있는 기간은?
   - **해외임대를 위하여 일시 반출된 경우 – 반출기간 이내**
   - **압류된 건설기계의 경우 – 압류기간 이내**
   - **건설기계사업을 휴업(휴지)하는 경우 – 해당 사업의 개시신고를 하는 때까지 (휴지기간 이내)**

4 건설기계사업

(1) 등 록

건설기계사업	건설기계사업을 하려는 자는 사업의 종류별로 시장 · 군수 또는 구청장에게 등록
건설기계정비업	건설기계정비업의 등록을 하려는 자는 사무소의 소재지를 관할하는 시장 · 군수 또는 구청장에게 건설기계정비업 등록신청서를 제출 : 종합건설기계정비업, 부분건설기계정비업, 전문건설기계정비업
건설기계대여업	건설기계대여업을 등록하려는 자는 건설기계대여업을 영위하는 사무소의 소재지를 관할하는 시장 · 군수 또는 구청장에게 건설기계대여업 등록신청서를 제출
건설기계매매업	건설기계매매업을 등록하려는 자는 사무소의 소재지를 관할하는 시장 · 군수 또는 구청장에게 건설기계매매업 등록신청서를 제출
건설기계 해체재활용업	건설기계해체재활용업의 등록을 하려는 자는 시장 · 군수 또는 구청장에게 건설기계해체재활용 등록신청서를 제출

(2) 건설기계사업자의 변경신고 등

건설기계 사업자의 변경신고	• 변경신고 사유가 발생한 날부터 30일 이내에 건설기계사업자 변경신고서에 변경사실을 증명하는 서류와 등록증을 첨부하여 건설기계사업의 등록을 한 시장 · 군수 또는 구청장에게 제출 • 신고를 받은 시장 · 군수 또는 구청장은 그 신고내용에 따라 등록증의 기재사항을 변경하여 교부하거나 보관 또는 폐기할 것
건설기계사업의 휴업 · 폐업 등의 신고	건설기계사업자가 그 사업의 전부 또는 일부를 휴업 또는 폐업하려는 때에는 건설기계사업휴업(폐업)신고서를 시장 · 군수 또는 구청장에게 제출

자주나와요 꼭 암기 

건설기계관리법에 의한 건설기계사업은?
건설기계대여업, 건설기계매매업, 건설기계해체재활용업, 건설기계정비업

신유형

건설기계사업자가 영업의 양도를 할 때, 시장이나 군수는 건설기계사업자의 지위를 승계한 자의 신고수리 여부를 신고받은 날로부터 며칠 이내에 통지하는가? 10일

5 건설기계조종사 면허

(1) 건설기계조종사 면허의 취득★

건설기계를 조종하려는 사람은 시장 · 군수 또는 구청장에게 건설기계조종사 면허를 받아야 함

도로교통법에 따른 제1종 대형면허 받아야 하는 건설기계	• 덤프트럭 • 아스팔트살포기 • 노상안정기 • 콘크리트믹서트럭 • 콘크리트펌프 • 천공기(트럭적재식) • 특수건설기계 중 국토교통부장관이 지정하는 건설기계
소형건설기계의 조종에 관한 교육과정의 이수로 기술자격의 취득을 대신할 수 있는 건설기계	• 5톤 미만의 불도저 • 5톤 미만의 로더 • 5톤 미만의 천공기(트럭적재식 제외) • 3톤 미만의 지게차 • 3톤 미만의 굴착기 • 3톤 미만의 타워크레인 • 공기압축기 • 콘크리트펌프(이동식에 한정) • 쇄석기 • 준설선

(2) 건설기계조종사 면허의 결격사유

① 18세 미만인 사람
② 건설기계 조종상의 위험과 장해를 일으킬 수 있는 정신질환자 또는 뇌전증환자로서 국토교통부령으로 정하는 사람
③ 앞을 보지 못하는 사람, 듣지 못하는 사람, 그 밖에 국토교통부령으로 정하는 장애인
④ 건설기계 조종상의 위험과 장해를 일으킬 수 있는 마약 · 대마 · 향정신성의약품 또는 알코올중독자로서 국토교통부령으로 정하는 사람
⑤ 건설기계조종사 면허가 취소된 날부터 1년이 지나지 않았거나 건설기계조종사 면허의 효력정지 처분기간 중에 있는 사람(거짓 그 밖의 부정한 방법으로 건설기계조종사 면허를 받았거나 건설기계조종사 면허의 효력정지기간 중 건설기계를 조종하여 취소된 경우에는 2년)

(3) 건설기계조종사 면허의 종류

면허의 종류	조종할 수 있는 건설기계
불도저	불도저
5톤 미만의 불도저	5톤 미만의 불도저
굴착기	굴착기
3톤 미만의 굴착기	3톤 미만의 굴착기
로더	로더
3톤 미만의 로더	3톤 미만의 로더
5톤 미만의 로더	5톤 미만의 로더
지게차	지게차
3톤 미만의 지게차	3톤 미만의 지게차
기중기	기중기
롤러	롤러, 모터그레이더, 스크레이퍼, 아스팔트피니셔, 콘크리트피니셔, 콘크리트살포기 및 골재살포기
이동식 콘크리트펌프	이동식 콘크리트펌프
쇄석기	쇄석기, 아스팔트믹싱플랜트 및 콘크리트뱃칭플랜트
공기압축기	공기압축기
천공기	천공기(타이어식, 무한궤도식 및 굴진식을 포함한다. 다만 트럭적재식은 제외), 항타 및 항발기
5톤 미만의 천공기	5톤 미만의 천공기(트럭적재식 제외)
준설선	준설선 및 자갈채취기
타워크레인	타워크레인
3톤 미만의 타워크레인	3톤 미만의 타워크레인 중 세부 규격에 적합한 타워크레인

(4) 건설기계조종사 면허의 취소 · 정지★

① 면허취소 사유
㉠ 거짓이나 그 밖의 부정한 방법으로 건설기계조종사 면허를 받은 경우
㉡ 건설기계조종사 면허의 효력정지기간 중 건설기계를 조종한 경우
㉢ 정기적성검사를 받지 아니하고 1년이 지난 경우
㉣ 정기적성검사 또는 수시적성검사에서 불합격한 경우

② 면허취소 또는 1년 이내의 면허효력을 정지시킬 수 있는 사유
㉠ 정신질환자 또는 뇌전증환자, 앞을 보지 못하는 사람 · 듣지 못하는 사람 및 그 밖에 국토교통부령으로 정하는 장애인, 마약 · 대마 · 향정신성의약품 또는 알코올중독자
㉡ 건설기계의 조종 중 고의 또는 과실로 중대한 사고를 일으킨 경우
㉢ 국가기술자격법에 따른 해당 분야의 기술자격이 취소되거나 정지된 경우
㉣ 건설기계조종사 면허증을 다른 사람에게 빌려 준 경우
㉤ 술에 취하거나 마약 등 약물을 투여한 상태 또는 과로 · 질병의 영향이나 그 밖의 사유로 정상적으로 조종하지 못할 우려가 있는 상태에서 건설기계를 조종한 경우

③ 건설기계의 조종 중 고의 또는 과실로 중대한 사고를 일으킨 경우의 처분기준

위반사항		처분기준
인명피해	고의로 인명피해(사망, 중상, 경상 등)를 입힌 경우	취소
	과실로 중대재해가 발생한 경우	
	사망 1명마다	면허효력정지 45일
	중상 1명마다	면허효력정지 15일
	경상 1명마다	면허효력정지 5일
재산피해	피해금액 50만 원마다	면허효력정지 1일 (90일을 넘지 못함)
건설기계의 조종 중 고의 또는 과실로 가스공급시설을 손괴하거나 기능에 장애를 입혀 가스의 공급을 방해한 경우		면허효력정지 180일

④ 면허증의 반납
㉠ 사유 : 면허의 취소, 효력이 정지, 재교부를 받은 후 잃어버린 면허증을 발견한 때
㉡ 반납 : 사유가 발생한 날부터 10일 이내에 시장 · 군수 또는 구청장에게 그 면허증을 반납

자주나와요 꼭 암기

1. 건설기계조종사 면허증의 반납사유는?
   면허의 효력이 정지된 때, 면허증의 재교부를 받은 후 잃어버린 면허증을 발견한 때, 면허가 취소된 때
2. 건설기계조종사 면허취소 또는 효력정지를 시킬 수 있는 자는?
   시장 · 군수 또는 구청장
3. 고의로 경상 1명의 인명피해를 입힌 건설기계조종사 처분기준은? 면허취소

신유형

1. 과실로 경상 6명의 인명피해를 입힌 건설기계조종사의 처분기준? **면허효력정지 30일**
2. 건설기계조종사 면허증 발급 신청 시 첨부서류는?
   국가기술자격증 정보, 신체검사서, 소형건설기계 조종교육이수증(소형면허 신청 시), 증명사진
3. 건설기계조종사의 정기적성검사는 65세 미만인 경우 몇 년마다 받아야 하는가?
   10년(65세 이상인 경우는 5년)

6 벌 칙★

(1) 2년 이하의 징역 또는 2천만 원 이하의 벌금

① 등록되지 않았거나 말소된 건설기계를 사용하거나 운행한 자
② 시 · 도지사의 지정을 받지 않고 등록번호표를 제작하거나 등록번호를 새긴 자
③ 등록을 하지 않고 건설기계사업을 하거나 거짓으로 등록을 한 자
④ 건설기계의 주요 구조나 원동기, 동력전달장치, 제동장치 등 주요 장치를 변경 또는 개조한 자
⑤ 무단 해체한 건설기계를 사용 · 운행하거나 타인에게 유상 · 무상으로 양도한 자
⑥ 등록이 취소되거나 사업의 전부 또는 일부가 정지된 건설기계업자로서 건설기계사업을 한 자

(2) 1년 이하의 징역 또는 1천만 원 이하의 벌금

① 거짓이나 그 밖의 부정한 방법으로 등록을 한 자
② 등록번호를 지워 없애거나 그 식별을 곤란하게 한 자
③ 구조변경검사 또는 수시검사를 받지 아니한 자
④ 정비명령을 이행하지 아니한 자
⑤ 형식승인, 형식변경승인 또는 확인검사를 받지 아니하고 건설기계의 제작 등을 한 자
⑥ 사후관리에 관한 명령을 이행하지 아니한 자
⑦ 매매용 건설기계를 운행하거나 사용한 자
⑧ 폐기인수 사실을 증명하는 서류의 발급을 거부하거나 거짓으로 발급한 자
⑨ 폐기요청을 받은 건설기계를 폐기하지 아니하거나 등록번호표를 폐기하지 아니한 자
⑩ 건설기계조종사 면허를 받지 아니하고 건설기계를 조종한 자
⑪ 건설기계조종사 면허를 거짓이나 그 밖의 부정한 방법으로 받은 자
⑫ 소형건설기계의 조종에 관한 교육과정의 이수에 관한 증빙서류를 거짓으로 발급한 자
⑬ 건설기계조종사 면허가 취소되거나 건설기계조종사 면허의 효력정지처분을 받은 후에도 건설기계를 계속하여 조종한 자
⑭ 건설기계를 도로나 타인의 토지에 버려둔 자

(3) 300만 원 이하의 과태료

① 정기적성검사 또는 수시적성검사를 받지 아니한 자
② 시설 또는 업무에 관한 보고를 하지 아니하거나 거짓으로 보고한 자
③ 소속 공무원의 검사 · 질문을 거부 · 방해 · 기피한 자

(4) 100만 원 이하의 과태료

① 등록번호표를 부착 · 봉인하지 아니하거나 등록번호를 새기지 아니한 자
② 등록번호표를 가리거나 훼손하여 알아보기 곤란하게 한 자 또는 그러한 건설기계를 운행한 자 (1차 위반 시 50만 원, 2차 위반 시 70만원, 3차 위반 시 100만 원)

(5) 50만 원 이하의 과태료

① 임시번호표를 붙이지 아니하고 운행한 자
② 변경신고를 하지 아니하거나 거짓으로 변경신고한 자
③ 등록번호표를 반납하지 아니한 자
④ 등록의 말소를 신청하지 아니한 자

자주나와요 꼭 암기

1. 건설기계조종사 면허를 받지 않고 건설기계를 조종한 자에 대한 벌칙은?
   1년 이하의 징역 또는 1천만 원 이하의 벌금
2. 정비명령을 이행하지 아니한 자에 대한 벌칙은?
   1,000만 원 이하의 벌금

신유형

과태료 처분에 대하여 불복이 있는 경우 며칠 이내에 이의를 제기하여야 하는가?
처분의 고지를 받은 날부터 60일 이내

(6) 과징금 · 과태료의 부과기준

① 과징금의 부과기준(영 별표2의2. 2022.8. 2 신설)
㉠ 건설기계 등록번호표 제작자에 대한 부과기준

위반사항	과징금 금액		
	1차 위반	2차 위반	3차 위반
거짓이나 그 밖의 부정한 방법으로 등록번호표를 제작하거나 등록번호를 새긴 경우	300만 원	–	–
정당한 사유 없이 등록번호표의 제작 또는 등록번호의 새김을 거부한 경우	100만 원	300만 원	–

② 과태료의 부과기준(영 별표3. 2023. 4. 25 개정)

위반사항	과태료 금액		
	1차 위반	2차 위반	3차 위반
임시번호표를 부착하지 않고 운행한 경우	20만 원	30만 원	50만 원
등록의 말소를 신청하지 않은 경우	20만 원	30만 원	50만 원
등록번호표를 부착하지 않거나 봉인하지 않은 건설기계를 운행한 경우	100만 원	200만 원	300만 원
정기검사를 받지 않은 경우	10만 원(신청기간 만료일부터 30일을 초과하는 경우 3일 초과 시마다 10만 원을 가산한다)		
건설기계임대차 등에 관한 계약서를 작성하지 않은 경우	200만 원	250만 원	300만 원
정기적성검사를 받지 않은 경우	5만 원(검사기간 만료일부터 30일을 초과하는 경우 3일 초과 시마다 5만 원을 가산한다)		
수시적성검사를 받지 않은 경우	2만 원	3만 원	5만 원
	3일 초과 시마다 1만 원 가산	3일 초과 시마다 2만 원 가산	3일 초과 시마다 5만 원 가산
	검사기간 만료일부터 30일을 초과하는 경우 3일 초과 시마다 5만 원을 가산한다.		
안전교육 등을 받지 않고 건설기계를 조종한 경우	50만 원	70만 원	100만 원
건설기계를 주택가 주변의 도로 · 공터 등에 세워 두어 생활환경을 침해한 경우	5만 원	10만 원	30만 원

PART 03 장비구조

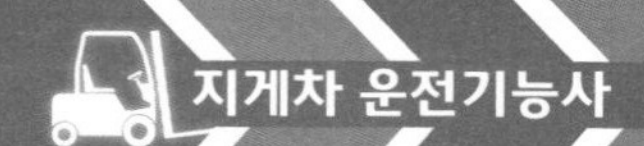

제1장 엔진(기관)구조

1 엔진(기관) 일반

(1) 열기관 : 열에너지를 기계적인 에너지로 변환시키는 장치

(2) 열기관의 분류

① 외연기관 : 기관 외부에 설치된 연소장치에서 연료를 연소시켜 얻은 열에너지를 실린더 내부로 도입하여 피스톤에 압력을 가해 기계적인 에너지를 얻는 방식

② 내연기관 : 연료를 실린더 내에서 연소·폭발시켜 피스톤에 압력을 가함으로써 기계적인 에너지를 얻는 방식

(3) 내연기관의 분류

사용 연료에 따른 분류	가솔린 기관	• 휘발유를 연료로 하는 기관 • 공기와 연료의 혼합기를 흡입, 압축하여 전기적인 불꽃으로 점화 • 소음이 적고 고속·경쾌하여 자동차 및 건설기계 일부에서 사용
	디젤 기관	• 경유를 연료로 하는 기관 • 공기만을 흡입, 압축한 후 연료를 분사시켜 압축열에 의해서 착화 • 열효율이 높고 출력이 커서 건설기계, 대형차량, 선박, 농기계의 기관으로 많이 사용
	LPG 기관	• LPG를 연료로 사용하는 기관 • 가솔린기관의 고압용기에 들어 있는 LPG를 감압 기화장치를 통해 기화기로부터 기관에 흡입시켜 점화 • 연료비가 싸고 연소실이나 윤활유의 더러움이 적고 엔진 수명이 길며 배기가스 속의 유해가스도 적어 자동차나 일부 대형차량에서 사용 증가
작동방식에★ 따른 분류		• 2행정 사이클기관 : 일부 소형엔진(이륜차), 저속운전 불가능 • 4행정 사이클기관 : 승용차, 화물차, 저속운전 가능
점화방식에 따른 분류		• 전기점화기관 : 가솔린·LPG·로터리기관 점화방식 • 자기착화기관(압축착화기관) : 디젤기관 점화방식
연소방식에 따른 분류		• 정적사이클(오토사이클) : 가솔린기관 기본 사이클 • 정압사이클(디젤사이클) : 저속·중속 디젤기관 기본 사이클 • 복합사이클(사바테사이클) : 고속 디젤기관 기본 사이클
실린더 배열에 따른 분류		직렬형, 수평대향형, V형, 방사선형
밸브 배치에 따른 분류		SV형, OHV형, OHC형

2 기관 본체

(1) 실린더와 크랭크 케이스

① 실린더블록 : 기관의 기초 구조물로, 위쪽에는 실린더헤드가, 아래 중앙부에는 평면 베어링을 사이에 두고 크랭크축이 설치

② 실린더(기통) : 피스톤이 기밀을 유지하면서 왕복운동을 하여 열에너지를 기계적 에너지로 바꿔 동력 발생

실린더 라이너	• 건식 : 라이너가 냉각수와 직접 접촉하지 않고 실린더블록을 거쳐 냉각 • 습식 : 라이너의 바깥 둘레가 냉각수와 직접 접촉
실린더★ 마멸 원인	• 가속 및 공회전 • 윤활유 사용의 부적절 • 피스톤링과 링홈 및 실린더와 피스톤 사이의 간극 불량 • 피스톤링 절개 부분의 간극이 매우 좁은 경우 • 피스톤핀의 끼워 맞춤이 너무 단단하거나 커넥팅 로드가 휜 경우 • 공기청정기 엘리먼트가 불량하거나 습식의 경우 오일의 양이 부족할 때

③ 크랭크 케이스

㉠ 크랭크축을 지지하는 기관의 일부로 윤활유의 저장소 역할과 윤활유 펌프와 필터를 지지함

㉡ 상부는 실린더블록의 일부로 주조되고, 하부는 오일팬으로 실린더블록에 고착됨

자주나와요 꼭 암기

1. 4행정 디젤기관에서 동력행정을 뜻하는 것은? 폭발행정
2. 4행정 사이클기관의 행정순서는? 흡입 → 압축 → 동력 → 배기
3. 4행정 사이클기관에서 엔진이 4000rpm일 때 분사펌프의 회전수는? 2000rpm
4. 실린더 마모(마멸) 원인은?
   연소 생성물(카본)에 의한 마모, 흡입 공기 중의 먼지·이물질 등에 의한 마모, 실린더 벽과 피스톤 및 피스톤링의 접촉에 의한 마모
5. 기관에서 실린더 마모가 가장 큰 부분은? 실린더 윗부분
6. 피스톤과 실린더 사이의 간극이 너무 클 때 일어나는 현상은? 엔진오일의 소비증가

(2) 실린더헤드

구 성	• 개스킷을 사이에 두고 실린더블록에 볼트로 설치되며 피스톤, 실린더와 함께 연소실 형성 • 헤드 아래쪽에 연소실과 밸브 시트가 있고, 위쪽에 예열플러그 및 분사노즐 설치 구멍과 밸브 개폐기구의 설치 부분이 있음
실린더헤드 개스킷의 역할	• 실린더헤드와 블록의 접합면 사이에 끼워져 양면을 밀착시켜서 압축가스, 냉각수 및 기관오일의 누출을 방지하기 위해 사용하는 석면계열의 물질 • 실린더 헤드 개스킷에 대한 구비조건 : 강도가 적당할 것, 기밀 유지가 좋을 것, 내열성과 내압성이 있을 것
연소실의 구비조건	• 연소실 체적이 최소가 되게 하고 가열되기 쉬운 돌출부가 없을 것 • 밸브면적을 크게 하여 흡·배기작용을 원활히 할 것 • 압축행정 끝에 와류가 일어날 것 • 화염 전파에 요하는 시간을 최소로 짧게 할 것

(3) 피스톤

① 구비조건★

㉠ 가스 및 오일 누출 없을 것

㉡ 폭발압력을 유효하게 이용할 것

㉢ 마찰로 인한 기계적 손실 방지

㉣ 기계적 강도 클 것

㉤ 열전도율 좋고 열팽창률 적을 것

㉥ 고온·고압가스에 잘 견딜 것

② 구 조

피스톤 헤드	연소실의 일부로, 안쪽에 리브를 설치하여 피스톤 헤드의 열을 피스톤링이나 스커트부에 신속히 전달, 피스톤 보강
링홈	피스톤링을 끼우기 위한 홈(압축링, 오일링 설치)
랜드	피스톤링을 끼우기 위한 링홈과 홈 사이
스커트부	피스톤의 아래쪽 끝부분으로 피스톤이 상하 왕복운동할 때 측압을 받는 부분
보스	피스톤핀에 의해 피스톤과 커넥팅 로드의 소단부를 연결하는 부분
히트 댐	피스톤 헤드와 제1링홈 사이에 가느다란 홈을 만들어 피스톤 헤드부의 열을 스커트부에 전달되지 않도록 함

③ 피스톤 간극★

피스톤 간극이 작을 경우	오일 간극의 저하로 유막이 파괴되어 마찰·마멸 증대, 마찰열에 의해 피스톤과 실린더가 눌어붙는 현상 발생
피스톤 간극이 클 경우	압축압력 저하, 블로우 바이(실린더와 피스톤 사이에서 미연소가스가 크랭크 케이스로 누출되는 현상) 및 피스톤 슬랩 발생, 연소실 기관오일 상승, 기관 기동성 저하, 기관 출력 감소, 엔진오일의 소비 증가

참고

피스톤 고착의 원인
- 냉각수의 양이 부족할 때
- 기관이 과열되었을 때
- 기관오일이 부족할 때
- 피스톤의 간극이 적을 때

(4) 피스톤링과 피스톤핀

① 피스톤링★

3대 작용		기밀 유지작용(밀봉작용), 열전도작용(냉각작용), 오일 제어작용
구비조건		• 열팽창률 적고 고온에서 탄성 유지할 것 • 실린더 벽에 동일한 압력을 가하고, 실린더 벽보다 약한 재질일 것 • 오래 사용하여도 링 자체나 실린더의 마멸이 적을 것
종류	압축링	블로우 바이 방지 및 폭발행정에서 연소가스 누출 방지
	오일링	압축링 밑의 링홈에 1~2개가 끼워져 실린더 벽을 윤활하고 남은 과잉의 기관오일을 긁어내려 실린더 벽의 유막 조절
피스톤링 이음부 간극 클 때		• 블로우 바이 발생 • 기관오일 소모 증가
피스톤링 이음부 간극 작을 때		• 링 이음부가 접촉하여 눌어붙음 • 실린더 벽을 긁음

② 피스톤핀

기 능	• 피스톤 보스에 끼워져 피스톤과 커넥팅 로드 소단부 연결 • 피스톤이 받은 폭발력을 커넥팅 로드에 전달
구비조건	강도 크고, 무게 가볍고, 내마멸성 우수할 것

(5) 크랭크축

기 능	피스톤의 직선운동을 회전운동으로 바꿔 기관의 출력을 외부로 전달하고 동시에 흡입·압축·배기행정에서 피스톤에 운동을 전달
형 식	직렬 4기통기관, 직렬 6기통기관, 직렬 8기통기관, V-8기통기관
비틀림 진동 방지기	• 크랭크축 앞 끝에 크랭크축 풀리와 일체로 설치하여 진동 흡수 • 비틀림 진동은 회전력이 클수록, 속도가 빠를수록 큼

참고

6기통 기관이 4기통 기관보다 좋은 점
- 가속이 원활하고 신속함
- 기관진동이 적음
- 저속회전이 용이하고 출력이 높음

(6) 커넥팅 로드

기 능	피스톤의 왕복운동을 크랭크축에 전달
구 조	피스톤을 연결하는 소단부, 크랭크핀에 연결되는 대단부
커넥팅 로드 길이가 짧은 경우	• 기관의 높이가 낮아지고 무게를 줄일 수 있음 • 실린더 측압이 커져 기관 수명이 짧아지고 기관의 길이가 길어짐
커넥팅 로드 길이가 긴 경우	• 실린더 측압이 작아져 실린더 벽 마멸이 감소하여 수명이 길어짐 • 강도가 낮아지고 무게가 무거워지고 기관의 높이가 높아짐

(7) 플라이휠

기관의 맥동적인 회전을 플라이휠의 관성력을 이용하여 원활한 회전으로 바꿔 줌

(8) 베어링

지지방법	• 베어링 돌기 : 베어링을 캡 또는 하우징에 있는 홈과 맞물려 고정시키는 역할 • 베어링 스프레드 : 베어링을 장착하지 않은 상태에서 바깥 지름과 하우징의 지름의 차이, 조립 시 밀착을 좋게 하고 크러시의 압축에 의한 변형 방지 • 베어링 크러시 : 베어링을 하우징과 완전 밀착시켰을 때 베어링 바깥 둘레가 하우징 안쪽 둘레보다 약간 큰데, 이 차이를 크러시라 하며 볼트로 압착시키면 차이는 없어지고 밀착된 상태로 하우징에 고정
필수조건	• 마찰계수 작고 고온 강도 크고 길들임성 좋을 것 • 내피로성·내부식성·내마멸성 클 것 • 매입성, 추종 유동성, 하중 부담 능력 있을 것

(9) 밸브기구

① 기능 : 실린더에 흡·배기되는 공기와 연소가스를 알맞은 시기에 개폐

② 밸브기구의 형식 : 오버헤드 밸브기구(캠축, 밸브 리프터, 푸시 로드, 로커암 축 어셈블리 및 밸브 등으로 구성), 오버헤드 캠축 밸브기구(캠축을 실린더헤드 위에 설치하고 캠이 직접 로커암을 움직여 밸브를 열게 하는 형식)

③ 캠과 캠축

캠	• 밸브 리프터를 밀어주는 역할을 하며, 캠의 수는 밸브의 수와 같음 • 종류 : 접선 캠, 원호 캠, 등가속 캠 등
캠 축	• 엔진의 밸브 수와 동일한 캠이 배열됨 • 구동 방식 : 기어 구동식, 체인 구동식, 벨트 구동식

④ 밸브

기 능	• 연소실에 설치된 흡·배기 구멍을 각각 개폐하고 공기를 흡입하며 연소가스 내보냄 • 압축과 폭발행정에서는 밸브 시트에 밀착되어 연소실 내의 가스 누출 방지
구비 조건	• 밸브 헤드 부분의 열전도율이 클 것 • 고온에서의 충격과 부하에 견디고 고온가스에 부식되지 않을 것 • 가열이 반복되어도 물리적 성질이 변화하지 않을 것 • 관성을 작게 하기 위해 무게가 가볍고 내구성 클 것 • 흡·배기가스 통과에 대한 저항 적은 통로 만들 것

밸브 주요부 기능	• 밸브 헤드 : 고온 · 고압 가스에 노출되어 높은 열적 부하를 받는 부분 • 밸브 마진 : 기밀 유지를 위한 보조 충격에 대해 지탱력을 가지며 밸브의 재사용 여부 결정 • 밸브 면 : 밸브 시트에 접촉되어 기밀 유지 및 밸브 헤드의 열을 시트에 전달하고 밸브 헤드의 열을 75% 냉각 • 밸브 스템 : 그 일부가 밸브 가이드에 끼워져 밸브 운동을 보호하며 밸브 헤드의 열을 가이드를 통하여 25% 냉각 • 밸브 스템 엔드 : 밸브에 캠의 운동을 전달하는 로커암과 충격적으로 접촉하는 부분
밸브 시트	• 기능 : 밸브 면과 밀착되어 연소실의 기밀 유지작용과 밸브 헤드의 냉각작용 • 밸브 시트 폭 넓은 경우 : 밸브의 냉각효과는 크지만 압력이 분산되어 기밀 유지 불량 • 밸브 시트 폭 좁은 경우 : 밀착압력이 커 기밀 유지는 양호하나 냉각효과 감소
★ 밸브 간극	• 밸브 스템 엔드와 로커암 사이의 간극 • 밸브 간극 클 때 – 소음이 심하고 밸브 개폐기구에 충격 줌 – 정상작동 온도에서 밸브가 완전하게 열리지 못함 – 흡입밸브의 간극이 크면 흡입량 부족 초래 – 배기밸브의 간극 크면 배기 불충분으로 기관 과열 • 밸브 간극 작을 때 – 블로우 바이로 인해 기관 출력 감소 – 밸브 열림 기간 길어짐 – 흡입밸브의 간극이 작으면 역화 및 실화 발생 – 배기밸브의 간극이 작으면 후화 발생 용이
밸브 가이드	• 밸브의 상하운동 및 밸브 면과 시트의 밀착이 바르게 되도록 밸브 스템 안내 • 가이드 간극 클 때 : 오일의 연소실 유입, 시트와 밀착 불량 • 가이드 간극 작을 때 : 스틱 현상 발생
밸브 스프링	압축과 폭발행정에서는 밸브 면과 시트를 밀착시켜 기밀을 유지시키고 흡입과 배기행정에서는 캠의 형상에 따라서 밸브가 열리도록 작동
밸브 오버랩	피스톤이 TDC에 있을 때 흡입 및 배기밸브가 동시에 열려 있는 것

신유형

기관에서 밸브스템엔드와 로커암(태핏) 사이의 간극은?
밸브 간극

3 연료장치

(1) 디젤기관의 장단점★

① 장점

㉠ 가솔린기관에 비해 구조가 간단하여 열효율이 높고 연료 소비율 적음

㉡ 연료의 인화점이 높은 경유를 사용하여 취급 · 저장 · 화재의 위험성이 적음

㉢ 배기가스에 함유되어 있는 유해성분이 적고, 저속에서 큰 회전력 발생

㉣ 점화장치가 없어 고장률이 적음

② 단점

㉠ 평균 유효 압력 및 회전속도가 낮음

㉡ 마력당 무게와 형체, 운전 중 진동과 소음 큼

㉢ 연소 압력이 커 기관 각부를 튼튼하게 해야 함

㉣ 압축비가 높아 큰 출력의 시동전동기 필요

㉤ 연료 분사장치가 매우 정밀하고 복잡하여 제작비 비쌈

참고

디젤기관의 진동원인★
- 연료의 분사압력, 분사량, 분사시기 등의 불균형이 심할 때
- 다기관에서 한 실린더의 분사노즐이 막혔을 때
- 피스톤 커넥팅 로드 어셈블리 중량 차이가 클 때
- 크랭크축 무게가 불평형이거나 실린더 내경(안지름)의 차가 심할 때
- 연료공급 계통에 공기 침입

(2) 디젤노크

정 의	착화 지연 기간 중에 분사된 다량의 연료가 화염 전파 기간 중에 일시적으로 연소하여 실린더 내의 압력이 급격히 증가함으로써 피스톤이 실린더 벽을 타격하여 소음이 발생하는 현상
발생 원인	• 연료의 분사압력이 낮을 때 • 연소실의 온도가 낮을 때 • 착화지연시간이 길 때 • 노즐의 분무상태가 불량할 때 • 기관이 과도하게 냉각되어 있을 때 • 세탄가가 낮은 연료 사용 시
노크가 기관에 미치는 영향★	• 기관 과열 및 출력의 저하 • 배기가스 온도의 저하 • 실린더 및 피스톤의 손상 또는 고착의 발생
노크의 방지책	• 기관의 온도와 회전속도 높임 • 압축비, 압축압력 및 압축온도 높임 • 분사시기 알맞게 조정 • 착화성이 좋은 경유 사용 • 연소실 벽의 온도를 높게 유지함 • 착화기간 중의 분사량을 적게 함

(3) 디젤기관의 시동 보조기구★

① 감압장치

㉠ 디젤기관에서 캠축의 회전과 관계없이 흡 · 배기밸브를 열어주어 압축압력을 감소시킴으로써 시동을 쉽게 할 수 있도록 함

㉡ 종류 : 홈형식, 조정 스크루식

② 예열장치

㉠ 디젤기관은 압축착화 방식이므로 한랭상태에서는 경유가 잘 착화하지 못해 시동이 어려우므로 예열장치는 흡입 다기관이나 연소실 내의 공기를 미리 가열하여 시동을 쉽도록 하는 장치

㉡ 종류 : 예열플러그 방식, 흡기가열 방식(흡기 히터와 히트 레인지)

참고

디젤기관에서 시동이 되지 않는 원인
- 연료계통에 공기가 들어 있을 때
- 배터리 방전으로 교체가 필요한 상태일 때
- 연료분사 펌프의 기능이 불량할 때
- 연료가 부족할 때

(4) 디젤기관의 연소실 및 연료장치

① 연소실★

종 류	직접분사실식, 예연소실식, 와류실식, 공기실식
구비조건	• 평균 유효 압력이 높고 기관 시동이 쉬울 것 • 연료 소비율과 디젤기관 노크 발생이 적을 것 • 분사된 연료를 가능한 한 짧은 시간 내에 완전연소시킬 것 • 고속회전에서의 연소상태가 좋을 것

② 연료장치

연료의 공급 순서	연료탱크 → 연료 공급펌프 → 연료 필터 → 연료 분사펌프 → 분사노즐
연료탱크	건설기계의 주행 및 작업에 소요되는 경유를 저장하는 탱크

연료 파이프	연료장치의 각 부품을 연결하는 통로
연료 공급펌프	연료탱크 내의 연료를 일정한 압력(약 2~3kgf/cm²)을 가하여 분사펌프에 공급하는 장치로 분사펌프 옆에 설치되어 분사펌프 캠축에 의해 구동
연료 여과기	연료 속에 들어 있는 먼지와 수분을 제거, 분리하며 경유는 분사펌프 플런저 배럴과 플런저 및 분사노즐의 윤활도 겸하므로 여과 성능이 높아야 함
연료 분사펌프	• 연료 공급펌프와 여과기로부터 공급받은 연료를 고압으로 압축하여 폭발 순서에 따라 각 실린더의 분사노즐로 압송 • 분사펌프 구조 : 펌프 하우징, 캠축, 태핏, 플런저 배럴, 플런저
분사량 조절기구	가속 페달이나 조속기의 움직임을 플런저로 전달하는 기구(가속 페달 → 제어래크 → 제어피니언 → 제어슬리브 → 플런저 회전)
딜리버리밸브	• 플런저의 상승행정으로 배럴 내의 압력이 규정값(약 10kgf/cm²)에 도달하면 이 밸브가 열려 연료를 분사 파이프로 압송 • 연료 역류 및 분사노즐 후적 방지
연료 분사시기 조정기(타이머)	기관의 부하 및 회전속도에 따라 연료 분사시기 조정
조속기(거버너)	기관의 회전속도나 부하변동에 따라 자동적으로 래크를 움직여 분사량을 조절하는 것으로서 최고 회전속도를 제어하고 저속운전을 안정시킴
분배형 분사펌프	소형 고속 디젤기관의 발달과 함께 개발된 것으로 연료를 하나의 펌프 엘리먼트로 각 실린더에 공급하도록 한 형식
연료 분사 파이프	분사펌프의 각 펌프 출구와 분사노즐을 연결하는 고압 파이프
분사노즐★	분사펌프에서 보내온 고압의 연료를 미세한 안개 모양으로 연소실 내에 분사

자주나와요 꼭 암기

1. 연소실 구조가 간단하며 에너지 효율이 높고 냉각 손실이 적은 분사방식은? 직접분사식
2. 연료탱크의 연료를 분사펌프 저압부까지 공급하는 것은? 연료 공급펌프
3. 다음은 어느 구성품을 형태에 따라 구분한 것인가? 연소실

   직접분사실식, 예연소실식, 와류실식, 공기실식

4. 디젤기관에서 공급하는 연료의 압력을 높이는 것으로 조속기와 분사시기를 조절하는 장치가 설치되어 있는 것은? 연료 분사펌프

신유형

커먼레일 디젤기관의 공기유량센서(AFS)로 많이 사용되는 방식은?
열막 방식

4 흡·배기장치

(1) 흡입(기)장치

역 할		공기를 실린더 내로 이끌어 들이는 장치
구성	공기 청정기	• 실린더에 흡입되는 공기를 여과하고 소음을 방지하며 역화 시에 불길 저지 • 실린더와 피스톤의 마멸 및 오일의 오염과 베어링의 소손 방지
	흡기 다기관	• 공기를 실린더 내로 안내하는 통로 • 헤드 측면에 설치
	터보차저(과급기)	• 흡기관과 배기관 사이에 설치 • 실린더 내의 흡입 공기량 증가 • 기관출력의 증가 • 체적 효율의 증대 • 평균유효압력과 회전력 상승 • 기관이 고출력일 때 배기가스의 온도 낮춤 • 고지대에서 운전 시 기관의 출력 저하 방지

참고

건식 공기청정기
- 설치 또는 분해조립이 간단함
- 작은 입자의 먼지나 오물을 여과할 수 있음
- 기관 회전속도의 변동에도 안정된 공기청정 효율을 얻을 수 있음

습식 공기청정기
- 청정효율은 공기량이 증가할수록 높아짐
- 회전속도가 빠르면 효율이 좋아짐
- 흡입공기는 오일로 적셔진 여과망을 통과하여 여과
- 공기청정기 케이스 밑에는 일정량의 오일이 들어 있음

(2) 배기장치

역 할		실린더 내에서 연소된 배기가스를 대기 중으로 배출하는 장치
구성	배기 다기관	엔진의 각 실린더에서 배출되는 배기가스를 모으는 것
	배기 파이프	배기다기관에서 나오는 배기가스를 대기 중으로 내보내는 강관
	소음기	배기가스를 대기 중에 방출하기 전에 압력과 온도를 저하시켜 급격한 팽창과 폭음을 억제하기 위한 구조

자주나와요 꼭 암기

1. 에어클리너가 막혔을 때 발생되는 현상은? 배기색은 검은색이며, 출력은 저하됨
2. 과급기를 부착하는 주된 목적은? 출력의 증대
3. 터보차저(과급기)에 사용하는 오일은? 기관오일

5 윤활장치

(1) 윤활유

윤활의 기능		마멸 방지, 냉각작용, 방청작용, 세척작용, 밀봉작용, 응력 분산 작용
윤활유	정 의	윤활에 사용되는 오일(기관오일)
	구비 조건	• 비중과 점도가 적당하고 청정력 클 것 • 인화점 및 자연발화점 높고 기포 발생 적을 것, 유성이 좋을 것 • 응고점이 낮고 열과 산에 대한 저항력 클 것

(2) 윤활장치의 구성

오일팬	기관오일이 담겨지는 용기, 냉각작용
오일 스트레이너	고운 스크린으로 되어 있으므로 펌프 내에 오일을 흡입할 때 입자가 큰 불순물을 제거하여 오일펌프에 유도하는 작용
유압조절 밸브	• 윤활 회로 내를 순환하는 유압이 과도하게 상승하는 것을 방지하여 유압이 일정하게 유지되도록 하는 작용 • 유압이 규정값 이상일 경우에는 유압조절밸브가 열리고 규정값 이하로 내려가면 다시 닫힘 • 스프링의 장력을 받고 있는 유압조절밸브의 유압이 스프링의 장력보다 커지면 유압조절밸브가 열려 과잉압력을 오일팬으로 되돌아가게 함
오일펌프	• 오일을 스트레이너를 거쳐 흡입한 후 가압하여 각 윤활 부분으로 압송하는 기구 • 종류 : 기어 펌프, 로터리펌프, 플런저 펌프, 베인 펌프
★ 오일여과기	• 오일 속의 수분, 연소 생성물, 금속 분말, 오일 슬러지 등의 미세한 불순물 제거 • 여과기에 들어온 오일이 엘리먼트(여과지, 면사 등을 사용)를 거쳐 가운데로 들어간 후 출구로 나가면 엘리먼트를 거칠 때 오일에 함유된 불순물을 여과하고 제거된 불순물은 케이스 밑바닥에 침전 • 오일의 색깔 : 검정(심하게 오염), 붉은색(가솔린 혼입), 우유색(냉각수 혼입), 회색(금속분말 혼입) • 오일 오염의 원인 : 오일 질 및 오일여과기 불량, 피스톤링 장력 약함, 크랭크 케이스 환기장치 막힘

유면 표시기	• 오일팬 내의 오일량을 점검할 때 사용하는 금속막대 • 오일량은 항상 F선 가까이 있어야 하며 F선보다 높으면 많은 양의 오일이 실린더 벽에 뿌려져 오일이 연소하고 L선보다 훨씬 낮으면 오일 공급량 부족으로 윤활이 불완전
유압계	윤활장치 내를 순환하는 오일 압력을 운전자에게 알려주는 계기
유압경고등	기관이 작동되는 도중 유압이 규정값 이하로 떨어지면 경고등 점등
오일냉각기	주로 라디에이터 아래쪽에 설치되며 기관오일이 냉각기를 거쳐 흐를 때 기관 냉각수로 냉각되거나 가열되어 윤활 부분으로 공급

참고

유압 상승 및 하강 원인

유압 상승	• 윤활유의 점도가 높음 • 윤활 회로의 일부 막힘(오일여과기가 막히면 유압 상승) • 기관온도가 낮아 오일 점도 높음 • 유압조절밸브 스프링의 장력 과다
유압 하강	• 기관오일의 점도가 낮고 윤활유의 양이 부족 • 기관 각부의 과다 마모 • 오일펌프의 마멸 또는 윤활 회로에서 오일 누출 • 유압조절밸브 스프링 장력이 약하거나 파손 • 윤활유의 압력 릴리프 밸브가 열린 채 고착

자주나와요 꼭 암기

1. 엔진오일이 많이 소비되는 원인은?
   피스톤링의 마모가 심할 때, 실린더의 마모가 심할 때, 밸브 가이드의 마모가 심할 때
2. 오일여과기에 대한 설명은? 여과기가 막히면 유압이 높아진다. 작업조건이 나쁘면 교환 시기를 빨리 한다. 여과능력이 불량하면 부품의 마모가 빠르다.

신유형

1. 기관에 사용되는 윤활유 사용 방법으로 옳은 것은?
   여름용은 겨울용보다 SAE 번호가 크다.
2. 계기판을 통하여 엔진오일의 순환 상태를 알 수 있는 것은? **오일 압력계**
3. 윤활유에 첨가하는 첨가제의 사용 목적은?
   거품 방지제(소포제), 유동점 강하제, 산화 방지제, 점도지수 향상제 등
4. 여과기 종류 중 원심력을 이용하여 이물질을 분리시키는 형식은? **원심식 여과기**
5. 기관의 엔진오일여과기가 막히는 것을 대비하여 설치하는 것은? **바이패스밸브**
6. 펌프 내에 오일을 흡입할 때 입자가 큰 불순물을 제거하는 것은? **오일 스트레이너**

6 냉각장치

(1) 냉각장치의 역할 및 구분

역 할		작동 중인 기관이 폭발행정을 할 때 발생되는 열(1,500~2,000℃)을 냉각시켜 일정 온도(75~80℃)가 되도록 함
기관 과열 시 발생 현상		• 작동 부분의 고착 및 변형 발생 • 조기점화 또는 노크 발생 • 냉각수 순환 불량 및 금속 산화 촉진 • 윤활이 불충분하여 각 부품 손상
구분	공랭식	• 기관을 대기와 직접 접촉시켜서 냉각시키는 방식 • 장점 : 냉각수 보충 · 동결 · 누수 염려 없음, 구조가 간단하여 취급 용이 • 단점 : 기후 · 운전상태 등에 따라 기관의 온도가 변화하기 쉬움, 냉각이 불균일하여 과열되기 쉬움
	수랭식	실린더블록과 실린더헤드에 냉각수 통로를 설치하여 이곳에 냉각수를 순환시켜 기관을 냉각시키는 방식

참고

기관 과열의 원인

- 라디에이터의 코어 막힘
- 냉각수의 부족
- 정온기가 닫힌 상태로 고장이 났을 때
- 무리한 부하운전을 할 때
- 냉각장치 내부에 물때가 끼었을 때
- 물펌프의 벨트가 느슨해졌을 때
- 냉각팬의 벨트가 느슨해졌을 때(유격이 클 때)

(2) 냉각장치의 구성

물재킷(물 통로)	• 실린더블록과 실린더헤드에 설치된 냉각수가 순환하는 물 통로 • 실린더 벽, 밸브 시트, 밸브 가이드 및 연소실 등과 접촉되어 혼합기가 연소 시에 발생된 고온을 흡수하여 냉각
워터펌프	• 구동벨트에 의해 구동되어 물재킷 내로 냉각수를 순환시키는 펌프 • 기관 회전수의 1.2~1.6배로 회전하며 펌프의 효율은 냉각수 온도에 반비례하고 압력에 비례
구동벨트	• 장력이 팽팽할 때 : 각 풀리의 베어링 마멸 촉진, 워터펌프의 고속회전으로 기관 과냉 • 장력이 헐거울 때 : 발전기 출력 저하, 워터펌프 회전속도가 느려 기관 과열 용이, 소음 발생, 구동벨트 손상 촉진
냉각팬	• 워터펌프 축과 일체로 회전하며 라디에이터를 통해 공기를 흡입함으로써 라디에이터 통풍을 도움 • 팬 클러치 : 냉각팬의 회전을 자동적으로 조절하여 냉각팬의 구동으로 소비되는 기관의 출력을 최대한으로 줄이고 기관의 과냉이나 냉각팬의 소음을 감소시킴
냉각수	• 기관에서 사용하는 냉각수 : 빗물, 수돗물, 증류수 등의 연수 • 열을 잘 흡수하지만 100℃에서 비등하고 0℃에서 얼며 스케일이 생김
부동액	• 냉각수가 동결되는 것을 방지하기 위해 냉각수와 혼합하여 사용하는 액체 예 메탄올, 글리세린, 에틸렌글리콜 • 구비조건 : 침전물 없고 물과 쉽게 혼합될 것, 부식성이 없을 것, 팽창계수 작을 것, 순환 잘되고 휘발성 없을 것, 비등점이 물보다 높고 빙점은 물보다 낮을 것
수온조절기	• 실린더헤드 물재킷 출구 부분에 설치되어 냉각수 온도에 따라 냉각수 통로를 개폐하여 기관의 온도를 알맞게 유지하는 기구 • 냉각수의 온도가 차가울 때는 수온조절기가 닫혀서 라디에이터 쪽으로 냉각수가 흐르지 못하게 하고 냉각수가 가열되면 점차 열리기 시작하며 정상온도가 되면 완전히 열려서 냉각수가 라디에이터로 순환 • 펠릿형은 냉각장치에서 왁스실에 왁스를 넣어 온도가 높아지면 팽창축을 열게 하는 방식이고, 벨로즈형은 벨로즈 안에 에테르를 밀봉한 방식
★ 라디에이터(방열기)	• 실린더블록과 실린더헤드의 냉각수 통로에서 열을 흡수한 냉각수를 냉각하고 기관에서 뜨거워진 냉각수를 방열판에 통과시켜 공기와 접촉하게 함으로써 냉각시킴 • 라디에이터 구비조건 : 공기 흐름 저항과 냉각수 흐름 저항이 적을 것, 단위면적당 방열량과 강도가 클 것, 작고 가벼울 것 • 라디에이터 캡 – 냉각수 주입구 뚜껑으로 냉각장치 내의 비등점을 높이고 냉각 범위를 넓히기 위하여 압력식 캡 사용 – 압력이 낮을 때 압력밸브와 진공밸브는 스프링의 장력으로 각각 시트에 밀착되어 냉각장치 기밀 유지

자주나와요 꼭 암기

1. 방열기의 캡을 열어 보았더니 냉각수에 기름이 떠 있을 때, 그 원인은?
   헤드가스켓 파손
2. 기관에 온도를 일정하게 유지하기 위해 설치된 물 통로에 해당되는 것은?
   워터재킷(물재킷)
3. 냉각장치에서 냉각수의 비등점을 올리기 위한 것은? 압력식 캡
4. 기관에서 워터펌프의 역할은? 기관의 냉각수를 순환시킨다.
5. 압력식 라디에이터 캡에 대한 설명은?
   냉각장치 내부압력이 부압이 되면 진공밸브는 열린다.
6. 냉각팬의 벨트 유격이 너무 클 때 일어나는 현상은? 기관 과열의 원인이 된다.
7. 기관에서 팬벨트 장력 점검 방법은?
   정지된 상태에서 벨트의 중심을 엄지손가락으로 눌러서 점검

신유형

1. 엔진의 냉각장치에서 수온조절기의 열림 온도가 낮을 때 발생하는 현상은?
   엔진의 워밍업 시간이 길어진다.
2. 가압식 라디에이터의 장점은? **냉각수에 압력을 가하여 비등점을 높일 수 있음, 방열기를 작게 할 수 있음, 냉각장치의 효율을 높일 수 있음**

제2장 전기장치

1 전기 일반

(1) 전류, 전압 및 저항

전 류	• 전자가 (−)쪽에서 (+)쪽으로 이동하는 것 • 측정단위 : 암페어(Ampere ; A)
전 압	• 전기적인 높이를 전위, 그 차이를 전위차 또는 전압 • 측정단위 : 볼트(voltage ; V)
저 항	• 물질 속을 전류가 흐르기 쉬운가, 어려운가를 표시하는 것 • 측정단위 : 옴(Ohm ; Ω) • 옴의 법칙(V : 전압, I : 전류, R : 저항) : V = I × R

(2) 전력과 전력량

전 력	• 전기가 단위시간 동안에 한 일의 양으로 전등, 전동기 등에 전압을 가하여 전류를 흐르게 하면 열이 나고 기계적 에너지를 발생시켜 여러 가지 일을 할 수 있도록 함 • 단위 : 와트(W)
전력량	• 전류가 어떤 시간 동안에 한 일의 총량으로 전력에 전력을 사용한 시간을 곱한 것으로 나타냄 • 단위 : Ws, kWh

(3) 직류(DC)와 교류(AC)★

직류 전기	• 시간의 변화에 따라 전류 및 전압이 일정 값을 유지하며 전류가 한 방향으로만 흐르는 전기 • 건설기계의 축전지 충전기는 입력을 교류로 사용하지만 정류용 다이오드를 이용하여 직류전기로 바꿔 충전
교류 전기	• 시간의 흐름에 따라 전류 및 전압이 변화되고 전류가 정방향과 역방향으로 반복되어 흐르는 전기 • 건설기계에서는 직류전기를 사용하므로 발전기에 정류용 실리콘 다이오드를 설치하여 교류전기를 직류전기로 변화시켜 사용

(4) 전기와 자기

① 전류가 만드는 자장

솔레노이드	전선을 원형으로 굽혀서 만든 코일에 전류가 흐르면 코일 내부에는 자장이 생김 → 코일을 서로 밀접하게 통형으로 감음 → 전류가 흐르면 자장이 축에 코일의 감긴 수만큼 겹쳐서 발생 → 코일 내부의 자장은 코일의 감긴 수에 비례 → 막대자석과 같은 작용을 함
오른나사의 법칙	• 오른쪽 나사가 진행하는 방향으로 전류가 흐르면 → 오른쪽 나사가 회전하는 방향으로 자력선이 생김 • 나사가 회전하는 방향으로 전류가 흐르면 → 진행하는 방향으로 자력선이 생김
오른손 엄지 손가락의 법칙	• 오른손의 엄지손가락을 다른 네 손가락과 직각이 되게 펴고 네 손가락 끝을 전류가 흐르는 방향과 일치시켜 잡으면 엄지손가락의 방향이 솔레노이드 내부에 생기는 자력선의 방향(N극)이 됨 • 코일 및 전자석의 자장의 방향을 알아내는 데 이용

② 자장과 전류 사이에 작용하는 힘

전자력	자계 속에 도체를 직각으로 놓고 전류를 흐르게 할 때 자계와 전류 사이에서 발생되는 힘(시동전동기, 전류계 및 전압계)
플레밍의 왼손 법칙	자계 속의 도체에 전류를 흐르게 하였을 때 도체에 작용하는 힘의 방향을 가리키는 법칙

③ 전자유도작용 : 자계 속에 도체를 자력선과 직각으로 넣고 도체를 자력선과 교차시키면 도체에 유도전기력이 발생되는 현상

2 축전지

(1) 축전지

정 의	양극판, 음극판 및 전해액이 가지는 화학적 에너지를 전기적 에너지로 꺼낼 수 있고 전기적 에너지를 주면 화학적 에너지로 저장할 수 있는 장치 (용량단위 : Ah)
기 능	• 시동전동기의 작동 • 시동 시의 전원으로 사용 • 주행 중 필요한 전류 공급 • 발전기의 여유 출력 저장 • 발전기의 출력 부족 시 전류 공급
구비조건	• 다루기 쉽고 심한 진동에 잘 견딜 것 • 소형 · 경량, 저렴하고 수명이 길 것 • 배터리의 용량이 클 것 • 전기적 절연이 완전할 것 • 전해액의 누설방지가 완전할 것

(2) 납산 축전지★

정 의	전해액으로 묽은 황산을, (+)극판에는 과산화납을, (−)극판에는 순납을 사용하는 축전지
특 성	• 기전력 : 전해액 온도 및 비중 저하, 방전량이 많은 경우 조금씩 낮아짐 • 방전종지전압 : 축전지를 방전종지전압 이하로 방전하면 극판이 손상되어 축전지 기능 상실 • 자기방전 : 충전된 축전지를 사용하지 않아도 자연적으로 방전되어 용량 감소 • 축전지 연결에 따른 용량과 전압의 변화 – 직렬연결 : 같은 전압, 같은 용량의 축전지 2개 이상을 (+)단자 기둥과 다른 축전지의 (−)단자 기둥에 서로 연결하는 방식, 전압은 연결한 개수만큼 증가되지만 용량은 1개일 때와 같음 – 병렬연결 : 같은 전압, 같은 용량의 축전지 2개 이상을 (+)단자 기둥을 다른 축전지의 (+)단자 기둥에, (−)단자 기둥은 (−)단자 기둥에 접속하는 방식, 용량은 연결한 개수만큼 증가하지만 전압은 1개일 때와 같음
전해액의 비중	• 표준 비중 : 20℃에서 완전 충전됐을 때(1.280) • 완전 방전됐을 때 비중 : 1.050 정도 • 온도가 상승하면 비중이 작아지고 온도가 낮아지면 비중이 커짐 • 온도가 1℃ 변화함에 따라 비중은 0.0007씩 변화 • 전해액 비중과 충전상태 : 축전지를 방전상태로 오랫동안 방치해 두면 극판이 영구 황산납이 되거나 여러 가지 고장을 유발하여 축전지 기능 상실 → 비중이 1.200 (20℃) 정도 되면 보충충전을 실시
보충충전	• 자기방전에 의하거나 사용 중에 소비된 용량을 보충하기 위해 실시하는 충전으로, 보통 전해액 비중을 20℃로 환산해서 비중이 1.200 이하로 됐을 때 실시 • 보충충전이 요구되는 경우 : 주행거리가 짧아 충분히 충전되지 않았을 때, 주행충전만으로 충전량이 부족할 때, 사용하지 않고 보관 중인 축전지는 15일에 1번씩 보충충전
충전 시 주의 사항	• 축전지는 방전상태로 두지 말고 즉시 통풍이 잘되는 곳에서 충전 • 충전 중 전해액의 온도를 45℃ 이상으로 상승시키지 않을 것 • 과다충전하지 말고(산화방지) 충전 중인 축전지 근처에서 불꽃을 일으키지 말 것 • 축전지 2개 이상 충전 시 반드시 직렬접속 • 축전지와 충전기를 서로 역접속하지 말고 각 셀의 벤트 플러그를 열어 놓을 것
탈거와 설치	접지단자(−)를 먼저 탈거하고, 설치할 때에는 접지단자(−)를 나중에 연결

자주나와요  암기

1. 겨울철 축전지 전해액의 비중이 낮아지면 전해액이 얼기 시작하는 온도는?
   높아진다.
2. 납산 축전지의 용량은 어떻게 결정되는가?
   극판의 크기, 극판의 수, 황산의 양에 의해 결정된다.
3. 축전지가 서서히 방전이 되기 시작해 일정 전압 이하로 방전될 경우 방전을 멈추는데 이때의 전압은? 방전종지전압
4. 납산 축전지의 일반적인 충전방법으로 가장 많이 사용되는 것은?
   정전류 충전
5. 12V 축전지의 구성(셀수)은? 약 2V의 셀이 6개로 구성되어 있다.

3 시동장치

(1) 시동장치의 정의와 구성요소

① 정의 : 기관을 시동시키기 위해 최초의 흡입과 압축행정에 필요한 에너지를 외부로부터 공급하여 기관을 회전시키는 장치

② 구성요소 : 회전력을 발생시키는 부분, 그 회전력을 기관의 크랭크축 링기어에 전달하는 부분, 피니언 기어를 접동시켜 링기어에 물리게 하는 부분

(2) 시동전동기★

① 종류 : 직권전동기(건설기계 시동모터), 분권전동기(건설기계 전동팬 모터, 히터팬 모터), 복권전동기(건설기계 윈드 실드 와이퍼 모터)

② 구조와 기능

전동기 부분	전기자	회전력을 발생하는 부분으로 전자기축 양쪽이 베어링으로 지지되어 자계 내에서 회전
	계철	자력선의 통로와 시동전동기의 틀이 되는 부분
	계자 철심	주위에 코일을 감아 전류가 흐르면 전자석이 되어 자계 형성, 자속이 통하기 쉽게 하고 계자 코일을 유지
	계자 코일	계자 철심에 감겨져 전류가 흐르면 자력을 일으켜 계자 철심을 자화시키는 역할
	브러시	정류자를 통해 전기자 코일에 전류를 출입시킴
	브러시 홀더	브러시를 지지하는 곳
	브러시 스프링	브러시를 정류자에 압착시켜 홀더 내에서 섭동하도록 함
	베어링	전기자 지지
동력 전달 기구	역할	시동전동기에서 발생한 회전력을 관 플라이휠 링기어로 전달하여 크랭킹시킴
	피니언을 링기어에 물리는 방식	벤딕스식, 피니언 섭동식(전자식), 전기자 섭동식

③ 시동전동기가 회전하지 않는 원인 : 시동전동기의 소손, 축전지 전압이 낮음, 배선과 스위치 손상, 브러시와 정류자의 밀착 불량

④ 시동전동기의 취급 시 주의사항

㉠ 항상 건조하고 깨끗이 사용할 것

㉡ 브러시의 접촉은 전면적의 80% 이상 되도록 할 것

㉢ 기관이 시동한 다음 시동전동기 스위치를 닫으면 안 됨

㉣ 시동전동기의 조작은 5~15초 이내로 작동하며, 시동이 걸리지 않았을 때는 30초~2분을 쉬었다가 다시 시작

참고

전동기의 종류와 그 특성
- 직권전동기는 계자 코일과 전기자 코일이 직렬로 연결된 것이다.
- 분권전동기는 계자 코일과 전기자 코일이 병렬로 연결된 것이다.
- 복권전동기는 직권전동기와 분권전동기의 특성을 합한 것이다.

자주나와요 꼭 암기 

1. 엔진이 시동되었을 때 시동스위치를 계속 ON 위치로 할 때 미치는 영향은?
   시동전동기의 수명이 단축된다.
2. 겨울철에 시동전동기 크랭킹 회전수가 낮아지는 원인은?
   엔진오일의 점도 상승, 온도에 의한 축전지의 용량 감소, 기온저하로 기동부하 증가
3. 일반적으로 건설기계장비에 설치되는 좌 · 우 전조등 회로의 연결방법은? 병렬

4 충전장치

충전장치는 건설기계 운행 중 각종 전기장치에 전력을 공급하는 전원인 동시에 축전지에 충전 전류를 공급하는 장치로서 기관에 의해 구동되는 발전기, 발전 전압 및 전류를 조정하는 발전 조정기, 충전 상태를 알려주는 전류계로 구성되어 있다.

구 분	직류(DC) 발전기	교류(AC) 발전기
정 의	계자 철심에 남아 있는 잔류 자기를 기초로 하여 발전기 자체에서 발생한 전압으로 계자 코일을 여자하는 자려자식 발전기	자계를 형성하는 로터 코일에 축전지 전류를 공급하여 도체를 고정하고 자석을 회전시켜 발전하는 타려자식 발전기
구 조	전기자, 정류자, 계철, 계자 철심, 계자 코일, 브러시	스테이터, 로터, 슬립링, 브러시, 정류기, 다이오드
조정기의 기능 및 구조	• 기능 : 계자 코일에 흐르는 전류의 크기를 조절하여 발생되는 전압과 전류 조정 • 구조 : 컷아웃 릴레이, 전압조정기, 전류조정기	교류 발전기 조정기에는 다이오드가 사용되므로 컷아웃 릴레이가 필요 없고 발전기 자체가 전류를 제한하므로 전압조정기만 있으면 됨
중 량	무겁다	가볍고 출력이 크다
브러시 수명	짧다	길다
정 류	정류자와 브러시	실리콘 다이오드
공회전 시	충전 불가능	충전 가능
사용 범위	고속회전에 부적합	고속회전에 적합
소 음	라디오에 잡음이 들어감	잡음이 적다
정 비	정류자의 정비 필요	슬립링의 정비 필요 없음

참고

발전기의 출력이 일정하지 않거나 낮은 이유
- 정류자의 오손
- 밸트가 풀리에서 미끄러짐
- 정류자와 브러시의 접촉 불량
- 정류자의 편마멸

동일한 축전지 2개를 연결 시 전압과 용량
- 직렬로 연결 시 전압은 개수만큼 증가하지만 용량은 1개일 때와 같다.
- 병렬로 연결 시 용량은 개수만큼 증가하지만 전압은 1개일 때와 같다.

자주나와요 꼭 암기 

1. 발전기의 전기자에 발생되는 전류는? 교류
2. AC 발전기에서 작동 중 소음 발생의 원인은?
   베어링이 손상되었다. 고정볼트가 풀렸다. 벨트 장력이 약하다.
3. AC와 DC 발전기의 조정기에서 공통으로 가지고 있는 것은? 전압조정기
4. 교류 발전기의 특징은?
   브러시의 수명이 길다. 저속회전 시 충전이 양호하다. 경량이고 출력이 크다.
5. AC발전기에서 다이오드의 역할은? 교류를 정류하고 역류를 방지한다.

신유형

1. 교류(AC) 발전기에서 전류가 발생되는 곳은? **스테이터**
2. 건설기계에 주로 사용되는 전동기의 종류는? **직류직권 전동기**
3. 12V 축전지에 3Ω, 4Ω, 5Ω 저항을 직렬로 연결하였을 때 회로내에 흐르는 전류는? **1A**

5 계기장치

속도계	건설기계의 주행 속도를 km/h로 나타내는 계기
유압계	기관 가동 중 작동되는 유압을 나타내는 계기
온도계	기관의 물재킷 내의 온도를 나타내는 계기
연료계	연료탱크 내의 잔류 연료량을 나타내는 계기
전압계	축전지 전압을 나타내는 계기

6 등화장치

(1) 종 류

조명용	전조등, 안개등, 후진등, 실내등, 계기등
신호용	방향지시등, 제동등
지시용	차고등, 주차등, 차폭등, 번호등, 미등
경고용	유압등, 충전등, 연료등, 브레이크오일등

(2) 전조등의 종류

★ 실드빔식	• 반사경에 필라멘트를 붙이고 여기에 렌즈를 녹여 붙인 후 내부에 불활성가스를 넣어 그 자체가 1개의 전구가 되도록 한 것 • 대기의 조건에 따라 반사경이 흐려지지 않고 사용에 따르는 광도의 변화가 적으며 필라멘트가 끊어지면 렌즈나 반사경에 이상이 없어도 전조등 전체 교환
세미 실드빔식	• 렌즈와 반사경은 일체이고, 전구는 교환이 가능한 것 • 필라멘트가 끊어지면 전구만 교환하면 되지만 전구 설치 부분으로 공기 유통이 있어 반사경이 흐려지기 쉽고 최근에는 전구로 할로겐램프를 주로 사용

(3) 전조등의 회로

① 퓨즈, 라이트스위치, 딤머스위치, 필라멘트

② 배선 방식

단선식	(+)선만 회로 구성, (−)선은 직접 차체에 접속
복선식	(+), (−)선 모두를 구성한 것(전류 소모 적음)

7 안전장치

방향지시기	• 방향 전환 및 비상시 등에 점멸하도록 플래셔 유닛을 두어 구성한 것 • 점멸횟수 : 분당 60~120회
경음기	• 소리를 내는 진동판을 전자석이나 공기를 이용, 진동시켜 작동하는 것 • 경음 : 전방 2m에서 90~115dB
윈드 실드 와이퍼	비 또는 눈이 내릴 때 운전자의 시계가 방해받는 것을 막기 위해 앞면 또는 뒷면 유리를 닦아내는 작용을 하는 것

자주나와요 꼭 암기

1. 전조등의 좌우 램프 간 회로에 대한 설명으로 옳은 것은? 병렬로 되어 있다.
2. 방향지시등의 한쪽 등 점멸이 빠르게 작동하고 있을 때, 운전자가 가장 먼저 점검하여야 할 곳은? 전구(램프)
3. 운전 중 갑자기 계기판에 충전경고등이 점등되었다. 그 현상으로 맞는 것은? 충전이 되지 않고 있음을 나타낸다.
4. 최고속도 15km/h 미만의 타이어식 건설기계가 필히 갖추어야 할 조명장치는? 후부반사기

신유형

1. 고장진단 및 테스트용 출력단자를 갖추고 있으며 항상 시스템을 감시하고 필요하면 운전자에게 경고신호를 보내주거나 고장점검 테스트용 단자가 있는 것은? **자기진단기능**
2. 야간작업 시 헤드라이트가 한쪽만 점등되었다. 고장원인은? **전구접지 불량, 한쪽 회로의 퓨즈 단선, 전구 불량**

제3장 전 · 후진 주행장치

1 동력전달장치

(1) 클러치

① 기능과 구비조건

기 능	• 플라이휠과 변속기의 사이에 설치되어 변속기에 전달되는 기관의 동력을 필요에 따라 단속하는 장치 • 기관 시동 및 기어 변속 시에는 기관과의 연결을 차단하고, 출발 시에는 기관의 동력 연결
구비조건	• 회전 관성이 작고 회전 부분의 평형이 좋을 것 • 내열성이 좋고 방열이 잘되는 구조일 것 • 구조가 간단하고 조작이 쉬우며 고장이 적을 것 • 동력 전달 시 미끄럼을 일으키면서 서서히 전달되고 전달 후에는 미끄러지지 않을 것

② 종류

마찰 클러치	원판 클러치(기관의 동력 전달용), 원뿔 클러치(일반기계용)
자동 클러치	유체클러치(자동변속기용), 전자클러치(에어컨 압축기 클러치)

③ 구조

클러치판 (클러치 디스크)	• 기관의 동력을 변속기 입력축을 통하여 변속기로 전달하는 마찰판 • 구조 : 페이싱(라이닝), 토션 스프링(회전 충격 흡수), 쿠션 스프링(접촉 충격을 흡수하고 서서히 동력 전달, 클러치의 편마멸 · 변형 · 파손 방지)
클러치축 (변속기 입력축)	클러치 디스크가 받은 기관의 동력을 변속기로 전달
클러치 커버	압력판, 릴리스 레버, 클러치 스프링 등이 조립되어 플라이 휠에 함께 설치되는 부분
클러치 페달	• 자유간극(유격) : 페달을 밟은 후부터 릴리스 베어링이 릴리스 레버에 닿을 때까지 페달이 이동한 거리 • 자유간극이 너무 작으면 클러치가 미끄러지며 이 미끄럼으로 인해 클러치 디스크가 과열되어 손상 • 자유간극이 너무 크면 클러치 차단이 불량하여 변속기의 기어 변속 시 소음이 발생하고 기어가 손상 • 자유간극을 두는 이유 : 변속기어의 물림 용이, 클러치판의 미끄럼 방지, 클러치판의 마멸 감소
클러치 스프링	압력판에 압력을 발생시키는 작용
압력판	클러치 페달을 놓으면 클러치 스프링의 장력에 의해 클러치판을 플라이휠에 밀어붙이는 역할
릴리스 베어링	페달을 밟았을 때 릴리스 포크에 의해 변속기 입력축 길이 방향으로 이동하여 회전 중인 릴리스 레버를 눌러 기관의 동력을 차단
릴리스 포크	릴리스 베어링 컬러에 끼워져 릴리스 베어링에 페달의 조작력을 전달하는 작용

④ 조작기구

기계식	페달을 밟는 힘을 케이블을 거쳐 릴리스 포크로 전달하여 릴리스 베어링을 이동시키는 방식
유압식	클러치 페달을 밟으면 유압이 발생하는 마스터 실린더와 이 유압을 받아서 릴리스 포크를 이동시키는 슬레이브 실린더 등으로 구성

⑤ 이상현상★

클러치가 미끄러지는 이유	• 클러치 라이닝, 클러치판, 압력판 마멸 • 클러치판의 오일 부착 및 클러치 페달의 자유간극 작음 • 클러치 스프링의 장력이 약하거나 자유 높이 감소
클러치 차단 불량 원인	• 클러치 페달의 자유간극 큼 • 유압 계통에 공기 침입 • 클러치판의 흔들림이 큼 • 릴리스 베어링의 손상 · 파손 • 클러치 각 부의 심한 마멸
클러치의 떨림 원인	• 클러치 링키지 이상 • 댐퍼 스프링 및 쿠션 스프링 파손
클러치의 소음 원인	• 릴리스 베어링 마멸 • 클러치 허브 스플라인부 헐거움

(2) 변속기

① 기능 및 구비조건

기 능	클러치와 추진축 또는 클러치와 종감속 기어장치 사이에 설치되어 기관의 동력을 건설기계의 주행상태에 알맞도록 회전력과 속도를 바꿔 구동바퀴에 전달하는 장치
구비조건	• 단계 없이 연속적으로 변속될 것 • 소형 · 경량이고 조작이 쉬울 것 • 신속 · 정확 · 정숙하게 작동할 것 • 전달 효율이 좋고 수리하기 쉬울 것

② 변속기 조작기구 : 로킹볼(기어 빠짐 방지), 스프링, 인터 로크(기어 이중 물림 방지), 후진 오조작 방지 기구 등이 설치

③ 트랜스퍼 케이스 : 험한 도로 및 구배 도로에서 구동력을 증가시키기 위해 기관의 동력을 앞뒤 모든 차축에 전달하도록 하는 장치로 앞바퀴 구동레버와 고속 및 저속 변속레버로 구성

④ 오버드라이브 : 평탄한 도로의 주행 시 기관의 여유 출력을 이용하여 추진축의 회전속도를 기관의 회전속도보다 빠르게 하는 장치

⑤ 변속기의 이상

기어 변속이 잘 안 되는 원인	• 클러치 페달 유격의 과대 • 싱크로나이저 링의 마멸 • 변속 레버 선단과 스플라인 홈의 마모
주행 중 변속기어가 잘 빠지는 원인	• 각 기어의 과도한 마멸 • 시프트 포크의 마멸 • 인터로크 및 로킹볼의 마모 • 베어링 또는 부싱의 마멸 • 기어축이 휘었거나 물림이 약한 경우
주행 중 변속기에서 소음이 나는 원인	• 기어 및 축 지지 베어링의 심한 마멸 • 기어오일 및 윤활유가 부족하거나 규정품이 아닌 경우

자주나와요 꼭 암기 

1. 기계식 변속기가 장착된 건설기계장비에서 클러치가 미끄러지는 원인은? 클러치 압력판 스프링이 약해짐, 클러치 페달의 자유간극(유격)이 작음, 클러치판(디스크)의 마멸이 심함
2. 건설기계에서 변속기의 구비조건은? 전달효율이 좋아야 한다.
3. 변속기의 필요성은? 기관의 회전력을 증대시킨다. 시동 시 장비를 무부하 상태로 한다. 장비의 후진 시 필요하다. 주행저항에 따라 기관 회전속도에 대한 구동바퀴의 회전속도를 알맞도록 변경해 준다.

신유형

1. 수동변속기가 장착된 건설기계에서 기어의 이중 물림을 방지하는 장치는? **인터록 장치**
2. 기계식 변속기의 클러치에서 릴리스 베어링과 릴리스 레버가 분리되어 있을 때로 맞는 것은? **클러치가 연결되어 있을 때**
3. 지게차 클러치판의 변형을 방지하는 것은? **쿠션스프링**

(3) 자동변속기

① 자동변속기의 장단점

장 점	• 기어의 변속 조작을 하지 않아도 되므로 운전 편리 • 조작 미숙에 의한 기관 정지가 적어 운전자 피로 감소 • 출발, 가속 및 감속이 원활하고 주행 시 진동 · 충격 흡수 • 과부하가 걸려도 직접 기관에 가해지지 않으므로 기관을 보호하고 각 부분의 수명 연장
단 점	• 구조가 복잡하고 값이 비싸며, 연료 소비율이 약 10% 정도 많아짐 • 건설기계를 밀거나 끌어서 시동할 수 없음

② 유체클러치★

기 능		기관의 회전력을 오일의 운동에너지로 바꾸고 이 에너지를 다시 동력으로 바꿔 변속기에 전달하는 장치
구조	펌프(임펠러)	크랭크축에 연결되어 플라이휠과 함께 회전하며 유체의 구동펌프 역할
	터빈(러너)	펌프의 유체 구동을 받아 회전하며 변속기에 동력 전달
	가이드링	오일의 와류를 방지하여 전달 효율 증가

③ 토크컨버터 : 유체클러치를 개량하여 유체클러치보다 회전력의 변화를 크게 한 것으로 스테이터, 펌프, 터빈 등이 상호운동을 하여 회전력을 변환

자주나와요 꼭 암기 

유체클러치에서 와류를 감소시키는 장치는? 가이드링

신유형

토크컨버터의 3대 구성요소는? **스테이터, 펌프, 터빈**

④ 유성 기어장치 : 토크컨버터의 토크 변환능력을 보조하고 후진 조작을 하기 위한 장치로 토크컨버터의 뒷부분에 결합되어 있고 유압제어장치에 의해 차의 주행상태에 따라 자동적으로 변속

변속기구	다판 디스크 클러치	한쪽의 회전 부분과 다른 한쪽의 회전 부분을 연결하거나 차단하는 작용
	브레이크 밴드와 서보기구	유성 기어장치의 선기어, 유성기어 캐리어 및 링기어의 회전운동을 필요에 따라 고정시키기 위해 브레이크 밴드를 사용하며 서보기구에 의해 작동
	프리휠	오직 한쪽 방향으로만 회전(일방향 클러치)

⑤ 유압조절기구

오일펌프	자동변속기가 요구하는 적당한 유량과 유압을 제공하고 윤활과 작동유압을 발생시키는 부분으로 주로 내접형 기어 펌프 사용
밸브 보디	• 오일펌프에서 공급된 유압을 각 부로 공급하는 유압회로 형성 • 종류 : 매뉴얼밸브(오일 회로 단속), 스로틀밸브(스로틀 압력 발생), 시프트밸브(제어기구에 오일을 단속), 거버너밸브(속도에 알맞은 유압 형성), 압력조정밸브(토크컨버터에서의 오일 역류 방지), 어큐뮬레이터(변속 충격 흡수)

(4) 드라이브 라인

기 능		뒤차축 구동방식의 건설기계에서 변속기의 출력을 구동축에 전달하는 장치
구조	추진축	변속기로부터 종감속 기어까지 동력을 전달하는 축으로서 강한 비틀림을 받으면서 고속회전하므로 비틀림이나 굽힘에 대한 저항력이 크고 두께가 얇은 강관의 원형 파이프 사용
	슬립 이음	추진축 길이의 변동을 흡수하여 추진축의 길이 방향에 변화를 주기 위해 사용
	자재 이음	• 두 축이 일직선상에 있지 않고 어떤 각도를 가진 2개의 축 사이에 동력을 전달할 때 사용하여 각도 변화에 대응 • 회전속도의 변화를 상쇄하기 위해 추진축 앞뒤에 둠

(5) 뒤차축 어셈블리

종감속 기어	구동 피니언과 링기어로 구성되어 변속기 및 추진축에서 전달되는 회전력을 직각 또는 직각에 가까운 각도로 바꿔 앞차축 및 뒤차축에 전달하고 동시에 최종적으로 감속
LSD (자동 제한 차동 기어장치)	미끄럼으로 공전하고 있는 바퀴의 구동력을 감소시키고 반대쪽 저항이 큰 구동바퀴에 공전하고 있는 바퀴의 감소된 분량만큼의 동력을 더 전달시킴으로써 미끄럼에 따른 공회전 없이 주행할 수 있도록 하는 장치
차동 기어장치	양쪽 바퀴의 회전수 변화를 가능케 하여 울퉁불퉁한 도로를 전진 및 선회할 때 무리 없이 원활히 회전하게 하는 장치
액슬축(차축)	• 바퀴를 통하여 차량의 중량을 지지하는 축 • 구동축(동력을 바퀴로 전달하고 노면에서 받는 힘을 지지)과 유동축(차량의 중량만 지지)이 있음
액슬 하우징	종감속 기어, 차동 기어장치 및 액슬축을 포함하는 튜브 모양의 고정축

2 조향장치

(1) 정의 및 기능

정 의	차량의 진행 방향을 운전자가 의도하는 바에 따라 임의로 조작할 수 있는 장치로 조향핸들을 조작하면 조향기어에 그 회전력이 전달되며 조향기어에 의해 감속하여 앞바퀴의 방향을 바꿀 수 있도록 되어 있음(지게차 일반적 뒷바퀴 조향방식)
기 능	• 조향핸들을 돌려 원하는 방향으로 조향 • 운전자의 핸들 조작력이 바퀴를 조작하는 데 필요한 조향력으로 증강 • 선회 시 좌우 바퀴의 조향각에 차이가 나도록 함 • 선회 시 저항이 적고 옆방향으로 미끄러지지 않도록 함 • 노면의 충격이 핸들에 전달되지 않도록 함

(2) 조향장치기구의 분류

① 역할에 따른 분류★

조향 조작 기구	조향핸들 (조향휠)	스포크나 림의 내부에는 강이나 경합금 심이 들어 있고 바깥쪽은 합성수지로 성형
	조향축	조향핸들의 회전을 조향기어의 웜으로 전하는 축, 35~50°의 경사를 두고 설치
	탄성체 이음	조향기어와 축의 연결 시 오차를 완화하고 노면으로부터의 충격을 흡수하여 조향핸들로 전달되지 않도록 하기 위해 조향핸들과 축 사이에 설치된 장치
조향기어기구		조작력의 방향을 바꿔줌과 동시에 회전력을 증대하여 조향링크기구에 전달
조향 링크 기구	피트먼암	조향핸들의 움직임을 드래그링크나 센터링크로 전달하는 것
	드래그 링크	일체차축방식 조향기구에서 피트먼암과 너클암(제3암)을 연결하는 로드로, 피트먼암을 중심으로 원호운동을 함
	센터링크	독립차축방식 조향기구에서 좌·우 타이로드와 연결
	타이로드	• 독립차축방식 조향기구에서는 센터링크의 운동을 양쪽 너클암으로 전달하며 2개로 나누어져 볼이음으로 각각 연결 • 일체차축방식 조향기구에서는 1개의 로드로 되어 있고 너클암의 움직임을 반대쪽의 너클암으로 전달하여 양쪽 바퀴의 관계를 바르게 유지
	너클암 (제3암)	일체차축방식 조향기구에서 드래그링크의 운동을 조향 너클에 전달하는 기구
	조향 너클	킹핀을 통해 앞차축과 연결되는 부분과 바퀴 허브가 설치되는 스핀들 부로 되어 있어 킹핀을 중심으로 회전하여 조향 작용
	킹 핀	차축과 조향너클을 조립하는 굵은 핀

② 차축방식에 따른 분류

㉠ 일체차축방식 : 조향핸들, 조향축, 조향기어박스, 너클암, 드래그링크, 타이로드, 피트먼암 등

㉡ 독립차축방식 : 일체차축방식과 다른 점은 드래그링크가 없고 타이로드가 둘로 나누어짐

참고

조향핸들★

조향핸들이 무거운 원인	조향핸들이 한쪽으로 쏠리는 원인
• 조향기어의 백래시 작음 • 앞바퀴 정렬 상태 불량 • 타이어의 공기 압력 부족 • 타이어의 마멸 과다 • 조향기어박스 내의 오일 부족 • 유압계통 내의 공기 혼합	• 앞바퀴 정렬 상태 및 쇼크업소버의 작동 상태 불량 • 타이어의 공기 압력 불균일 • 허브 베어링의 마멸 과다 • 앞 액슬축 한쪽 스프링 파손 • 뒤 액슬축이 차량 중심선에 대하여 직각이 되지 않았음

자주나와요 꼭 암기

1. 조향바퀴의 토인을 조정하는 곳은? 타이로드
2. 조향핸들의 조작을 가볍고 원활하게 하는 방법은?
   동력조향 사용, 바퀴의 정확한 정렬, 공기압을 적정압으로 조정

(3) 동력조향장치

기 능		기관의 동력으로 오일펌프를 구동시켜 발생한 유압을 이용하는 동력장치를 설치하여 조향핸들의 조작력을 가볍게 하는 장치
이 점		• 조향 조작이 경쾌·신속 • 노면으로부터 진동이나 충격을 흡수하여 조향휠에 전달되는 것을 방지 • 앞바퀴 시미현상 방지
분 류	링키지형	동력 실린더를 조향 링키지 중간에 둔 것
	일체형	동력 실린더를 조향기어박스 내에 설치한 형식
구 조	동력부	• 동력원이 되는 유압을 발생시키는 부분 • 구성 : 오일펌프, 제어밸브, 압력조절밸브
	작동부	• 유압을 기계적 에너지로 바꿔 앞바퀴의 조향력을 발생하는 부분 • 복동식 동력 실린더 사용
	제어부	• 조향핸들의 조작으로 작동장치의 오일 회로를 개폐하는 부분 • 안전체크밸브 : 제어밸브 속에 있으며, 기관이 정지된 경우, 오일펌프의 고장, 회로에서의 오일 누출 등의 원인으로 유압이 발생하지 못할 때 조향핸들의 조작을 수동으로 할 수 있도록 해주는 밸브

(4) 앞바퀴 정렬

① 필요성

㉠ 조향핸들에 복원성을 주고, 조향핸들의 조작을 확실하게 하고 안전성을 줌

㉡ 타이어 마멸 감소

② 요소

구 분	의 미	역 할
캠버	차량을 앞에서 보면 그 앞 바퀴가 수직선에 대해 어떤 각도를 두고 설치되어 있는 것	• 앞차축의 처짐 및 회전 반지름을 적게 하고 조향핸들의 조작을 가볍게 함 • 볼록 노면에 대하여 앞바퀴를 직각으로 둘 수 있음
캐스터	차량의 앞바퀴를 옆에서 보면 조향너클과 앞차축을 고정하는 킹핀이 수직선과 어떤 각도를 두고 설치되는 것	• 주행 중 조향바퀴에 방향성을 부여 • 조향 시 직진 방향으로의 복원력을 줌

구 분	의 미	역 할
킹핀 경사각 (조향축 경사각)	차량을 앞에서 보면 킹핀의 중심선이 수직에 대하여 어떤 각도를 두고 설치되는 것	• 조향핸들의 조작력을 적게 함 • 앞바퀴 시미현상 방지 • 조향 시에 앞바퀴의 복원성을 부여하여 조향휠의 복원이 용이
토 인	차량의 앞바퀴를 위에서 내려다 보면 바퀴 중심선 사이의 거리가 앞쪽이 뒤쪽보다 약간 좁게 되어 있는 것	• 앞바퀴 사이드슬립과 타이어 마멸 방지 • 캠버, 조향 링키지 마멸 및 주행 저항과 구동력의 반력에 의한 토아웃 방지 • 앞바퀴를 평행하게 회전시킴

3 현가장치

(1) 현가장치의 구조와 기능★

정 의		차축과 차체 사이에 스프링을 두고 연결하여 주행할 때 차축이 노면에서 받는 진동이나 충격을 차체에 직접 전달되지 않도록 하여 차체나 화물의 손상을 방지하고 승차감을 좋게 하는 장치
구성	섀시 스프링	스프링은 차축과 프레임 사이에 설치되어 바퀴에 가해지는 충격이나 진동을 완화하고 차체에 전달되지 않게 함 예 판 스프링, 코일 스프링, 토션바 스프링, 고무 스프링, 공기 스프링
	쇼크업 소버	• 건설기계가 주행할 때 스프링이 받는 충격에 의해 발생하는 고유진동을 흡수하고 진동을 빨리 감쇠시켜 승차감을 좋게 하며 상하 운동에너지를 열로 바꾸는 작용 • 유압식 쇼크업소버 : 유체에 의한 저항을 이용하여 진동의 감쇠작용
	스태빌 라이저	건설기계의 롤링을 작게 하고 가능한 빨리 평형상태를 유지하도록 하는 것

(2) 앞현가장치

프레임과 차축 사이를 연결하여 차의 중량을 지지하고, 바퀴의 진동을 흡수함과 동시에 조향기구의 일부를 설치하고 있는 장치

구 분	형 식	특 징
독립 현가식	• 프레임에 컨트롤 암을 설치하고 이것에 조향너클을 결합한 형식 • 소형차(승용차)에서 많이 사용	• 차의 높이를 낮게 할 수 있어서 차의 안정성 향상 • 조향바퀴에 옆방향으로 요동하는 진동이 잘 일어나지 않고 타이어와 노면의 접지성이 좋아짐 • 스프링 아래 무게가 가벼워 승차감이 좋아짐 • 휠 얼라이먼트가 변하기 쉬우며 타이어가 빨리 마모
차축 현가식	• 좌우의 바퀴가 1개의 차축으로 연결된 일체차축식 앞 차축을 스프링으로 차체와 연결시킨 형식 • 강도가 크고 구조가 간단하여 건설기계(대형트럭), 버스에서 많이 사용	• 차축의 위치를 정하는 링크나 로드가 필요하지 않아 부품수가 적고 구조 간단 • 선회 시 차체의 기울기 적음 • 스프링 정수가 너무 작은 것은 사용할 수 없고 스프링 및 질량이 커서 승차감이 좋지 않음

(3) 뒤현가장치

차축 현가식	평행판 스프링식	• 언더형 현가방식 : 차축을 스프링 위에 설치 • 오버형 현가방식 : 차축을 스프링 아래에 설치
	토크 튜브식	• 승용차 등에서 뒤차축에 토크 튜브를 설치하고 그 앞쪽 끝을 프레임이나 변속기의 뒷부분에 볼 소킷을 이용하여 연결한 방식 • 토크 튜브가 뒤차축이 받는 반동 회전력이나 전후 방향의 힘을 받기 때문에 유연한 스프링을 사용할 수 있음
	코일 스프링식	트레일링 링크식에 속하는 것으로, 차축이 받는 반동 회전력이나 전후 방향의 힘은 컨트롤 로드를 통해 차체로 전달되고 옆방향의 힘은 래터럴 로드를 통해 차체에 전달하는 구조
독립 현가식	특징	뒤현가장치를 독립현가식으로 하면 스프링 아래 무게를 가볍게 할 수 있어 승차감이나 로드 홀딩이 좋아지고 보디의 바닥을 낮출 수 있어 실내공간이 커짐
	스윙 차축식	차축을 중앙에서 2개로 분할하여 분할한 점을 중심으로 하여 좌우 바퀴가 상하운동을 하도록 한 것으로 코일 스프링을 많이 사용
	트레일링 암식	앞바퀴 구동차의 뒤현가장치로 많이 사용하며 뒷바퀴 구동차에서는 별로 사용되지 않음
	세미트레일링 암식	트레일링 암식과 스윙 차축식의 중간적인 현가장치
	다이애거널 링크식	일체식 암을 사용하고 그 끝으로 차축을 지지

(4) 공기현가장치

기 능	하중이 감소하여 차 높이가 높아지면 레벨링밸브가 작용하여 공기 스프링 안의 공기가 방출되고 하중이 증가하여 차 높이가 낮아지면 공기탱크에서 공기를 보충하여 차 높이를 일정하게 유지하도록 함
특 징	• 고주파 진동을 잘 흡수하고, 하중의 변화에 따라 스프링 상수가 자동적으로 변함 • 하중의 증감에 관계없이 고유 진동수는 거의 일정하게 유지 • 하중의 증감에 관계없이 차의 높이가 항상 일정하게 유지되어 차량이 전후좌우로 기우는 것을 방지 • 승차감이 좋고 진동을 완화하기 때문에 자동차의 수명이 길어짐

4 제동장치

(1) 역할과 구비조건

역 할	주행하고 있는 건설기계 속도를 감속 · 정지시키며 정차 중인 건설기계가 스스로 움직이지 않도록 하기 위한 장치
구비 조건	• 작동이 확실하고 제동효과 · 신뢰성 · 내구성이 클 것 • 운전자에 피로감을 주지 말고 점검 · 정비가 쉬울 것

(2) 유압 브레이크

구 성		유압을 발생시키는 마스터 실린더, 이 유압을 받아서 브레이크 슈(또는 패드)를 드럼(또는 디스크)에 압착시켜 제동력을 발생시키는 휠 실린더(또는 캘리퍼) 및 마스터 실린더와 휠 실린더 사이를 연결하여 유압회로를 형성하는 파이프와 플렉시블 호스 등
특 징		• 마찰 손실 적고 페달 조작력이 작아도 됨 • 제동력이 모든 바퀴에 동일하게 작용 • 유압회로 내에 공기가 침입하면 제동력 감소 • 유압회로가 파손되어 오일이 누출되면 제동 기능 상실
구조	브레이크 페달	• 조작력을 경감시키기 위해 지렛대 원리 이용 • 구비조건 : 밑판 간극, 페달 높이, 페달 유격 적당
	브레이크 파이프	마스터 실린더에서 휠 실린더로 브레이크액을 유도하는 관
	브레이크 호스	프레임에 결합된 파이프와 차축이나 바퀴 등을 연결하는 것(=플렉시블 호스)
	마스터 실린더	• 브레이크 페달을 밟는 것에 의해 유압을 발생시킴 • 체크밸브 : 오일이 한쪽으로만 흐르게 하는 밸브로서 오일이 휠 실린더 쪽으로 나가게 하지만 유압과 장력이 평형이 되면 체크밸브와 시트가 접촉되어 오일 라인에 잔압을 형성하여 유지시킴 • 잔압을 두는 이유 : 조작을 신속히 해주고 휠 실린더로 오일 누출 방지 및 베이퍼 록 방지

구조	휠 실린더	마스터 실린더에서 압송된 유압을 받아 브레이크 슈를 드럼에 압착시킴
	브레이크 슈	휠 실린더의 피스톤에 의해 드럼과 접촉하여 제동력을 발생하는 부분
	브레이크 라이닝	브레이크 드럼과 직접 접촉하여 브레이크 드럼의 회전을 멈추고 운동에너지를 열에너지로 바꾸는 마찰재
	브레이크 드럼	바퀴와 함께 고속으로 회전하고 슈의 마찰력을 받아 제동력을 발생시키는 부분

참고

베이퍼 록
- 브레이크 회로 내의 오일이 비등하여 오일의 압력 전달 작용을 방해하는 현상
- 원인 : 브레이크 드럼과 라이닝의 끌림에 의한 가열, 긴 내리막길에서 과도한 풋 브레이크 사용 시, 브레이크오일 변질에 의한 비점의 저하 및 불량한 오일 사용 시

페이드 현상★

브레이크를 연속하여 자주 사용하면 브레이크 드럼이 과열되어 마찰계수가 떨어지고 브레이크가 잘 듣지 않는 것으로, 짧은 시간 내에 반복 조작이나, 내리막길을 내려갈 때 브레이크 효과가 나빠지는 현상

(3) 디스크 · 배력식 · 공기 · 주차 브레이크

구 분	특 징
디스크 브레이크	• 바퀴와 함께 회전하는 브레이크 디스크 양쪽에서 제동 패드를 유압에 의해 눌러서 제동하고 디스크가 대기 중에 노출되어 회전하므로 페이드 현상이 작은 자동 조정 브레이크 형식 • 부품의 평형이 좋고 한쪽만 제동되는 일이 없음 • 디스크에 물이 묻어도 제동력의 회복이 크고 디스크에 이물질이 쉽게 부착 • 자기 작동작용이 없어 고속에서 반복적으로 사용하여도 제동력 변화 적음 • 종류 : 대향 피스톤 고정 캘리퍼형, 싱글 실린더 플로팅 캘리퍼형
배력식 브레이크	• 오일 브레이크의 제동력을 강하게 하기 위한 보조 역할 • 종류 : 진공식 배력장치(흡입다기관의 진공과 대기 압력차 이용), 공기식 배력장치(압축공기와 대기 압력차 이용)
공기 브레이크	• 압축공기의 압력을 이용해서 브레이크 슈를 드럼에 압착시켜 제동을 하는 장치(대형 트럭, 건설기계, 트레일러 등에 많이 사용) • 차량 중량에 제한을 받지 않고 베이퍼 록의 발생 염려 없음 • 공기가 다소 누출되어도 제동 성능이 현저하게 저하되지 않음 • 구조가 복잡하고 값이 비싸며 페달 밟는 양에 따라 제동력 조절 • 공기 압축기 구동에 기관의 출력 일부 소모
주차 브레이크	• 센터 브레이크식 : 추진축에 설치된 브레이크 드럼을 제동, 보통 트럭이나 건설기계에 사용, 변속기 뒷부분에 설치 • 뒷바퀴 브레이크식 : 뒷바퀴 제동, 승용차에 사용, 일반적으로 풋 브레이크용 슈를 링크나 와이어 등을 이용해서 벌려 제동하는 형식

참고

브레이크의 이상 현상★

원 인	결 과
브레이크 페달을 밟았을 때 차량이 한쪽으로 쏠리는 경우	• 라이닝 간극 조정 불량 • 앞바퀴 정렬 불량 • 드럼의 변형 • 드럼슈에 그리스나 오일이 붙었을 때 • 쇼크업소버 작동 불량 • 좌우 타이어의 공기 압력 불균일
진공 배력식 브레이크에서 페달 조작이 무거운 경우	• 진공 파이프에 공기 유입 • 릴레이밸브 및 피스톤의 작동 불량 • 진공 및 공기밸브, 하이드로릭 피스톤, 진공 체크밸브 작동 불량
제동력이 불충분한 경우	• 브레이크 오일 부족 • 브레이크 라인 막힘 • 브레이크 계통 내에 공기 혼입 • 패드나 라이닝에 오일이 묻었거나 접촉 불량 • 휠 실린더, 마스터 실린더 오일 누출 • 브레이크 배력장치 작동 불량 • 휠실린더 오일 누출

자주나와요 꼭 암기

1. 유압브레이크에서 잔압을 유지시키는 역할을 하는 것은? 체크밸브
2. 긴 내리막길을 내려갈 때 베이퍼 록을 방지하는 운전방법은?
   엔진 브레이크의 사용

5 트랙장치와 바퀴

(1) 트랙장치★

역 할		트랙에 의해 건설기계를 이동시키는 장치
구성	트랙 프레임	위에는 상부 롤러, 아래에는 하부 롤러, 앞에는 유동륜을 설치
	트랙 아이들러 (전부 유동륜)	트랙의 진행 방향을 유도하고 요크를 지지하는 축 끝에 조정 실린더가 연결되어 트랙 유격 조정
	트랙	• 프런트 아이들러, 상 · 하부 롤러, 스프로킷에 감겨져 있고 스프로킷에서 동력을 받아 구동 • 트랙 유격(상부 롤러와 트랙 사이의 간격) – 유격이 규정값보다 크면 트랙이 벗겨지기 쉽고 롤러 및 트랙 링크의 마멸이 촉진되고 반대로 유격이 너무 적으면 암석지 작업을 할 때 트랙이 절단되기 쉬우며 각종 롤러, 트랙 구성 부품의 마멸 촉진 – 유격 조정방법 : 조정너트를 렌치로 돌려서 조정(구형의 경우), 프런트 아이들러 요크축에 설치된 그리스 실린더에 그리스(GAA)를 주유하면 트랙 유격이 작아지고 그리스를 배출시키면 유격이 커짐
	상부 롤러	트랙 아이들러와 스프로킷 사이에서 트랙이 처지는 것을 방지하고 동시에 트랙의 회전 위치를 정확하게 유지
	하부 롤러	트랙터의 전중량을 균등하게 트랙 위에 분배하면서 전동하고 트랙의 회전 위치를 정확히 유지
	리코일 스프링	주행 중 트랙 전면에서 오는 충격을 완화하여 차체의 파손을 방지하고 원활한 운전이 될 수 있도록 함
	스프로킷 (기동륜, 구동륜)	종감속 기어를 거쳐 전달된 동력을 최종적으로 트랙에 전달해 줌

자주나와요 꼭 암기

1. 무한궤도식 건설기계에서 트랙의 구성품으로 맞는 것은?
   슈, 슈볼트, 링크, 부싱, 핀
2. 무한궤도식 건설기계에서 트랙 장력 조정은?
   장력 조정 실린더

(2) 타이어

① **기능 및 요건** : 휠에 끼워져 일체로 회전하며 주행 중 노면에서의 충격을 흡수하고 제동, 구동 및 선회할 때에 노면과의 미끄럼이 적어야 함

② **분류**

㉠ 공기 압력 : 고압 타이어(4.2~6.3kgf/cm^2)
저압 타이어(2.1~2.5kgf/cm^2)

㉡ 튜브 유무 : 튜브 있는 타이어, 튜브 없는 타이어

㉢ 형상 : 보통(바이어스) 타이어, 레디얼 타이어, 스노우 타이어, 편평 타이어

③ **호칭 치수**

㉠ 보통 타이어 : 고압 타이어(타이어 외경×타이어 폭－플라이 수(PR) 예 32×6－8PR), 저압 타이어(타이어 폭－타이어 내경－플라이 수(PR) 예 7.00－16－10PR)

㉡ 레디얼 타이어

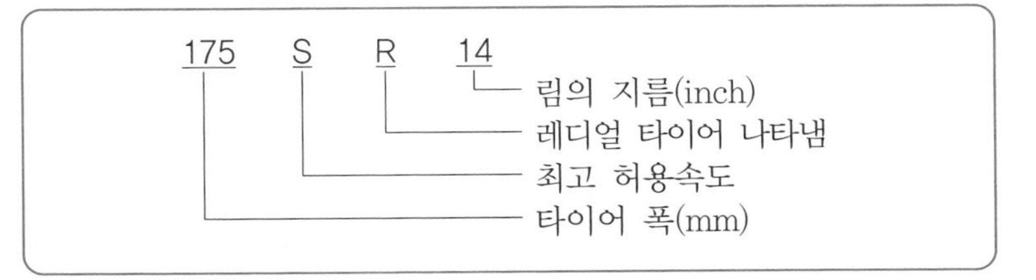

④ 구조★

카커스	튜브의 고압 공기에 견디고 하중 · 충격에 변형되어 완충작용을 함
브레이커	외부로부터의 충격을 흡수하고 트레드에 생긴 상처가 카커스에 미치는 것을 방지
비 드	• 타이어가 림과 접하는 부분 • 와이어가 서로 접촉하여 손상되는 것을 막고 비드 부분의 늘어남을 방지하여 타이어가 림에서 벗어나지 않도록 함
트레드	• 노면과 접촉되는 부분으로, 내부의 카커스와 브레이커를 보호하기 위해 내마모성이 큰 고무층으로 되어 있고 노면과 미끄러짐을 방지하고 방열을 위한 홈(트레드 패턴)이 파져 있음 • 트레드 패턴의 필요성 : 타이어 내부에서 발생한 열을 방산, 구동력이나 선회 성능 향상, 트레드에서 생긴 절상 등의 확대 방지, 타이어의 옆방향 및 전진 방향의 미끄럼 방지

⑤ 스탠딩 웨이브 현상 : 고속주행 시 공기가 적을 때 트레드가 받는 원심력과 공기 압력에 의해 트레드가 노면에서 떨어진 직후 찌그러짐이 생기는 현상(방지책 : 공기압 10~13% 높임)

⑥ 수막현상(하이드로 플래닝) : 비가 올 때 노면의 빗물에 의해 타이어가 노면에 직접 접촉되지 않고 수막만큼 떠 있는 상태

⑦ 휠 밸런스 : 회전하는 바퀴에 평형이 잡혀 있지 않으면 원심력에 의해 진동이 발생하고 타이어의 편마모 및 조향휠의 떨림이 발생

(3) 휠

① 기능 : 타이어를 지지하는 림과 림을 허브에 지지하는 부분으로 구성되어 허브와 림 사이를 연결

② 요건 : 휠 타이어와 함께 차량의 전중량을 분담 지지하고 제동 및 주행 시의 회전력, 노면으로부터의 충격, 선회할 때의 원심력, 차량이 기울었을 때 발생하는 옆방향의 힘 등에 견디고 가벼워야 함

자주나와요 꼭 암기

1. 타이어의 구조에서 직접 노면과 접촉되어 마모에 견디고 적은 슬립으로 견인력을 증대시키는 부분의 명칭은? 트레드(tread)
2. 트랙에서 스프로킷이 이상 마모되는 원인은? 트랙의 이완
3. 타이어의 트레드에 대한 설명은?
   - 트레드가 마모되면 구동력과 선회능력이 저하된다.
   - 타이어의 공기압이 높으면 트레드의 양단부보다 중앙부의 마모가 크다.
   - 트레드가 마모되면 열의 발산이 불량하게 된다.

신유형

1. 지게차에서 저압타이어를 사용하는 이유는? **현가스프링을 사용하지 않기 때문이다.**
2. 지게차에서 자동차와 같이 스프링을 사용하지 않는 이유를 설명한 것은? **롤링이 생기면 적하물이 떨어지기 때문이다.**
3. 저압 타이어의 호칭 치수 표시는? **타이어 폭 – 타이어의 내경 – 플라이 수**

참고

튜브리스(Tubeless) 타이어
- 펑크 발생 시 급격한 공기누설이 없으므로 안정성이 좋고, 고속 주행하여도 발열이 적음
- 튜브가 없으므로 방열이 좋으며 수리가 간편함

타이어 림(Tire Rim)
휠의 일부로 타이어가 부착된 부분으로 경미한 균열 및 손상이라도 교환을 해야 함

플라이 수
카커스를 구성하는 코드층의 수를 말한다. 플라이 수가 많을수록 큰 하중을 견딜 수 있음

제4장 작업장치

1 지게차의 기능 및 분류

(1) 기 능

주로 가벼운 화물의 단거리 운반 및 적재, 적하를 위한 건설기계로 앞바퀴 구동, 뒷바퀴 조향 형식을 취하고 있다.

(2) 분 류

바퀴 설치	단륜식	앞바퀴가 1개로 주로 기동성을 위주로 사용
	복륜식	앞바퀴가 2개이고 안쪽 바퀴에 브레이크가 설치된 것으로 주로 중량이 무거운 화물을 들어올릴 때 사용
작업 용도	하이 마스트	• 포크의 승강이 빠르고 높은 능률을 발휘할 수 있는 표준형의 마스트 • 높은 위치의 작업에 적당하며 작업 공간을 최대한 활용할 수 있음
	사이드 시프트 마스트	지게차의 방향을 바꾸지 않고도 백레스트와 포크를 좌우로 움직여 지게차 중심에서 벗어난 파렛트의 화물을 용이하게 적재 · 적하할 수 있음
	프리 리프트 마스트	창고의 출입문이나 천정이 낮은 공장 내에서 화물의 적재 · 적하 작업에 이용
	트리플 스테이지 마스트	마스트가 3단으로 되어 있어 천정이 높은 장소와 출입구가 제한되어 있는 장소에서의 적재 · 적하 작업에 이용
	로드★ 스태빌라이저	평탄하지 않은 노면이나 경사지 등에서 깨지기 쉬운 화물이나 불안전한 화물의 낙하 방지를 위해 포크 상단에 상하로 작동 가능한 압력판을 부착
	로테이팅 포크	포크를 좌우로 360° 회전시켜서 용기에 들어있는 액체 또는 제품을 운반하거나 붓는 작업에 이용
	★ 로테이팅 클램프 마스트	• 원추형 화물을 좌우로 죄거나 회전시켜 운반하고 적재하는 데 이용 • 클램프 안에 붙어 있는 화물에 손상이 없으며, 받침과 클램프 안쪽에 고무판이 붙어 있어 제품이 빠지는 것을 방지
	힌지★ 포크 · 버킷	• 힌지 포크 : 원목이나 파이프 등의 화물의 운반 · 적재용 • 힌지 버킷 : 석탄, 소금, 모래, 비료 등 흘러내리기 쉬운 화물의 운반용

자주나와요 꼭 암기

1. 지게차의 일반적인 조향 방식은? 뒷바퀴 조향 방식
2. 지게차의 조향장치 원리는 무슨 형식인가? 애커먼 장토식
3. 지게차를 작업용도에 따라 분류할 때 원추형 화물을 조이거나 회전시켜 운반 또는 적재하는 데 적합한 것은? 로테이팅 클램프

신유형

1. 지게차 포크의 수직면으로부터 포크 위에 놓인 화물의 무게중심까지의 거리는? **하중중심**
2. 지게차의 앞축의 중심부로부터 뒤축의 중심부까지의 수평거리는? **축간거리**
3. 지게차의 종류 중 동력원에 따른 종류는? **LPG지게차, 전동지게차, 디젤지게차**
4. 지게차 계기판의 구성은? **연료 잔량 표시, 냉각수 온도 표시, 충전 경고등, 엔진오일 경고등, 가동시간 표시, 주차브레이크 적용 표시등, 이상 고장 경고등, 전 · 후방작업등 동작표시등**
5. 깨지기 쉬운 화물이나 불안전한 화물의 낙하를 방지하기 위하여 포크상단에 상하 작동할 수 있는 압력판을 부착한 지게차는? **로드 스태빌라이저**
6. 지게차의 조향 및 작업장치에 대한 그리스 주입은? **마스트 서포트(2개소), 틸트 실린더 핀(4개소), 킹 핀(4개소), 조향 실린더 링크(4개소) 등**

2 지게차의 구조 및 작업장치 기능

(1) 주요 구조 및 기능

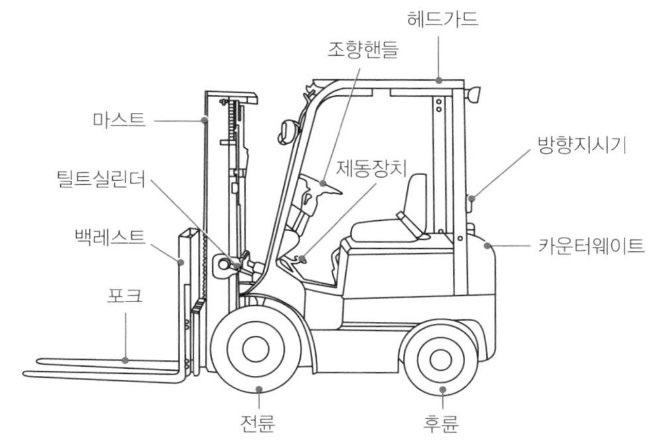

구분		내용
동력 전달 장치	클러치	• 단판 클러치(소형 지게차) • 토크컨버터(중형 이상 지게차)
	변속기	• 대부분 자동변속기 사용 • 변속 시 충격이 커지는 원인 : 완충스프링의 파손, 스풀 작동의 불량, 완충장치 피스톤의 자동 결함
	액슬축	• 앞 액슬축 : 하중지지와 구동 역할 • 뒤 액슬축 : 하중지지와 조향 역할
	조향장치	뒷바퀴 조향 형식으로 주로 유압식 사용(애커먼 장토식)
	제동장치	앞바퀴만 주로 제동작용이 이루어지고 진공 서보 형식이 사용됨
유압장치		지게차의 유압은 오일탱크에 있는 작동유가 오일 파이프를 통해 오일펌프로 들어가, 오일펌프에서 압력이 상승되어 호이스트로 들어가 포크를 움직임
작업 장치	마스트	백레스트가 가이드 롤러(또는 리프트 롤러)를 통하여 상하 미끄럼 운동을 할 수 있는 레일
	포크★	핑거 보드에 체결되어 화물을 받쳐 드는 부분으로 L자형의 2개가 있음(단동식 유압 실린더 방식)
	핑거 보드	포크가 설치되는 곳으로 백레스트에 지지되어 있으며 리프트 체인의 한쪽 끝이 부착됨
	백레스트	포크의 화물 뒤쪽을 받쳐주는 부분
	리프트 체인 (트랜스퍼 체인)	포크의 좌우 수평 높이 조정 및 리프트 실린더와 함께 포크의 상하작용 도움, 엔진오일을 주유
	틸트 실린더	마스트를 전경 또는 후경시킴, 복동식 유압 실린더
	리프트 실린더	포크를 상승 및 하강시킴
	평형추 (카운터 웨이트)	지게차 맨 뒤쪽에 설치되어 차체 앞쪽에 화물을 실었을 때 쏠리는 것을 방지
	조종 레버★	• 전후진레버 : 전진(앞으로 밂), 후진(뒤로 당김) • 리프트레버 : 포크의 하강(밂), 상승(당김) • 틸트레버 : 마스트 앞으로 기울임(밂), 마스트 뒤로 기울어짐(당김) • 주차레버 : 포크 하강(밂), 주차(당김) • 변속레버 : 기어의 변속을 위한 레버

(2) 동력전달장치

① **클러치 형식** : 기관 → 클러치 → 변속기 → 종감속 기어 및 차동장치 → 앞구동축 → 앞바퀴

② **토크컨버터 형식** : 기관 → 토크컨버터 → 변속기 → 프로펠러축과 유니버설조인트 → 종감속 기어 및 차동장치 → 앞구동축 → 최종 감속장치 → 차륜

③ **유압조작 형식** : 기관 → 토크컨버터 → 파워 시프트 → 변속기 → 차동장치 → 앞구동축 → 앞바퀴

④ **전동 형식** : 축전지 → 컨트롤러 → 구동 모터 → 변속기 → 종감속 기어 및 차동장치 → 앞구동축 → 앞바퀴

자주나와요 꼭 암기

1. 지게차의 유압 브레이크와 브레이크 페달은 어떤 원리를 이용한 것인가?
   파스칼 원리, 지렛대 원리
2. 지게차 작업장치의 포크가 한쪽이 기울어지는 가장 큰 원인은? 한쪽 체인이 늘어짐
3. 작업할 때 안전성 및 균형을 잡아주기 위해 지게차 장비 뒤쪽에 설치되어 있는 것은?
   카운터 웨이트
4. 지게차의 일상점검 사항은?
   타이어 손상 및 공기압 점검, 틸트 실린더의 오일누유 상태, 작동유의 양
5. 지게차에서 리프트 실린더의 상승력이 부족한 원인은?
   오일 필터의 막힘, 유압펌프의 불량, 리프트 실린더에서 유압유 누출
6. 운전자 위쪽에서 적재물이 떨어져 운전자가 다치는 상황을 방지하는 구조는?
   오버헤드가드
7. 리프트 체인의 일상점검사항은? 좌우 리프트 체인의 유격, 리프트 체인 연결부의 균열 점검, 리프트 체인 급유 상태 확인

신유형

1. 지게차의 마스트를 기울일 때 갑자기 시동이 정지되면 무슨 밸브가 작동하여 그 상태를 유지하는가? **틸트록밸브**
2. 지게차의 리프트 실린더 작동회로에 사용되는 플로우 레귤레이터(슬로우 리턴) 밸브의 주된 사용 이유는? **포크의 하강속도를 조절하여 포크가 천천히 내려오도록 한다.**
3. 지게차 포크의 주된 역할은? **화물을 받친다.**
4. 지게차 유니버설 조인트의 등속조인트의 종류는?
   제파조인트, 이중십자조인트, 더블오프셋조인트, 벨타입조인트
5. 카운터밸런스 지게차의 전경각과 후경각의 안전기준은?
   전경각 6도 이하, 후경각 12도 이하
6. 지게차의 마스트용 체인의 최소파단하중비는? **5 이상**
7. 지게차의 리프트 실린더에서 사용되는 유압 실린더의 형식은? **단동 실린더**
8. 포크의 높이를 최저 위치에서 최고 위치로 올릴 수 있는 경우의 높이는?
   프리 리프트 높이

참고

마스트의 전경각과 후경각
- 마스트의 전경각은 지게차의 기준 무부하 상태에서 지게차의 마스트를 포크 쪽으로 최대로 기울인 경우 마스트가 수직면에 대하여 이루는 기울기를 말한다.
- 마스트의 후경각은 지게차의 기준 무부하 상태에서 지게차의 마스트를 조종실 쪽으로 최대로 기울인 경우 마스트가 수직면에 대하여 이루는 기울기를 말한다.
- 마스트의 전경각 및 후경각은 다음의 기준에 맞아야 한다.
  - 카운터밸런스 지게차의 전경각은 6° 이하, 후경각은 12° 이하일 것
  - 사이드 포크형 지게차의 전경각 및 후경각은 각각 5° 이하일 것

마스트 기울기의 변화량 등
- 지게차의 유압펌프의 오일온도가 섭씨 50도인 상태에서 지게차가 최대하중을 싣고 엔진을 정지한 경우 마스트가 수직면에 대하여 이루는 기울기의 변화량은 정지한 후 최초 10분 동안 5도(마스트의 전경각이 5도 이하일 경우는 최초 5분 동안 2.5도) 이하
- 지게차의 유압펌프의 오일온도가 섭씨 50도인 상태에서 지게차가 최대하중을 싣고 엔진을 정지한 경우 쇠스랑이 자체중량 및 하중에 의하여 내려가는 거리는 10분당 100mm 이하
- 지게차의 기준부하상태에서 쇠스랑을 들어 올린 경우 하강작업 또는 유압 계통의 고장에 의한 쇠스랑의 하강속도는 초당 0.6m 이하

최소 회전 반지름 및 최소 선회 반지름
- 최소 회전 반지름(최소 회전 반경) : 바퀴가 그리는 반지름을 말하는 것으로 무부하 상태에서 최대 조향각으로 서행한 경우, 가장 바깥 쪽 바퀴의 접지자국 중심점이 그리는 원의 반지름이다.
- 최소 선회 반지름 : 차체가 그리는 반지름을 말하는 것으로 무부하 상태에서 최대 조향각으로 서행한 경우 차체의 가장 바깥부분이 그리는 궤적의 반지름을 말한다.

지게차의 체인장력 조정법
- 좌우 체인이 동시에 평행한가를 확인한다.
- 포크를 지상에서 10~15cm 올린 후 조정한다.
- 손으로 체인을 눌러보아 양쪽이 다르면 조정 너트로 조정한다.
- 체인의 장력을 조정한 후에는 반드시 로크 너트를 고정시킨다.

지게차의 기본 제원
- 축간거리 : 앞바퀴의 중심에서 뒷바퀴의 중심까지 거리
- 윤거 : 타이어식 건설기계의 마주보는 바퀴 폭의 중심에서 다른 바퀴의 중심까지의 최단거리

3 작업방법

(1) 화물 적재작업

① 운반하려고 하는 화물 가까이 가면 속도를 줄인다.
② 화물 앞에서는 일단 정지한다.
③ 포크는 화물의 받침대 속에 정확히 들어갈 수 있도록 조작한다.
④ 가벼운 것은 위로, 무거운 것은 밑으로 적재한다.
⑤ 무거운 물건의 중심 위치는 하부에 두는 것이 안전하다.
⑥ 포크로 물건을 찌르거나 끌어서 올리지 않는다.
⑦ 화물을 올릴 때는 포크를 수평으로 한다.
⑧ 화물을 올릴 때는 가속페달을 밟는 동시에 레버를 조작한다.
⑨ 화물을 싣고 포크를 15~20cm 정도 올린 후 마스트를 뒤로 젖힌다.
⑩ 지게차를 화물 쪽으로 반듯하게 향하고 포크가 파렛트를 마찰하지 않도록 주의한다.
⑪ 화물이 무너지거나 파손 등의 위험성 여부를 확인한다.
⑫ 적재 후 포크를 지면에 내려놓고 화물 적재 상태의 이상 유무를 확인한 후 주행한다.

(2) 화물 하역작업

① 리프트 레버 사용 시 눈은 마스트를 주시한다.
② 짐을 내릴 때 가속 페달은 사용하지 않는다.
③ 짐을 내릴 때는 마스트를 앞으로 약 4° 정도 기울인다.
④ 포크를 삽입하고자 하는 곳과 평행하게 한다.
⑤ 화물 앞에서 정지한 후 마스트가 수직이 되도록 기울여야 한다.
⑥ 마스트를 수직 또는 앞으로 숙인 채 후진하여 화물에서 포크를 뺀다.
⑦ 하역하는 상태에서는 절대로 차에서 내리거나 이탈해서는 안 된다.
⑧ 파렛트에 실은 화물이 안정되고 확실하게 실려 있는가를 확인한다.
⑨ 포크를 200~300mm 정도 올린 다음 마스트가 뒤로 기울게 하여 다음 작업 장소로 이동한다.

(3) 화물 운반작업

① 내리막은 후진으로, 오르막은 전진으로 운행한다.
② 완충 스프링이 없으므로 노면이 좋지 않을 때는 저속으로 운행한다.
③ 마스트를 4° 정도 뒤로 경사시켜 운반한다.
④ 내리막길에서는 브레이크를 밟으면서 서서히 주행한다.
⑤ 틸트는 적재물이 백레스트에 완전히 닿도록 한 후 운행한다.
⑥ 주행 방향을 바꿀 때에는 완전 정지 또는 저속에서 운행한다.
⑦ 운반거리는 65m 이내에서 작업하는 것이 능률적이다.
⑧ 경사지를 오르거나 내려올 때는 급회전을 금해야 한다.
⑨ 급유 중은 물론 운전 중에도 화기를 가까이 하지 않는다.
⑩ 화물을 적재하고 주행 시 포크와 지면과의 간격은 20~30cm 정도 높이를 유지한다.
⑪ 적하 장치에 사람을 태워서는 안 된다.
⑫ 짐을 싣고 주행할 때는 절대로 속도를 내서는 안 된다.
⑬ 운반물을 적재하여 경사지를 주행할 때는 짐이 언덕 위로 향하도록 한다.
⑭ 화물을 적재하고 경사지를 내려갈 때는 후진으로 운행해야 한다.
⑮ 화물을 많이 실어 전방의 시야가 가릴 경우에는 후진 운행하여야 한다.
⑯ 지게차의 주행속도는 10km/h를 초과할 수 없다.
⑰ 운행경로에 있는 장애물은 운행전 반드시 치우도록 한다.
⑱ 좁은 장소에서 방향을 전환시킬 때에는 뒷바퀴 회전에 주의한다.
⑲ 창고 출입 시 출입문 폭, 천장 높이, 상부장애물 등을 확인하고, 얼굴 · 손 · 발 등을 지게차 밖으로 내밀지 않는다.

(4) 주차 시 안전조치

① 포크를 지면(바닥)에 완전히 내려놓는다.
② 기관(엔진)을 정지한 후 주차브레이크를 작동(결속)시킨다.
③ 포크의 선단이 지면에 닿도록 마스트를 전방으로 적절히 경사시킨다.
④ 전 · 후진 레버를 중립에 놓는다. 핸드 브레이크 레버를 당긴다.
⑤ 경사면에는 주차하지 않는다.
⑥ 시동을 끈 후 시동스위치의 키(열쇠)는 빼내서 보관한다.

참고

지게차의 작업 전 점검사항
- 제동장치 및 조종장치 기능의 이상 유무
- 하역장치 및 유압장치 기능의 이상 유무
- 바퀴의 이상 유무
- 전조등 · 후미등 · 방향지시기 및 경보장치 기능의 이상 유무

지게차 작업 시 안전수칙
- 주차 시에는 포크를 완전히 지면에 내려야 한다.
- 경사로에서 화물을 적재하지 않는다.
- 화물을 적재하고 경사지를 내려갈 때는 운전 시야 확보를 위해 후진으로 운행해야 한다.
- 포크를 이용하여 사람을 싣거나 들어 올리지 않아야 한다.
- 경사지를 오르거나 내려올 때는 급회전을 금해야 한다.
- 지게차의 운전석에는 운전자 이외의 사람은 탑승하지 않는다.

지게차 작업 후 점검사항
- 기름 누설 부위가 있는지 점검
- 타이어의 손상 여부를 점검
- 연료의 잔존량 점검

지게차 운전 종료 후 취해야 할 안전사항
- 각종 레버는 중립에 둔다.
- 모든 조종장치는 기본 위치에 둔다.
- 주차브레이크를 작동시킨다.
- 전원스위치를 차단시킨다.

자주나와요 꼭 암기

1. 지게차에서 주행 중 핸들이 떨리는 원인은?
   노면에 요철이 있을 때, 휠이 휘었을 때, 타이어 밸런스가 맞지 않을 때
2. 평탄한 노면에서의 지게차 운전 하역 시 올바른 방법은?
   - 화물 앞에서 정지한 후 마스트가 수직이 되도록 기울인다.
   - 파렛트를 사용하지 않고 밧줄로 짐을 걸어 올릴 때에는 포크에 잘 맞는 고리를 사용한다.
   - 파렛트에 실은 짐이 안정되고 확실하게 실려 있는가를 확인한다.
   - 포크는 상황에 따라 안전한 위치로 이동한다.
3. 지게차로 화물을 운반할 때 포크의 높이는 얼마 정도가 안전하고 적합한가?
   지면으로부터 20~30cm 정도 높이를 유지한다.

신유형

1. 지게차 운행 중 점검할 수 있는 사항은? **캐계기판에서 연료량 경고등, 충전 경고등, 냉각수 온도 경고등을 통해 현재의 상태를 점검**
2. 지게차가 화물을 싣고 언덕길을 내려올 때의 방법은? **포크에 화물을 싣고 뒤로 천천히 내려온다.**
3. 지게차의 작업 전 점검사항은? **타이어의 손상 및 공기압 체크, 오일 · 냉각수의 누유 · 누수 상태 체크, 리프트 체인의 유격 상태 체크 등**

PART 04 유압일반

제1장 유압유

1 유압의 역할과 장단점

역 할	• 액체에 능력을 주어 요구된 일을 시키는 것 • 기관이나 전동기가 가진 동력에너지를 실제 일에너지로 변화시키기 위한 에너지 전달 기관
장 점	• 힘의 조정이 쉽고 정확 • 원격조작과 무단변속 가능 • 과부하 방지에 유리 • 작동이 부드럽고 진동 적음 • 내구성이 좋고 힘이 강함 • 동력의 분배 및 집중 용이
단 점	• 오일의 온도에 따라 기계 속도 달라짐 • 오일이 가연성이므로 화재 위험 있음 • 호스 등의 연결이 정밀해야 하며 오일 누출 용이 • 기계적 에너지를 유압에너지로 바꾸는 데 따르는 에너지 손실 많음

2 작동유(유압유)

(1) 기능 및 구비조건

기 능	동력 전달, 마찰열 흡수, 움직이는 기계요소 윤활, 필요한 기계 요소 사이 밀봉
구비조건	• 비압축성일 것 • 내열성이 크고 거품 적을 것 • 점도 지수 높을 것 • 불순물과 분리 잘 될 것 • 방청 및 방식성이 있을 것 • 적당한 유동성과 점성이 있을 것 • 실(seal) 재료와의 적합성 좋을 것 • 온도에 의한 점도 변화 적을 것 • 체적탄성계수 크고 밀도 작을 것 • 화학적 안정성 및 윤활 성능 클 것 • 유압장치에 사용되는 재료에 대해 불활성일 것
작동유 첨가제	소포제, 유동점 강하제, 산화방지제, 점도지수 향상제 등

(2) 이상현상

작동유 과열 원인	• 작동유 노후화 • 작동유 부족 • 작동유 점도 불량 • 유압장치 내에서의 작동유 누출 • 오일냉각기 성능 불량 • 오일냉각기 불량 • 고열의 물체에 작동유 접촉 • 과부하로 연속 작업 하는 경우 • 유압회로에서 유압 손실 클 경우 • 작동유에 공동현상 발생 • 점도가 서로 다른 오일을 혼합	
작동유 온도의 과도 상승 시 나타나는 현상	• 점도 저하 • 밸브 기능 저하 • 기계적인 마모 발생 • 열화 촉진 • 온도변화에 의한 유압기기의 열변형 • 작동유의 산화작용 촉진 • 유압기기 작동 불량 • 실린더 작동 불량 • 유압펌프 효율 저하 • 작동유 누출 증가	
작동유 점도가 너무 클 때 나타나는 현상	• 유압이 높아짐 • 동력 손실이 커짐 • 열 발생의 원인이 됨 • 파이프 내의 마찰 손실 커짐 • 소음이나 공동현상 발생	
공기가 작동유 관 내에 들어갔을 경우	실린더 숨돌리기 현상	작동유의 공급이 부족할 때 발생하는 현상 → 피스톤 작동 불안정, 작동시간 지연, 작동유 공급이 부족해져 서지압력 발생
	작동유의 열화 촉진	유압회로에 공기가 기포로 있으면 오일은 비압축성이나 공기는 압축성이므로 공기가 압축되면 열이 발생되고 온도 상승 → 상승압력과 오일의 공기 흡수량이 증가하고 오일 온도가 상승하면 작동유가 산화작용을 촉진하여 중압이나 분해가 일어나고 고무 같은 물질이 생겨서 펌프, 밸브 실린더의 작동 불량 초래
	공동현상 (캐비테이션)	• 작동유 속에 공기가 혼입되어 있을 때 펌프나 밸브를 통과하는 유압회로에 압력 변화가 생겨 저압부에서 기포가 포화상태가 되어 혼입되어 있던 기포가 분리되어 오일 속에 공동부가 생기는 현상 • 결과 : 오일 순환 불량, 유온 상승, 용적 효율 저하, 소음·진동·부식 등 발생, 액추에이터 효율 감소, 체적 감소 • 방지방법 : 적당한 점도의 작동유 선택, 흡입구멍의 양정 1m 이하, 수분 등의 이물질 유입 방지, 정기적인 오일필터 점검 및 교환
	공기★ 제거 방법	• 유압모터는 한 방향으로 2~3분간 공전시킨 후 공기빼기 • 공기가 잔류되기 쉬운 상부의 배관을 조금 풀고 유압펌프를 움직여서 공기빼기 • 유압펌프를 시동하여 회로 내의 오일이 모두 순환하도록 각 액추에이터 5~10분 정도 가동

자주나와요 꼭 암기

1. 사용 중인 작동유의 수분함유 여부를 현장에서 판정하는 것으로 적절한 방법은?
   오일을 가열한 철판 위에 떨어뜨려 본다.
2. 유압장치에서 오일에 거품이 생기는 원인은?
   오일이 부족할 때, 오일탱크와 펌프 사이에서 공기가 유입될 때, 펌프축 주위의 토출측 실(seal)이 손상되었을 때
3. 온도변화에 따라 점도변화가 큰 오일의 점도지수는?
   점도지수가 낮은 것이다.
4. 유압유의 점검 사항은? 점도, 윤활성, 소포성
5. 오일의 무게를 맞게 계산하는 방법은?
   부피 L에다 비중을 곱하면 kgf가 된다.
6. 유압 작동부에서 오일이 새고 있을 때 가장 먼저 점검해야 하는 것은? 실(seal)
7. 유압실린더의 숨돌리기 현상이 생겼을 때 일어나는 현상은?
   작동 지연 현상이 생긴다. 서지압이 발생한다. 피스톤 작동이 불안정하게 된다.
8. 작동유의 열화 판정 방법은? 색깔, 냄새, 점도 등 작동유의 외관

신유형

1. 필터의 여과 입도수(mesh)가 너무 높을 때 발생할 수 있는 현상으로 가장 적절한 것은? **캐비테이션 현상**
2. 윤활유가 열 때문에 건유되어 다량의 탄소잔류물이 생기는 현상은? **탄화**
3. 유압유의 내부 누설과 관련이 있는 것은? **유압유의 오염도, 유압유의 압력, 유압유의 온도**
4. 건설기계에 사용되는 유압장치의 작동 원리는? **파스칼의 원리**
5. 유압유의 점도 단위 표시는? **일반적으로 mm^2/s(cSt : SI 단위)로 표시**

제2장 유압기기

 유압장치

(1) 유압장치의 기본 구조

유압 발생장치	• 유압펌프나 전동기에 의해 유압을 발생하는 부분 • 작동유 탱크, 유압펌프, 오일필터, 압력계, 오일펌프 구동용 전동기(유압모터) 등으로 구성
유압기기 구동장치	• 유체 압력에너지를 기계적 에너지로 변환시키고 액추에이터에 의해 왕복운동 또는 회전운동을 하는 부분 • 유압실린더, 유압전동기 등으로 구성
유압 제어장치	• 작동유의 필요한 압력, 유량, 방향을 제어하는 부분 • 압력제어밸브, 유량제어밸브, 방향제어밸브 등으로 구성

(2) 유압펌프

기관이나 전동기 등의 기계적 에너지를 받아서 유압에너지로 변환시키는 장치로 작동유의 유압 송출

① 종류 및 특징

구 분	기어 펌프	베인 펌프	플런저 펌프★ (피스톤 펌프)
최고 압력	170~210kgf/cm²	140~170kgf/cm²	250~350kgf/cm²
최고 회전수	2,000~3,000rpm	2,000~3,000rpm	2,000~2,500rpm
전체 효율	80~85	80~85	85~90
장 점	• 소형, 구조 간단하여 고장이 적음 • 고속회전 가능 • 가격 저렴 • 부하 및 회전변동이 큰 가혹한 조건에도 사용 가능 • 흡입력이 좋아 탱크에 가압을 하지 않아도 펌프질이 잘 됨	• 소음과 진동 적음 • 로크가 안정 • 고속회전 가능 • 정비와 관리 용이 • 수명은 보통 • 유압탱크에 가압을 가하지 않아도 펌프질 가능	• 가변 용량 가능 • 가장 고압, 고효율 • 다른 펌프에 비해 수명 길
단 점	• 수명 짧음 • 소음 및 진동 큼 • 구동되는 펌프 회전 속도가 변화하면 흐름 용량이 바뀜	• 최고압력 및 흡입 성능 낮음 • 구조가 약간 복잡	• 흡입 성능 나쁘고 구조 복잡 • 소음 크고 최고 회전속도 약간 낮음

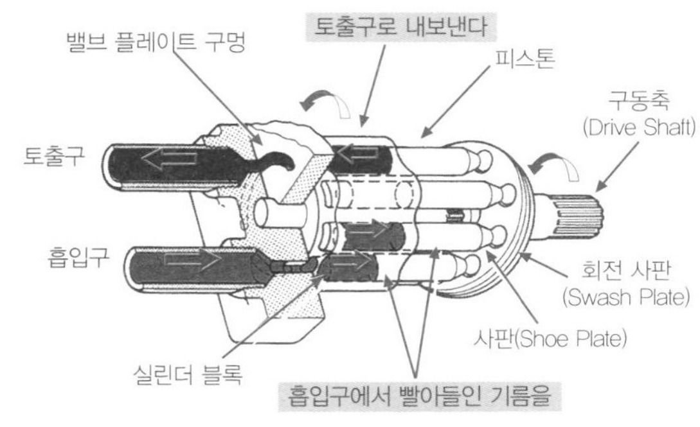

❙ 플런저 펌프 ❙

참고

베인 펌프의 주요 구성요소
베인(Vane), 캠 링(Cam Ring), 회전자(Rotor)

② 유압펌프의 이상현상

유압펌프 고장 시 나타나는 현상	• 작동 중 소음 큼 • 작동유의 배출 압력 낮음 • 샤프트 실(seal)에서 오일 누설 있음 • 작동유의 흐르는 양 · 압력 부족
유압펌프의 소음 발생 원인	• 흡입 라인 막힘 • 작동유 양 적고, 점도 너무 높음 • 유압펌프의 베어링 마모 • 작동유 속에 공기가 들어 있을 때 • 스트레이너 용량이 너무 작음 • 관과 펌프축 사이의 편심 오차 큼 • 흡입관 접합부분으로부터 공기 유입
유압펌프가 작동유를 배출하지 못하는 원인	• 작동유의 점도가 너무 높음 • 흡입관으로 공기 유입 • 오일탱크의 작동유 보유량 부족
유압펌프에서 오일은 배출되나 압력이 상승하지 않는 원인	• 유압펌프 내부의 이상으로 작동유가 누출될 때 • 릴리프밸브의 설정 압력이 낮거나 작동이 불량할 때 • 유압회로 중의 밸브나 작동기구에서 작동유가 누출될 때

(3) 유압 액추에이터(작동기구)★

유압 모터	기 능	유압에너지를 이용하여 연속적으로 회전운동을 시키는 기기
	종 류	• 기어모터 : 외접 기어모터, 내접 기어모터 • 플런저 모터 : 액시얼 플런저 모터, 레디얼 플런저 모터
	장 점	• 무단 변속 용이 • 변속 · 역전 제어 용이 • 속도나 방향 제어 용이 • 소형 · 경량으로서 큰 출력을 냄 • 작동이 신속 · 정확 • 신호 시에 응답 빠름 • 관성이 작고 소음 적음
	단 점	• 작동유가 인화하기 쉬움 • 공기, 먼지가 침투하면 성능에 영향을 줌 • 작동유의 점도 변화에 의해 유압모터의 사용에 제약이 있음 • 작동유에 먼지나 공기가 침입하지 않도록 보수에 주의
유압 실린더		• 유압에너지를 이용하여 직선운동의 기계적인 일을 하는 장치(동력 실린더) • 실린더의 누설 : 내부누설(최고압력에 상당하는 정하중을 로드에 작용시킬 때 피스톤 이동 0.5mm/min), 외부누설(1종 · 2종 · 3종 누설) • 실린더 쿠션기구 : 작동을 하고 있는 피스톤이 그대로의 속도로 실린더 끝부분에 충돌하면 큰 충격이 가해지는데, 이를 완화시키기 위하여 설치한 것

자주나와요 꼭 암기 

1. 유압장치의 구성요소는? 제어밸브, 오일탱크, 펌프
2. 일반적으로 유압펌프 중 가장 고압, 고효율인 것은? 플런저 펌프
3. 유압모터의 장점은? 소형, 경량으로서 큰 출력을 낼 수 있다. 변속 · 역전의 제어도 용이하다. 속도나 방향의 제어가 용이하다.
4. 유압모터의 용량을 나타내는 것은? 입구압력(kgf/cm²)당 토크
5. 유압실린더에서 실린더의 과도한 자연낙하 현상이 발생하는 원인은?
   컨트롤밸브 스풀의 마모, 릴리프밸브의 조정 불량, 실린더 내 피스톤 실(Seal)의 마모
6. 겨울철 연료탱크 내에 연료를 가득 채워두는 이유는?
   공기 중의 수분이 응축되어 물이 생기기 때문

신유형

1. 안쪽 로터가 회전하면 바깥쪽 로터도 동시에 회전하는 유압펌프는?
   트로코이드 펌프(trochoid pump)
2. 유압회로 내에서 서지압(surge pressure)이란? **과도하게 발생하는 이상 압력의 최댓값**
3. 유압기기장치에 사용하는 유압호스로 가장 큰 압력에 견딜 수 있는 것은?
   나선 와이어 브레이드
4. 유압장치에서 불순물을 제거하기 위해 사용되는 부품은? **스트레이너**

(4) 유압제어밸브★

① 압력제어밸브

기 능	회로 내의 오일 압력을 제어하여 일의 크기를 결정하거나 유압 회로 내의 유압을 일정하게 유지하여 과도한 유압으로부터 회전의 안전을 지켜줌
릴리프밸브	회로 압력을 일정하게 하거나 최고압력을 규제해서 각부 기기를 보호
감압밸브 (리듀싱밸브)	유압회로에서 분기회로의 압력을 주회로의 압력보다 저압으로 해서 사용하고 싶을 때 이용
시퀀스밸브	2개 이상의 분기회로를 갖는 회로 내에서 작동순서를 회로의 압력 등에 의해 제어하는 밸브
언로드밸브 (무부하밸브)	유압회로 내의 압력이 설정압력에 이르면 연쇄적으로 펌프로부터의 전유량이 직접 탱크로 환류하도록 하여 펌프가 무부하 운전상태가 되도록 하는 제어밸브
카운터 밸런스밸브	윈치나 유압실린더 등의 자유낙하를 방지하기 위해 배압을 유지하는 제어밸브

② 유량제어밸브

기 능	회로 내에 흐르는 유량을 변화시켜서 액추에이터의 움직이는 속도를 바꾸는 밸브
교축밸브 (스로틀밸브)	조정핸들을 조작함에 따라 내부의 스로틀밸브가 움직여져 유도 면적을 바꿈으로써 유량이 조정되는 밸브
분류밸브	하나의 통로를 통해 들어온 유량을 2개의 액추에이터에 동등한 유량으로 분배하여 그 속도를 동기시키는 경우에 사용
압력 보상부 유량제어밸브	밸브의 입구와 출구의 압력차가 변해도 유량 조정은 변하지 않도록 보상 피스톤이 출구 쪽의 압력 변화를 민감하게 감지하여 미세한 운동을 하면서 유량 조정(=플로우 컨트롤밸브)
특수 유량제어밸브	특수 유량제어밸브와 방향전환밸브를 조합한 복합밸브

③ 방향제어밸브

기 능	유압펌프에서 보내온 오일의 흐름 방향을 바꾸거나 정지시켜서 액추에이터가 하는 일의 방향을 변화·정지시키는 제어밸브
스풀밸브	1개의 회로에 여러 개의 밸브 면을 두고 직선운동이나 회전운동으로 작동유의 흐름 방향을 변환시키는 밸브
체크밸브	유압의 흐름을 한 방향으로 통과시켜 역류를 방지하기 위한 밸브
셔틀밸브	출구가 최고 압력쪽 입구를 선택하는 기능을 가지는 밸브
감속밸브	유압실린더나 유압모터를 가속, 감속 또는 정지하기 위해 사용하는 밸브(=디셀러레이션밸브)
멀티플 유닛밸브	배관을 최소한으로 절약하기 위해 몇 개의 방향제어밸브를 그 회로에 필요한 릴리프밸브와 체크밸브를 포함하여 1개의 유닛으로 모은 밸브

④ 특수밸브

기 능	건설기계의 특수성과 소형, 경량화하기 위해 그 기계에 적합한 밸브를 만들 필요가 있는데, 이를 위해 특별히 설계된 밸브
브레이크밸브	부하의 관성에너지가 큰 곳에 주로 사용하는 밸브
원격조작밸브	대형 건설기계의 수동 조작의 어려움을 제거하여 보다 간단한 조작을 위해 사용하는 밸브
클러치밸브	유압크레인의 권상 윈치 등의 클러치를 조작하는 데 사용하는 밸브

(5) 기타 부속장치

작동유 탱크		적정 유량 저장, 적정 유온 유지, 작동유의 기포 발생 방지 및 제거(구성품 : 유면계, 배플, 드레인 플러그, 스트레이너)
배 관		유압장치상의 배관은 펌프와 밸브 및 실린더를 연결하고 동력을 전달
오일필터★ (여과기)		• 오일이 순환하는 과정에서 함유하게 되는 수분, 금속 분말, 슬러지 등 제거 • 종류 : 흡입 스트레이너(밀폐형 오일탱크 내에 설치하여 주로 큰 불순물 등 제거), 고압필터, 저압필터, 자석 스트레이너(펌프에 자성 금속 흡입 방지)
축압기★ (어큐뮬레이터)		• 유압펌프에서 발생한 유압을 저장하고 맥동을 소멸시키는 장치 • 축압기는 고압 질소가스를 충전하므로 취급 시에 주의하고 운반 및 유압장치의 수리 시에는 완전히 가스를 뽑아 둠 • 기능 : 압력 보상, 에너지 축적, 유압회로 보호, 체적 변화 보상, 맥동 감쇠, 충격 압력 흡수 및 일정 압력 유지 • 축압기 사용 시의 이점 : 유압펌프 동력 절약, 작동유 누출 시 이를 보충, 갑작스런 충격 압력 보호, 충격된 압력에너지의 방출 사이클 시간 연장, 유압펌프의 정지 시 회로 압력 유지, 유압펌프의 대용 사용 가능 및 안전장치로서의 역할 수행
패킹	실린더용 패킹	• U패킹 : 저압~고압까지 넓은 범위에서 사용 • 피스톤링(슬리퍼 실) : O링과 테프론을 조합한 것으로 피스톤 실에 많이 쓰임 • V패킹 : 절단면이 V형
	O링	고무제품으로 유압기기·고압기기에 널리 사용
	더스트 실 (dust seal)	유압실린더의 로드 패킹 외측에 장착되므로 윤활성이 좋지 않고 외기의 온도와 햇빛에 직접 노출되어 손상되기 쉬움(=스크레이퍼)
	오일 실	유압회로의 작동유의 누출 방지를 위해 펌프, 모터축의 실에 사용되는 것
오일냉각기		• 유압의 적정온도인 40~60℃를 초과하면 점도 저하에 따른 유막의 단절, 누설량의 증대에 따른 기능 저하를 유발하여 유압장치의 작동을 원활하게 하지 못함 • 온도 상승의 원인은 회로 내의 동력 손실인데 손실이 적을 경우에는 자연발화에 의해 온도 상승을 방지할 수 있으나 손실이 많은 경우 오일냉각기를 설치하여 온도 조정

자주나와요 꼭 암기

1. 유압회로 내의 유압을 설정압력으로 일정하게 유지하기 위한 압력제어밸브는? 릴리프밸브
2. 방향제어밸브를 동작시키는 방식은? 전자식, 수동식, 전자 유압 파일럿식
3. 역류를 방지하는 밸브는? 체크밸브
4. 오일펌프의 압력조절밸브를 조정하여 스프링 장력을 높게 하면 어떻게 되는가? 유압이 높아진다.
5. 축압기의 용도는? 유압에너지의 저장, 충격흡수, 압력보상
6. 유압실린더의 움직임이 느리거나 불규칙할 때의 원인은? 피스톤링이 마모되었다. 유압유의 점도가 너무 높다. 회로 내에 공기가 혼입되고 있다.
7. 분기회로에 사용되는 밸브는? 리듀싱(감압)밸브, 시퀀스밸브
8. 직동형 릴리프밸브에서 자주 일어나며 볼(ball)이 밸브의 시트(seat)를 때려 소음을 발생시키는 현상은? 채터링(chattering) 현상
9. 유압장치에서 작동 유압에너지에 의해 연속적으로 회전운동을 함으로써 기계적인 일을 하는 것은? 유압모터

신유형

1. 액추에이터를 순서에 맞추어 작동시키기 위하여 설치한 밸브는? **시퀀스밸브**
2. 건설기계기관에 설치되는 오일냉각기의 주 기능은? **오일 온도를 정상 온도로 일정하게 유지한다.**
3. 지게차 체크밸브는 어디에 속하는가? **방향제어밸브**
4. 가스형 축압기(어큐뮬레이터)에 가장 널리 이용되는 가스는? **질소**
5. 유압장치에서 작동 및 움직임이 있는 곳의 연결관으로 이용되는 것은? **플렉시블 호스**
6. 유압 오일실(seal) O-링의 구비조건은? **내압성과 내열성이 클 것, 피로강도가 크고, 비중이 적을 것, 탄성이 양호하고, 압축변형이 적을 것, 설치하기가 쉬울 것 등**

2 유압회로 및 유압 기호

(1) 유압회로

구 성	유압펌프, 유압밸브, 유압실린더, 유압모터, 오일필터, 축압기 등
기본 유압회로	개방회로(오픈회로), 밀폐회로(클로즈드 회로), 탠덤회로, 병렬회로, 직렬회로
속도제어 회로	미터 인 회로, 미터 아웃 회로, 블리드 오프 회로
유압제어 회로	2개의 릴리프밸브를 사용하는 회로, 압력을 단계적으로 변화시키는 회로, 압력을 연속적으로 제어하는 회로
축압기 회로	• 보조 유압원으로 사용되고 이에 의해 동력을 크게 절약할 수 있으며 유압장치의 내구성을 향상시킬 수 있음 • 사용 목적 : 압력 유지, 급속 작동, 충격 압력 제거, 맥동 발생 방지, 유압펌프 보조, 비상용 유압원 등
시퀀스 회로	전기방식, 기계방식, 압력방식
무부하 회로	• 펌프에서 발생한 유량이 필요 없게 되었을 때 이 작동유를 저압으로 탱크로 복귀시키는 회로 • 특징 : 동력 절약, 열 발생 감소, 펌프 수명 연장, 전체 유압장치의 효율 증대

(2) 유압장치의 기호 회로도에 사용되는 유압 기호의 표시방법

① 기호에는 흐름의 방향을 표시한다.
② 각 기기의 기호는 정상상태 또는 중립상태를 표시한다.
③ 기호에는 각 기기의 구조나 작용압력을 표시하지 않는다.
④ 오해의 위험이 없을 때는 기호를 뒤집거나 회전할 수 있다.
⑤ 기호가 없어도 정확히 이해할 수 있을 때는 드레인 관로는 생략할 수 있다.

(3) 유압 기호

구분	명칭		기호
압력 제어 밸브	기본표시		상시 닫힘 / 상시 열림
	릴리프밸브★		
	언로드밸브(무부하밸브)★		
	시퀀스밸브		
	감압밸브		
유량 제어 밸브	유량조절밸브		
	가변 스로틀 밸브 고정형		
	가변형	내부 드레인식	
		외부 드레인식	
체크 밸브	체크밸브		
	파일럿식 체크밸브		
	셔틀밸브		
부속 기관	오일탱크		
	스톱밸브		
	압력스위치		
	어큐뮬레이터		
부속 기관	전동기		M
	압력원		
	필터		
	냉각기		
	압력계		
	온도계		t°
	유량계 순간지시식		

펌프 및 모터 기호	구 분	1방향	2방향
	정용량형 유압펌프		
	가변용량형 유압펌프★		
	정용량형 유압모터		
	가변용량형 유압모터		
	가변펌프 · 모터		

참고

어큐뮬레이터(축압기)의 종류
1. 스프링식
2. 공기압축식(가스오일식)
   • 피스톤형 : 실린더 속에 피스톤을 삽입하여 질소 가스와 유압유를 격리시켜 놓은 것
   • 블래더형(고무주머니형) : 압력용기 상부에 고무주머니를 설치하여 기체실과 유체실을 구분
3. 다이어프램형 : 격판이 압력 용기 사이에 고정되어 기체실과 유체실을 구분. 기체실에는 질소가스가 충진되어 있음

02 기출분석문제

★
01 작업장의 안전관리와 관련하여 옳지 않은 것은?

① 위험한 작업장에는 안전수칙을 부착하여 사고 예방을 한다.
② 폐유를 바닥에 뿌려 먼지가 발생하지 않도록 한다.
③ 작업대 사이, 기계 사이의 통로는 일정한 너비를 확보한다.
④ 작업이 끝나면 모든 사용 공구는 정 위치에 정리정돈 한다.

해설 작업장 바닥에 폐유를 뿌리는 것은 화재 발생의 위험이 있는 행위이다.

★★
02 정차 및 주차의 금지에 해당하는 곳이 아닌 것은?

① 교차로의 가장자리로부터 5m 이내인 곳
② 건널목의 횡단보도로부터 10미터 이내인 곳
③ 안전지대의 사방으로부터 각각 10미터 이내인 곳
④ 전봇대가 설치된 곳으로부터 20m 이내인 곳

해설 건널목의 가장자리로부터 10미터 이내인 곳, 버스여객자동차의 정류지임을 표시하는 표지판으로부터 10미터 이내인 곳, 교차로의 가장자리나 도로의 모퉁이로부터 5미터 이내인 곳에서는 차를 정차하거나 주차하여서는 아니 된다(도로교통법 제32조).

03 디젤기관의 연료 점화 방법에 해당하는 것은?

① 마그넷 점화 ② 압축 착화
③ 전기 점화 ④ 전기 착화

해설 디젤기관은 공기만을 실린더 내로 흡입하여 고압축비로 압축한 후, 압축열에 연료를 분사시켜 자연 착화를 시킨다.

04 기동전동기가 작동하지 않는 원인과 관계없는 것은?

① 연료 압력이 낮다.
② 배터리의 출력이 낮다.
③ 기동전동기가 소손되었다.
④ 배선과 스위치가 손상되었다.

해설 **기동전동기가 작동하지 않거나 회전력이 약한 원인**
- 배터리의 전압이 낮음
- 배터리 단자와 터미널의 접촉 불량
- 배선과 시동스위치가 손상 또는 접촉 불량
- 엔진 내부 피스톤 고착

05 지게차 조종석의 계기판 사용 중 틀리게 설명한 것은?

① 엔진오일압력 경고등 – 엔진의 윤활유 압력상태를 나타내는 것이다.
② 충전 경고등 – 발전기의 발전상태를 나타내는 것이다.
③ 연료계 – 바늘지침이 "E"를 가르키면 연료가 거의 없는 것이다.
④ 수온계 – 바늘지침이 녹색(혹은 백색) 범위를 벗어나면 정상이다.

해설 냉각수 수온계는 엔진 열을 내려주는 냉각수의 온도를 나타낸다. 수온계의 지침이 C(cold)와 H(hot) 사이의 정상범위를 벗어나지 않는 것이 정상이다.

★★
06 건설기계에 사용되는 유압장치의 작동 원리는?

① 베르누이의 정리 ② 파스칼의 원리
③ 지렛대의 원리 ④ 후크의 법칙

해설 파스칼의 원리란 밀폐된 용기 내에 액체를 가득 채우고 그 용기에 힘을 가하면 그 내부압력은 용기의 각 면에 수직으로 작용하며, 용기 내의 어느 곳이든지 똑같은 압력으로 작용한다는 원리로 유압실린더 기기의 가장 기본이 되는 원리이다.

★★★
07 깨지기 쉬운 화물이나 불안전한 화물의 낙하를 방지하기 위하여 포크 상단에 상하 작동할 수 있는 압력판을 부착한 지게차는?

① 로드 스태빌라이저 ② 하이 마스트
③ 로테이팅 포크 ④ 힌지드 포크

해설 ② 하이 마스트 : 일반 지게차로 작업이 어려운 높은 위치에 물건을 쌓거나 내리는데 적합하다.
③ 로테이팅 포크 : 포크를 좌우로 360° 회전시켜서 용기에 들어있는 액체 또는 제품을 운반하거나 붓는데 적합하다.
④ 힌지드 포크 : 원목 및 파이프 등의 적재 작업에 적합하며, 펠릿 작업도 가능하다.

08 지게차의 작업장치에서 포크의 기능은?

① 화물이 마스트 후방으로 낙하하는 것을 방지한다.
② 작업할 때 안정성 및 균형을 잡아준다.
③ 마스트를 따라 캐리지를 올리고 내린다.
④ 화물을 떠받쳐 운반하는 역할을 한다.

해설 포크는 L자형으로 2개이며, 핑거 보드에 체결되어 화물을 떠받쳐 운반하는 역할을 한다. 적재하는 화물의 크기에 따라 간격을 조정할 수 있다.
① 백레스트
② 카운터 웨이트
③ 리프트 체인

★★
09 토크 컨버터의 최대 회전력을 무엇이라 하는가?

① 회전력 ② 토크 변환비
③ 종 감속비 ④ 변속 기어비

해설 토크 변환비는 토크 컨버터의 최대 회전력을 말한다.

정답 01.② 02.④ 03.② 04.① 05.④ 06.② 07.① 08.④ 09.②

★

10 건설기계 운전면허의 효력정지 사유가 발생한 경우 관련법상 효력정지 기간으로 맞는 것은?

① 1년 이내 ② 6월 이내
③ 5년 이내 ④ 3년 이내

해설 시장 · 군수 · 구청장은 국토교통부령으로 정하는 바에 따라 건설기계조종사 면허를 취소하거나 1년 이내의 기간을 정하여 건설기계조종사 면허의 효력을 정지시킬 수 있다(건설기계관리법 제28조).

11 해머 작업 시의 내용으로 옳지 않은 것은?

① 손에 장갑을 착용하지 않고서 작업을 한다.
② 작업 중에는 수시로 해머 상태를 확인한다.
③ 강한 타격이 필요할 때는 연결대를 사용한다.
④ 공동으로 해머 작업 시는 호흡을 맞추도록 한다.

해설 작업 시 원심력에 의해 해머가 연결대에서 빠질 경우에는 사고가 발생할 수 있다.

★★

12 시 · 도지사가 직권으로 등록말소할 수 있는 사유가 아닌 것은?

① 건설기계가 멸실된 경우
② 거짓이나 그 밖의 부정한 방법으로 등록을 한 경우
③ 방치된 건설기계를 시 · 도지사가 강제로 폐기한 경우
④ 건설기계를 사 간 사람이 소유권 이전등록을 하지 아니한 때

해설 **시 · 도지사가 직권으로 등록의 말소(건설기계관리법 제6조)**

- 건설기계의 차대가 등록 시의 차대와 다른 경우
- 건설기계가 법 규정에 따른 건설기계안전기준에 적합하지 아니하게 된 경우
- 건설기계를 수출하는 경우
- 건설기계를 도난당한 경우
- 건설기계를 교육 · 연구목적으로 사용하는 경우
- 정기검사 유효기간이 만료된 날부터 3월 이내에 시 · 도지사의 최고를 받고 지정된 기한까지 정기점사를 받지 아니한 경우

13 유압실린더 내 피스톤의 충돌을 완화시키기 위해서 설치된 기구는?

① 쿠션기구 ② 밸브기구
③ 유량제어기구 ④ 셔틀기구

해설 실린더 쿠션기구 : 작동을 하고 있는 피스톤이 그대로의 속도로 실린더 끝부분에 충돌하면 큰 충격이 가해진다. 이것을 완화시키기 위하여 설치한 것이 쿠션기구이다.

14 조향장치의 구성품이 아닌 것은?

① 유니버셜 조인트 ② 너클 암
③ 타이로드 ④ 피트먼 암

해설 조향장치의 조향 링키지로는 피트먼 암, 드래그 링크, 너클 암, 타이로드와 타이로드 엔드 등이 있다. 유니버셜 조인트는 변속기에서 나오는 동력을 바퀴에 전달하는 추진축인 드라이브 라인의 구성품이다.

★★★

15 지게차의 부가 작업장치에 해당하지 않는 것은?

① 힌지드 리퍼 ② 힌지드 포크
③ 로드 스태빌라이저 ④ 힌지드 버킷

해설 **지게차 작업장치의 종류**
하이 마스트, 사이드 시프트 마스트, 프리리프트 마스트, 트리플 스테이지 마스트, 로드 스태빌라이저, 로테이팅 클램프 마스트, 힌지드 포크, 힌지드 버킷 등

16 유압유의 점도 단위에 해당하는 것은?

① sec ② mm^2/s
③ kg ④ g/cm

해설 유압작동유의 점도단위는 일반적으로 mm^2/s(cSt : SI 단위)로 표시된다.

17 지게차의 작업 전 점검사항과 가장 거리가 먼 것은?

① 타이어의 손상 및 공기압 체크
② 오일 · 냉각수의 누유 · 누수 상태 체크
③ 리프트 체인의 유격 상태 체크
④ 휠 볼트와 너트의 풀림상태 체크

해설 ④ 휠 볼트와 너트의 풀림상태 체크는 작업 후 점검 내용에 해당한다.

18 클러치 라이닝의 구비조건 중 틀린 것은?

① 내마멸성, 내열성이 적을 것
② 알맞은 마찰계수를 갖출 것
③ 온도에 의한 변화가 적을 것
④ 내식성이 클 것

해설 클러치 라이닝은 마모에 강해야 하고 부식이 잘 되지 않아야 하며 마찰로 인해 발생하는 고열을 잘 견뎌낼 수 있어야 한다.

★★★

19 교류발전기(AC)에서 축전지로부터 발전기로 전류가 역류하는 것을 방지하는 것은?

① 스테이터 ② 로터
③ 다이오드(정류기) ④ 브러시

해설 다이오드는 스테이터 코일에 발생한 교류 전기를 정류하여 직류로 변환시키는 역할과 축전지로부터 발전기로 전류가 역류하는 것을 방지한다.

★★

20 건설기계의 등록번호표를 가리거나 훼손하여 알아보기 곤란하게 한 경우에 1차 위반 시 과태료 금액은?

① 50만 원 ② 70만 원
③ 100만 원 ④ 300만 원

해설 건설기계의 등록번호표를 가리거나 훼손하여 알아보기 곤란하게 한 자 또는 그러한 건설기계를 운행한 자에게는 1차 위반 시 50만 원, 2차 위반 시 70만 원, 3차 위반 시 100만 원의 과태료를 부과한다(건설기계관리법 시행령 별표3).

정답 10.① 11.③ 12.④ 13.① 14.① 15.① 16.② 17.④ 18.① 19.③ 20.①

★★★
21 보행자 보호를 위한 통행방법으로 옳지 않은 것은?

① 보행자가 횡단보도를 통행하고 있거나 통행하려고 하는 때에는 보행자의 횡단을 방해하거나 위험을 주지 아니하도록 그 횡단보도 앞에서 일시정지하여야 한다.
② 교통정리를 하고 있지 아니하는 교차로 또는 그 부근의 도로를 횡단하는 보행자의 통행을 방해하여서는 아니 된다.
③ 보행자의 옆을 지나는 경우에는 안전한 거리를 두고 서행하여야 하며, 보행자의 통행에 방해가 될 때에는 서행하거나 일시정지하여 보행자가 안전하게 통행할 수 있도록 하여야 한다.
④ 어린이 보호구역 내에 설치된 횡단보도 중 신호기가 설치되지 아니한 횡단보도 앞에서는 보행자의 횡단이 없을 때는 서행을 해야 한다.

해설 어린이 보호구역 내에 설치된 횡단보도 중 신호기가 설치되지 아니한 횡단보도 앞(정지선이 설치된 경우에는 그 정지선을 말한다)에서는 보행자의 횡단 여부와 관계없이 일시정지하여야 한다(도로교통법 제27조).

22 디젤기관에서 연료 분사량을 조절하여 기관의 회전속도를 제어하는 것은?

① 딜리버리 밸브
② 타이머
③ 조속기
④ 연료공급 펌프

해설 조속기(거버너)는 연료 분사량을 조절하여 기관의 회전속도를 제어하는 역할을 한다. 엔진의 회전 속도나 부하의 변동에 따라 제어 슬리브와 피니언의 관계 위치를 변화시켜 조정을 한다.

★★★★
23 기관의 냉각장치에서 부동액의 구비 조건이 아닌 것은?

① 물과 쉽게 혼합될 것
② 비등점이 물보다 낮을 것
③ 부식성이 없을 것
④ 침전물의 발생이 없을 것

해설 부동액은 기관의 과열을 방지하기 위해서 비등점이 물보다 높아야 한다.

부동액의 구비조건
- 응고점이 낮을 것
- 순환성이 좋을 것
- 휘발성이 없을 것
- 팽창계수가 작을 것

★★★
24 지게차 작업장치의 포크가 한쪽으로 기울어지는 이유는?

① 한쪽 체인(chain)이 늘어짐
② 한쪽 롤러(side roller)가 마모
③ 한쪽 실린더(cylinder)의 작동유 부족
④ 한쪽 리프트 실린더(lift cylinder)가 마모

해설 지게차의 한쪽 체인(chain)이 늘어지면 포크가 한쪽으로 기울어지게 된다.

25 유압장치의 구성요소에 해당하지 않는 것은?

① 제어 밸브 ② 펌프
③ 오일탱크 ④ 차동장치

해설 차동장치는 동력전달장치의 일종으로 양 바퀴의 회전 수 차이를 보상해 주는 장치를 말한다.

26 다음 그림의 안전표지판이 나타내는 것은?

① 보행금지 ② 작업금지
③ 사용금지 ④ 출입금지

해설 ① 보행금지 :  ④ 출입금지 : 

★★
27 기관 출력이 낮을 때의 원인이 아닌 것은?

① 연료 분사량이 적을 때
② 클러치가 불량할 때
③ 실린더 내의 압력이 낮을 때
④ 흡·배기 계통이 막혔을 때

해설 클러치 불량은 주행 시 동력의 전달과 차단, 가속, 속도에 영향을 미친다.

28 건설기계기관에서 이물질 여과와 관련이 없는 것은?

① 인젝션 타이머 ② 스트레이너
③ 연료 필터 ④ 공기청정기

해설 인젝션 타이머는 분사시기 조정장치이다.

29 지게차의 동력원 종류에 따른 구분이 아닌 것은?

① 전동 지게차 ② LPG 지게차
③ 분류식 지게차 ④ 디젤 지게차

★
30 유압 오일실(seal) 가운데 O-링의 구비조건이 아닌 것은?

① 내열성이 클 것 ② 탄성이 양호할 것
③ 비중이 클 것 ④ 압축변형이 적을 것

해설 **O-링의 구비조건**
- 내압성과 내열성이 클 것
- 피로강도가 크고, 비중이 적을 것
- 탄성이 양호하고, 압축변형이 적을 것
- 설치하기가 쉬울 것

정답 21.④ 22.③ 23.② 24.① 25.④ 26.③ 27.② 28.① 29.③ 30.③

31 연삭기에서 연산칩의 비산을 막기 위한 안전방호장치는?

① 안전덮개 ② 급정지 장치
③ 양수 조작식 방호장치 ④ 광전자식 안전 방호장치

해설 ③, ④는 프레스 방호장치에 해당한다.

★★
32 건설기계의 검사 종류에 해당하지 않은 것은?

① 수시검사 ② 예비검사
③ 정기검사 ④ 신규등록검사

해설 건설기계의 소유자는 그 건설기계에 대하여 국토교통부령으로 정하는 바에 따라 국토교통부장관이 실시하는 검사를 받아야 한다. 검사의 종류에는 신규등록검사, 정기검사, 구조변경검사, 수시검사 등이 있다.

★
33 도로교통법상 서행해야 할 장소로 지정된 곳이 아닌 것은?

① 2차선 다리 위 ② 도로가 구부러진 부근
③ 가파른 비탈길의 내리막 ④ 비탈길의 고갯마루 부근

해설 서행 또는 일시정지할 장소(도로교통법 제31조)
1. 교통정리를 하고 있지 아니하는 교차로
2. 도로가 구부러진 부근
3. 비탈길의 고갯마루 부근
4. 가파른 비탈길의 내리막
5. 시·도경찰청장이 도로에서의 위험을 방지하고 교통의 안전과 원활한 소통을 확보하기 위하여 필요하다고 인정하여 안전표지로 지정한 곳

34 기관에서 밸브스템엔드와 로커암(태핏) 사이의 간극은?

① 스탬 간극 ② 밸브 간극
③ 캠 간극 ④ 로커암 간극

해설 밸브 간극은 정상온도 운전 시 열팽창될 것을 고려하여 흡·배기 밸브에 간극을 둔 것을 말한다.

밸브 간극이 클 때	• 소음이 심하고 밸브개폐 기구에 충격을 줌 • 정상작동 온도에서 밸브가 완전하게 열리지 못함 • 흡입밸브의 간극이 크면 흡입량 부족 초래 • 배기밸브의 간극이 크면 배기 불충분으로 기관 과열
밸브 간극이 작을 때	• 블로우 바이로 인해 기관 출력 감소 • 밸브 열림 기간 길어짐 • 흡입밸브의 간극이 작으면 역화 및 실화 발생 • 배기밸브의 간극이 작으면 후화 발생 용이

35 12V 80Ah 축전지 2개를 직렬로 연결하였을 때의 전압과 용량은?

① 12V 80Ah ② 12V 160Ah
③ 24V 80Ah ④ 24V 160Ah

해설 동일한 축전지 2개를 직렬로 연결시 전압은 개수만큼 증가하지만 용량은 1개일 때와 같다. 병렬로 연결하면 용량은 개수만큼 증가하지만 전압은 1개일 때와 같다.

★★★
36 건설기계에 사용되는 저압 타이어의 호칭 치수 표시 순서는?

① 타이어 외경 – 타이어 폭 – 플라이 수
② 타이어 내경 – 플라이 수 – 타이어 폭
③ 타이어 폭 – 타이어의 내경 – 플라이 수
④ 플라이 수 – 타이어 외경 – 타이어 폭

해설 저압 타이어 호칭 및 치수는 타이어 폭 – 타이어의 내경 – 플라이 수(PR)로 표시되며 단위는 인치이다.

37 일반화재 발생 시 대피 요령으로 맞는 것을 모두 고르시오.

> ㄱ. 머리카락, 피부 등이 불에 닿지 않도록 한다.
> ㄴ. 젖은 수건으로 코와 입 등을 막고 대피한다.
> ㄷ. 몸을 가능한 낮은 자세로 하여 대피한다.
> ㄹ. 옷에 물을 적시고 대피한다.

① ㄱ ② ㄱ, ㄴ
③ ㄱ, ㄴ, ㄷ ④ ㄱ, ㄴ, ㄷ, ㄹ

★★★★
38 건설기계의 구조변경이 가능한 경우가 아닌 것은?

① 동력전달장치의 형식변경
② 건설기계의 길이·너비·높이 등의 변경
③ 적재함의 용량증가를 위한 구조변경
④ 수상작업용 건설기계의 선체의 형식변경

해설 건설기계의 구조변경이 불가능한 경우
• 건설기계의 기종변경
• 육상작업용 건설기계 규격의 증가 또는 적재함의 용량 증가를 위한 구조변경

39 경음기 스위치를 작동하지 않았는데 계속 울리는 고장의 원인에 해당하는 것은?

① 배터리의 과충전
② 경음기 접지선이 단선
③ 경음기 접원 공급선이 단선
④ 경음기 릴레이의 접점이 용착

40 구동 차축에 대한 설명으로 옳지 않은 것은?

① 종감속 기어 및 차동 장치와 연결되어 있다.
② 앞 액슬축은 하중지지와 구동 역할을 수행한다.
③ 뒤 액슬축은 하중지지와 조향역할을 수행한다.
④ 선회할 때 바깥쪽 바퀴의 회전속도를 증대시킨다.

해설 ④ 차동기어장치가 하부 추진체가 휠로 되어 있는 건설기계장비에서 커브를 돌 때 선회를 원활하게 해주는 장치이다.

★★
41 지게차의 리프트 실린더에서 사용되는 유압 실린더의 형식은?

① 단동 실린더 ② 복동 실린더
③ 왕복 실린더 ④ 스프링 실린더

해설 지게차의 리프트 실린더는 단동 실린더로 되어 있다. 틸트 실린더는 마스트와 프레임 사이에 설치된 2개의 복동식 유압실린더이다.

★★★
42 유량 제어밸브와 관계가 없는 것은?

① 분류 밸브 ② 체크 밸브
③ 교축 밸브 ④ 니들 밸브

해설 유량 제어밸브는 회로에 공급되는 유량을 조절하여 액추에이터의 운동 속도를 제어하는 역할을 한다.
② 체크 밸브는 방향 제어밸브이다.

정답 31.① 32.② 33.① 34.② 35.③ 36.③ 37.④ 38.③ 39.④ 40.④ 41.① 42.②

43 지게차 화물 운반 작업의 위험 요인과 가장 거리가 먼 것은?

① 지게차의 전도 ② 지게차의 부딪힘
③ 화물의 화재 ④ 화물의 낙하

★★
44 지게차 조향핸들의 조작이 무거운 원인에 해당하는 것은?

① 앞바퀴의 공기압이 낮다.
② 뒷바퀴의 공기압이 낮다.
③ 앞바퀴의 공기압이 높다.
④ 뒷바퀴의 공기압이 높다.

해설 지게차는 뒷바퀴를 움직여 조향하는 방식을 사용하기 때문에 뒷바퀴의 공기압이 너무 낮을 때 조향핸들의 조작이 무거울 수 있다.

조향핸들의 조작이 무거운 원인
- 유압이 낮을 때
- 유압계통 내에 공기가 유입되었을 때
- 조향 펌프에 오일이 부족할 때

45 지게차의 동력전달순서로 맞는 것은?

① 엔진 → 변속기 → 토크 컨버터 → 종감속 기어 및 차동장치 → 최종 감속기 → 앞 구동축 → 차륜
② 엔진 → 변속기 → 토크 컨버터 → 종감속 기어 및 차동장치 → 앞 구동축 → 최종 감속기 → 차륜
③ 엔진 → 토크 컨버터 → 변속기 → 앞 구동축 → 종감속 기어 및 차동장치 → 최종 감속기 → 차륜
④ 엔진 → 토크 컨버터 → 변속기 → 종감속 기어 및 차동장치 → 앞 구동축 → 최종 감속기 → 차륜

★★★
46 건설기계와 전선로와의 이격 거리에 대한 설명으로 옳지 않은 것은?

① 바람이 강할수록 멀어져야 한다.
② 전압에는 관계없이 일정하다.
③ 애자수가 많을수록 멀어져야 한다.
④ 전선이 굵을수록 멀어져야 한다.

해설 전압이 높을수록 멀어져야 한다. 전선은 바람에 흔들리게 되므로 바람이 강할수록 이격거리를 증가시켜야 하며, 전선의 굵기가 굵을수록, 애자의 개수가 많을수록 전압은 높아진다.

★
47 작업복에 대한 유의사항으로 옳지 않은 것은?

① 작업복은 항상 깨끗한 상태로 입어야 한다.
② 작업복 상의의 옷자락은 밖으로 내어서 입는다.
③ 기름이 묻은 작업복은 가능한 착용하지 않는다.
④ 주머니가 너무 많지 않고, 소매가 단정한 것이 좋다.

해설 상의의 옷자락은 밖으로 나오지 않도록 해야 한다.

★★
48 건설기계관리법상 출장검사를 받을 수 있는 경우가 아닌 것은?

① 자체중량이 30톤을 초과하는 경우
② 너비가 2.5m를 초과하는 경우
③ 최고속도가 시간당 35km 미만인 경우
④ 도서 지역에 있는 경우

해설 ① 자체중량이 40톤을 초과하거나 축하중이 10톤을 초과하는 경우에 해당한다(건설기계관리법 시행규칙 제32조제2항).

49 벨트 취급에 대한 안전사항 중 옳지 않은 것은?

① 고무벨트에는 기름이 묻지 않도록 한다.
② 벨트 교환 시 회전을 완전히 멈춘 상태에서 한다.
③ 벨트의 회전을 정시시킬 때는 손으로 잡아서 한다.
④ 벨트에는 적당한 장력을 유지하도록 한다.

해설 벨트 회전을 정지시킬 때 손을 사용하는 것은 매우 위험한 동작이다. 벨트의 마찰에 의한 화상이나 벨트 가드에 손이 끼이게 되어 상해를 입을 수 있기 때문에 절대 하지 말아야 한다.

★★★★
50 고압 대출력에 사용하는 유압 모터로 가장 적절한 것은?

① 기어 모터 ② 베인 모터
③ 플런저 모터 ④ 트로코이드 모터

해설 플런저 모터(피스톤형 모터)는 펌프의 최고 토출압력, 평균효율이 가장 높아 고압 대출력에 사용하는 유압 모터이다.

★★★
51 어큐뮬레이터(축압기)의 기능이 아닌 것은?

① 충격압력 흡수 ② 유압에너지의 저장
③ 유량 분배 및 제어 ④ 압력 보상

해설 **축압기의 기능**
압력 보상, 에너지 축적, 유압회로 보호, 체적변화 보상, 맥동 감쇠, 충격압력 흡수 및 일정 압력 유지

52 체인블록을 이용하여 무거운 물체를 이동시키고자 할 때 가장 안전한 방법은?

① 작업의 효율을 위해 굵기가 가는 체인을 사용한다.
② 체인이 느슨하지 않도록 시간적 여유를 가지고 작업한다.
③ 내릴 때는 하중 부담을 줄이기 위해 최대한 빠른 속도로 한다.
④ 빠른 시간 내 이동을 하기위해 무조건 최단거리의 코스로 간다.

해설 체인이 느슨한 상태에서 급격히 잡아당기면 재해가 발생할 수 있으므로 시간적 여유를 가지고 작업을 해야 한다.

정답 43.③ 44.② 45.④ 46.② 47.② 48.① 49.③ 50.③ 51.③ 52.②

★
53 수직면에 대하여 지게차의 마스트를 포크 쪽으로 기울인 최대경사각은?

① 전경각 ② 후경각
③ 최대각 ④ 최소각

해설 마스트 경사각은 기준 무부하 상태에서 마스트를 앞과 뒤로 기울일 때 수직면에 대하여 이루는 각으로 전경각(보통 5~6°의 범위)은 지게차의 마스트를 포크 쪽으로 기울인 최대경사각이고, 후경각은 지게차의 마스트를 조종실 쪽으로 기울인 최대경사각(약 10~12°의 범위)을 말한다.

54 유압장치에서 피스톤 로드에 있는 이물질이 실린더 내로 혼입되는 것은 방지하는 것은?

① 스트레이너 ② 필터
③ 더스트 실 ④ 실린더 커버

해설 유압 실린더의 구성부품으로는 피스톤, 피스톤 로드, 실린더, 실(Seal), 쿠션기구 등이 있다. 더스트 실은 이물질 침입을 방지한다.

★★
55 검사신청을 받은 검사대행자는 신청을 받은 날부터 몇일 이내에 검사일시와 장소를 지정하여 소유자에게 통지하여야 하는가?

① 5일 ② 7일
③ 15일 ④ 30일

해설 정기검사의 신청은 검사 유효기간의 만료일 전후 각각 31일 이내에 신청을 하며 검사신청을 받은 시·도지사 또는 검사대행자는 신청을 받은 날부터 5일 이내에 검사일시와 검사장소를 지정하여 신청인에게 통지하여야 한다.

56 렌치 중 볼트의 머리를 완전히 감싸고 너트를 꽉 조여 미끄러질 위험이 적은 것은?

① 오픈 렌치 ② 복스 렌치
③ 소켓 렌치 ④ 파이프 렌치

해설 복스 렌치 : 오픈 렌치를 사용할 수 없는 오목한 부분의 볼트, 너트를 조이고 풀 때 사용한다. 볼트, 너트의 머리를 감쌀 수 있어 미끄러지지 않는다.

★★★★
57 노면이 폭설로 가시거리 100m 이내인 경우 최고속도의 얼마를 감속 운행하여야 하는가?

① 최고속도의 100분의 70을 줄인 속도
② 최고속도의 100분의 60을 줄인 속도
③ 최고속도의 100분의 50을 줄인 속도
④ 최고속도의 100분의 30을 줄인 속도

해설 폭우·폭설·안개 등으로 가시거리가 100m 이내인 경우, 노면이 얼어붙은 경우, 눈이 20mm 이상 쌓인 경우에는 최고속도의 100분의 50을 줄인 속도로 운행해야 한다(도로교통법 시행규칙 제19조제2항).

58 지게차의 작업장치가 아닌 것은?

① 마스트 ② 붐
③ 리프트 실린더 ④ 틸트 실린더

해설 붐은 굴착기의 상부회전체에 풋 핀에 의해 연결되어 있는 작업장치이다.

★★
59 유압장치의 기호 회로도에 사용되는 유압기호의 표시방법으로 적합하지 않은 것은?

① 기호에는 흐름의 방향을 표시한다.
② 기호는 어떠한 경우에도 회전하여서는 안 된다.
③ 각 기기의 기호는 정상상태 또는 중립상태를 표시한다.
④ 기호에는 각 기기의 구조나 작용 압력을 표시하지 않는다.

해설 **유압기호의 표시방법**
- 기호에는 흐름의 방향을 표시한다.
- 각 기기의 기호는 정상상태 또는 중립상태를 표시한다.
- 오해의 위험이 없을 때는 기호를 뒤집거나 회전할 수 있다.
- 기호에는 각 기기의 구조나 작용 압력을 표시하지 않는다.
- 기호가 없어도 정확히 이해할 수 있을 때는 드레인 관로는 생략할 수 있다.

60 지게차의 조향 및 작업장치에 대한 그리스 주입으로 옳지 않은 것은?

① 포크와 핑거바 ② 틸트 실린더 핀
③ 마스트 서포트 ④ 조향 실린더 링크

해설 포크와 핑거바 사이의 미끄럼부에 그리스를 바른다.

그리스 주입
- 마스트 서포트 – 2개소
- 틸트 실린더 핀 – 4개소
- 킹 핀 – 4개소
- 조향 실린더 링크 – 4개소

정답 53.① 54.③ 55.① 56.② 57.③ 58.② 59.② 60.①

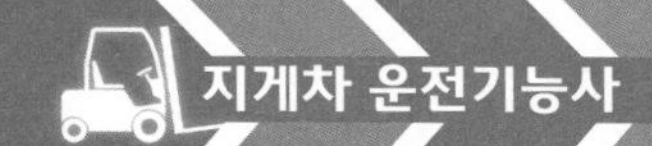

01 엔진에서 노킹이 발생되었을 때 디젤기관에 미치는 영향과 가장 거리가 먼 것은?

① 연소실 온도가 상승한다.
② 기관의 RPM이 높아진다.
③ 출력이 저하된다.
④ 엔진에 손상이 발생할 수 있다.

해설 RPM(Revolution Per Minute)은 엔진의 분당 회전수를 말한다.

★★★★★

02 지게차로 화물취급 작업 시 준수해야 할 사항으로 틀린 것은?

① 화물 앞에서 일단 정지해야 한다.
② 화물의 근처에 왔을 때에는 가속 페달을 살짝 밟는다.
③ 파렛트에 실려 있는 물체의 안전한 적재 여부를 확인한다.
④ 지게차를 화물 쪽으로 반듯하게 향하고 포크가 파렛트를 마찰하지 않도록 주의한다.

해설 지게차가 적재하고자 하는 화물의 바로 앞에 도달하면 안전한 속도로 감속한다.

지게차 화물취급 방법
- 포크는 화물의 받침대 속에 정확히 들어갈 수 있도록 조작한다.
- 운반물을 적재하여 경사지를 주행할 때는 짐이 언덕 위로 향하도록 한다.
- 운반 중 마스트를 뒤로 약 4° 정도 경사시킨다.

03 건설기계가 멸실된 경우의 조치로 옳은 것은?

① 소유자가 등록이전 신고를 한다.
② 소유자가 2월 이내에 등록신청을 하여야 한다.
③ 시 · 도지사의 직권으로 신규로 등록 한다.
④ 시 · 도지사의 직권으로 등록을 말소할 수 있다.

해설 **시 · 도지사가 직권으로 등록의 말소(건설기계관리법 제6조)**
- 건설기계의 차대가 등록 시의 차대와 다른 경우
- 건설기계가 법 규정에 따른 건설기계안전기준에 적합하지 아니하게 된 경우
- 건설기계를 수출하는 경우
- 건설기계를 도난당한 경우
- 건설기계를 교육 · 연구목적으로 사용하는 경우
- 정기검사 유효기간이 만료된 날부터 3월 이내에 시 · 도지사의 최고를 받고 지정된 기한까지 정기검사를 받지 아니한 경우

★

04 지게차가 주행 중 변속 레버가 빠질 수 있는 원인에 해당하는 것은?

① 변속기의 오일이 부족할 때
② 기어가 충분히 물리지 않았을 때
③ 클러치의 유격이 너무 클 때
④ 릴리스 베어링이 파손되었을 때

해설 ①, ③은 변속기어의 소음 원인이고, ④는 동력의 전달 및 차단 작용과 관계가 있다.

변속기 기어가 빠지는 원인
- 기어가 충분히 물리지 않았을 때
- 기어의 마모가 심할 때
- 변속기의 록 장치가 불량할 때
- 로크 스프링의 장력이 약할 때

05 타이어에서 트레드 패턴과 관계없는 것은?

① 제동력, 구동력 및 견인력
② 조향성, 안정성
③ 편평율
④ 타이어의 배수효과

해설 편평율은 회전 타원체의 편평도를 나타내는 양이다.

★★★

06 지게차의 용도에 따른 분류로 가장 적합한 것은?

① 흙(토사) 굴착작업
② 토목작업
③ 운반작업
④ 흙(토사) 적재작업

07 전조등에 대한 설명이다. ( )에 들어갈 내용으로 옳은 것은?

> 인적이 드문 산길이나 가로등이 없는 고속도로를 주행할 때 (A) 켜서 시야를 확보하는 것이 안전하며 해가 지거나 비가 와서 시야 확보가 어려울 때 (B) 사용하면 차선을 더 잘 볼 수 있다. 피조면의 밝기 정도를 나타내는 것은 (C)이다.

① A – 하향등
② B – 상향등
③ C – 광도
④ C – 조도

해설 A – 상향등, B – 하향등, C – 조도
광도는 어떤 방향의 빛의 세기를 말한다.

★★★

08 유압장치에서 유압탱크의 기능이 아닌 것은?

① 계통 내의 필요한 유량 확보
② 배플에 의해 기포발생 방지 및 소멸
③ 탱크 외벽의 방열에 의해 적정온도 유지
④ 계통 내에 필요한 압력 설정

해설 **오일탱크의 기능**
- 오일을 담아두는 용기로서의 기능
- 발생한 열을 냉각, 적정온도 유지
- 흡입 작동유 여과(스트레이너)
- 응축수 및 찌꺼기 배출(드레인 플러그)
- 이물질 침입 방지(밀폐)

★★

09 다음 중 화재의 분류가 옳게 된 것은?

① 일반 가연물 화재 – A급 화재
② 전기 화재 – D급 화재
③ 유류 화재 – C급 화재
④ 금속 화재 – B급 화재

해설 유류 화재는 B급 화재, 전기 화재는 C급 화재, 금속 나트륨이나 금속칼륨 등의 금속 화재는 D급 화재이다.

정답 01.② 02.② 03.④ 04.② 05.③ 06.③ 07.④ 08.④ 09.①

★
10 축전지의 전해액으로 가장 적합한 것은?

① 묽은 황산 ② 증류수
③ 엔진오일 ④ 식용유

11 변속기의 필요성과 관계가 없는 것은?

① 환향을 빠르게 한다.
② 장비의 후진 시 필요하다.
③ 기관의 회전력을 증대시킨다.
④ 시동 시 장비를 무부하 상태로 한다.

해설 변속기의 필요성
- 엔진과 액슬축 사이에서 회전력을 증대시키기 위해
- 엔진 시동 시 무부하 상태(중립)로 두기 위해
- 건설기계의 후진을 위해

★★★
12 포크의 높이를 최저 위치에서 최고 위치로 올릴 수 있는 경우의 높이는?

① 프리 리프트 높이 ② 전고
③ 최저 지상고 ④ 최대올림 높이

해설 프리 리프트 높이는 마스트의 높이를 변화시키지 않은 상태에서 포크의 높이를 최저 위치에서 최고 위치로 올릴 수 있는 경우의 높이를 말한다.
② 전고 : 지게차의 가장 위쪽 끝이 만드는 수평면에서 지면까지의 최단거리
③ 최저 지상고 : 포크와 타이어를 제외하고 지면으로부터 지게차의 가장 낮은 부위까지의 높이
④ 최대올림 높이 : 지게차의 기준무부하상태에서 지면과 수평상태로 포크를 가장 높이 올렸을 때 지면에서 포크 윗면까지의 높이

★★
13 유압 작동유의 구비조건으로 옳은 것은?

① 점도지수가 높을 것 ② 인화점이 낮을 것
③ 압축성이 좋을 것 ④ 내마모성이 작을 것

해설 유압 작동유의 구비조건
- 점도지수가 높을 것
- 비압축성일 것
- 내열성이 크고 거품이 적을 것

14 작업장의 안전수칙 중 틀린 것은?

① 불필요한 행동을 하지 않도록 한다.
② 빠른 작업 시에는 공구를 던져서 전달한다.
③ 각종 기계를 불필요하게 공회전시키지 않는다.
④ 기계의 청소나 손질은 운전을 정지시킨 후 실시한다.

해설 작업장에서 공구를 전달할 때 던져주면 작업자가 위험할 수 있으며 공구가 손상될 수 도 있다.

★
15 정차 및 주차의 금지 장소가 아닌 곳은?

① 건널목 ② 횡단보도
③ 교차로 ④ 다리위

해설 정차 및 주자의 금지(도로교통법 제32조)
- 교차로 · 횡단보도 · 건널목이나 보도와 차도가 구분된 도로의 보도
- 교차로의 가장자리나 도로의 모퉁이로부터 5미터 이내인 곳
- 안전지대가 설치된 도로에서는 그 안전지대의 사방으로부터 각각 10미터 이내인 곳
- 건널목의 가장자리 또는 횡단보도로부터 10미터 이내인 곳
- 「소방기본법」 제10조에 따른 소방용수시설 또는 비상소화장치가 설치된 곳 5m 이내
- 시 · 도경찰청장이 도로에서의 위험을 방지하고 교통의 안전과 원활한 소통을 확보하기 위하여 필요하다고 인정하여 지정한 곳
- 시장등이 제12조제1항에 따라 지정한 어린이 보호구역

④ 주차금지 장소(도로교통법 제33조)

16 기관의 상사점과 하사점과의 거리는?

① 피스톤의 길이 ② 피스톤의 행정
③ 실린더의 넓이 ④ 실린더 벽의 상하 길이

해설 기관에서 피스톤의 행정이란 상사점과 하사점과의 거리를 말한다.

★★
17 교류발전기에서 직류발전기의 계자철심 기능과 같은 역할을 하는 것은?

① 로터 ② 스테이터
③ 브러시 ④ 다이오드

해설 교류발전기의 로터는 브러시를 통해 들어온 전류에 의해 전자석이 된다. 직류발전기의 계자철심과 계자코일의 역할과 같다.

18 지게차의 구성요소가 아닌 것은?

① 마스트 ② 암
③ 리프트 실린더 ④ 밸런스 웨이트

해설 암은 굴착기의 작업장치 중 하나로 붐과 버킷 사이의 연결부위를 말한다.

19 다음 중 베인 펌프의 주요 구성 요소에 해당하는 것은?

ㄱ. 베인(vane)
ㄴ. 경사판(swash plate)
ㄷ. 격판(baffle plate)
ㄹ. 회전자(rotor)
ㅁ. 캠링(cam ring)

① ㄱ, ㄴ, ㄷ, ㄹ ② ㄴ, ㄷ, ㅁ
③ ㄱ, ㄹ, ㅁ ④ ㄱ, ㄴ, ㄹ, ㅁ

해설 베인 펌프의 주요 구성 요소 : 베인(vane), 회전자(rotor), 캠링(cam ring)

정답 10.① 11.① 12.① 13.① 14.② 15.④ 16.② 17.① 18.② 19.③

★
20 **다음의 안전보호표지판에 해당하는 것은?**

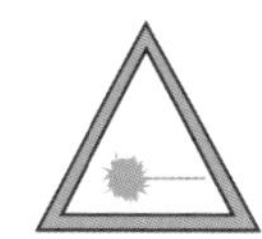

① 위험장소 경고 ② 고압전기 경고
③ 방사성물질 경고 ④ 레이저광선 경고

해설

위험한 경고	고압전기 경고	방사성물질 경고

★★★
21 **교통안전시설이 표시하고 있는 신호와 경찰공무원의 수신호가 다른 경우 통행방법으로 옳은 것은?**

① 신호기 신호를 우선적으로 따른다.
② 수신호는 보조신호이므로 따르지 않아도 좋다.
③ 자기가 판단하여 위험이 없다고 생각되면 아무 신호에 따라도 좋다.
④ 경찰공무원의 수신호에 따른다.

해설 도로를 통행하는 보행자, 차마 또는 노면전차의 운전자는 교통안전시설이 표시하는 신호 또는 지시와 교통정리를 하는 경찰공무원 또는 경찰보조자(이하 "경찰공무원 등"이라 한다)의 신호 또는 지시가 서로 다른 경우에는 경찰공무원 등의 신호 또는 지시에 따라야 한다(도로교통법 제5조제2항).

★★★★★
22 **흰색 바탕에 검은색 문자의 건설기계등록번호표는?**

① 자가용 ② 영업용
③ 수출용 ④ 렌트용

해설 **등록번호표의 색칠 및 등록번호**

구분		색상	번호
비사업용	관용	흰색 바탕에 검은색 문자	0001~0999
	자가용		1000~5999
대여사업용		주황색 바탕에 검은색 문자	6000~9999

23 **유압 실린더 지지방식 중 트러니언형 지지 방식이 아닌 것은?**

① 헤드측 지지형 ② 캡측 지지형
③ 센터 지지형 ④ 캡측 플랜지 지지형

해설 트러니언형 지지 방식의 종류에는 헤드측 지지형, 캡측 지지형, 센터 지지형 등이 있다.

24 **겨울철 시동이 잘 걸리지 않을 때 미리 가열하여 시동을 쉽도록 하는 장치는?**

① 감압장치 ② 냉각장치
③ 배기장치 ④ 예열장치

해설 디젤기관은 압축착화 방식이므로 한랭상태에서는 경유가 잘 착화하지 못해 시동이 어려울 수 있다. 예열장치는 흡입 다기관이나 연소실 내의 공기를 미리 가열하여 시동을 쉽도록 한다.

★★★
25 **지게차 조종 레버에 대한 설명으로 옳지 않은 것은?**

① 리프트 레버를 당기면 포크가 올라간다.
② 틸트 레버를 밀면 마스트가 앞으로 기울어진다.
③ 틸트 레버를 놓으면 자동으로 중립 위치로 복원된다.
④ 리프트 레버를 놓으면 자동으로 중립 위치로 복원되지 않는다.

해설 리프트 레버를 놓으면 자동으로 중립 위치로 복원된다.

★
26 **유압오일의 온도가 상승할 때 나타날 수 있는 결과가 아닌 것은?**

① 점도 저하
② 펌프 효율 저하
③ 오일 누설의 저하
④ 밸브류의 기능 저하

해설 **작동유 온도의 과도 상승 시 나타나는 현상**
- 밸브들의 기능이 저하한다.
- 기계적인 마모가 생긴다.
- 중합이나 분해가 일어난다.
- 작동유의 산화 작용을 촉진한다.
- 유압기기의 작동이 불량해진다.
- 실린더의 작동 불량이 생긴다.
- 작동유 누출이 증가한다.

27 **지게차 운전 전 점검사항에 해당하는 것은?**

① 붐 실린더 오일 누유 여부를 확인한다.
② 버킷의 투스 상태를 확인한다.
③ 좌 · 우 리프트 체인의 유격 상태를 확인한다.
④ 블레이드의 손상 여부를 확인한다.

해설 ①, ②는 굴착기 작업장치, ④는 불도저의 작업장치와 관련된 내용이다.

28 **다음 중 토크컨버터의 구성 부품에 해당하지 않는 것은?**

① 펌프 ② 터빈
③ 스테이터 ④ 오버러닝 클러치

해설 토크컨버터는 유체클러치를 개량하여 유체클러치보다 회전력의 변화를 크게 한 것이다. 토크컨버터의 3대 구성 요소는 펌프, 터빈, 스테이터로서 펌프는 크랭크축에 연결되어 엔진과 같은 회전수로 회전하고, 스테이터는 오일의 방향을 바꾸어 회전력을 증대시킨다. 그리고 터빈은 변속기 입력축의 스플라인에 결합되어 있다.

★★
29 **운전 중인 기관의 에어크리너가 막혔을 때 나타나는 현상으로 가장 적당한 것은?**

① 배출가스 색은 검고, 출력은 저하된다.
② 배출가스 색은 희고, 출력은 정상이다.
③ 배출가스 색은 청백색이고, 출력은 증가된다.
④ 배출가스 색은 무색이고, 출력과는 무관하다.

해설 에어크리너(공기청정기)가 막히면 공기흡입량이 줄어들어 엔진의 출력이 저하되고, 농후한 혼합비로 인한 불완전 연소로 검은색 배기가스가 배출된다.

정답 20.④ 21.④ 22.① 23.④ 24.④ 25.④ 26.③ 27.③ 28.④ 29.①

★★
30 건설기계 조종사의 적성검사 기준으로 틀린 것은?

① 시각은 150도 이상일 것
② 두 눈을 동시에 뜨고 잰 시력은 0.7 이상일 것
③ 두 눈 중 한쪽 눈의 시력은 0.6 이상일 것
④ 보청기를 사용하는 사람은 40데시벨의 소리를 들을 수 있을 것

해설 두 눈을 동시에 뜨고 잰 시력(교정시력을 포함)이 0.7 이상이고, 두 눈의 시력이 각각 0.3 이상일 것이다.

★
31 안전기준을 초과하는 화물의 적재허가를 받은 자는 그 길이 또는 그 폭의 양 끝에 몇 cm 이상의 빨간 헝겊으로 된 표지를 달아야 하는가?

① 너비 25cm, 길이 30cm ② 너비 20cm, 길이 40cm
③ 너비 30cm, 길이 50cm ④ 너비40cm , 길이 60cm

해설 안전기준을 초과하는 화물의 적재허가를 받은 자는 그 길이 또는 그 폭의 양 끝에 너비 30cm, 길이 50cm 이상의 빨간 헝겊으로 된 표지를 달아야 한다. 다만 밤에 운행하는 경우에는 반사체로 된 표지를 달아야 한다(도로교통법 시행규칙 제26조).

★★★
32 교차로 통행방법으로 틀린 것은?

① 교차로에서는 정차하지 못한다.
② 교차로에서는 다른 차를 앞지르지 못한다.
③ 좌 · 우 회전 시에는 방향지시기 등으로 신호를 하여야 한다.
④ 교차로에서는 반드시 경음기를 울려야 한다.

해설 ① 교차로 · 횡단보도 · 건널목이나 보도와 차도가 구분된 도로의 보도에서는 차를 정차하거나 주차하여서는 아니 된다(도로교통법 제32조).
② 모든 차의 운전자는 교차로, 터널 안, 다리 위, 도로의 구부러진 곳, 비탈길의 고갯마루 부근 또는 가파른 비탈길의 내리막 등에서는 다른 차를 앞지르지 못한다(도로교통법 제22조제3항).
③ 모든 차의 운전자는 좌회전 · 우회전 · 횡단 · 유턴 · 서행 · 정지 또는 후진을 하거나 같은 방향으로 진행하면서 진로를 바꾸려고 하는 경우에는 손이나 방향지시기 또는 등화로써 그 행위가 끝날 때까지 신호를 하여야 한다(도로교통법 제38조제1항).

33 감전사고 예방요령으로 가장 옳지 않은 것은?

① 작업 시 절연장비 및 안전장구를 착용한다.
② 젖은 손으로는 전기기기를 만지지 않는다.
③ 전력선에 물체가 접촉하지 않도록 한다.
④ 코드를 뺄때는 선을 잡고서 빼도록 한다.

해설 콘센트에서 코드를 뺄 때에는 반드시 플러그의 몸체를 잡고 빼도록 해야 한다.

34 다음 중 '관공서용 건물번호판'에 해당하는 것은?

①

②

③

④

해설 ① 일반용 오각형 건물번호판
② 일반용 사각형 건물번호판
③ 문화재 · 관광용 건물번호판

★★★★
35 다음 중 조종사 면허의 결격사유에 해당하지 않은 것은?

① 면허가 취소된 날부터 2년 6개월이 경과하지 아니한 경우
② 정신질환자 또는 뇌전증 환자
③ 알코올중독자
④ 18세 미만인 사람

해설 **건설기계조종사 면허의 결격사유(건설기계관리법 제27조)**
1. 18세 미만인 사람
2. 건설기계 조종상의 위험과 장해를 일으킬 수 있는 정신질환자 또는 뇌전증환자로서 국토교통부령으로 정하는 사람
3. 앞을 보지 못하는 사람, 듣지 못하는 사람, 그 밖에 국토교통부령으로 정하는 장애인
4. 건설기계 조종상의 위험과 장해를 일으킬 수 있는 마약 · 대마 · 향정신성의약품 또는 알코올중독자로서 국토교통부령으로 정하는 사람
5. 제28조제1호부터 제7호까지의 어느 하나에 해당하는 사유로 건설기계조종사면허가 취소된 날부터 1년(같은 조 제1호 또는 제2호의 사유로 취소된 경우에는 2년)이 지나지 아니하였거나 건설기계조종사면허의 효력정지처분 기간 중에 있는 사람

36 디젤기관에서 연료가 정상적으로 공급되지 않아 시동이 꺼지는 현상이 발생할 때의 원인으로 적합하지 않은 것은?

① 연료파이프 손상 ② 프라이밍 펌프 고장
③ 연료 필터 막힘 ④ 연료탱크 내 오물 과다

해설 연료가 정상적으로 공급되지 않는 경우는 연료 파이프가 손상되었거나 연료 필터가 막히는 경우 등이 있다. 프라이밍 펌프는 엔진 정지 시 연료장치 회로 내의 공기빼기 등을 위하여 수동으로 작동시키는 펌프이다.

37 유성기어 장치의 주요 부품에 해당하지 않는 것은?

① 헬리컬기어 ② 선기어
③ 링기어 ④ 유성기어

해설 유성기어 장치의 주요 부품으로는 선기어, 링기어, 유성기어, 유성캐리어로 등으로 구성이 있다. 헬리컬기어는 기어의 형식을 말한다.

38 조종사 보호를 위한 지게차의 안전장치와 가장 거리가 먼 것은?

① 헤드 가드 ② 백 레스트
③ 안전띠 ④ 아웃트리거

해설 리치형 지게차(입식형)는 차체 전방으로 튀어나온 아웃트리거(앞바퀴)에 의해 차제의 안정을 유지하고 그 아웃트리거 안을 포크가 전후방으로 움직이며 작업을 하도록 되어 있다.

★★★★★
39 지게차가 화물을 싣고 언덕길을 내려올 때의 방법으로 가장 적절한 것은?

① 포크에 화물을 싣고 앞으로 천천히 내려온다.
② 포크에 화물을 싣고 뒤로 천천히 내려온다.
③ 포크에 화물을 싣고 기어의 변속을 중립에 놓고 내려온다.
④ 포크에 화물을 싣고 지그재그로 회전하여 내려온다.

해설 지게차로 화물을 운반할 때 적재물이 앞으로 쏟아지지 않게 하기 위해 언덕길에서는 화물을 위쪽으로 가게 한 후 후진으로 내려오는 것이 좋다. 또한 경사지에서는 브레이크를 사용하는 것보다 저속 기어로 변속하여 기어 브레이크를 사용해야 한다.

정답 30.③ 31.③ 32.④ 33.④ 34.④ 35.① 36.② 37.① 38.④ 39.②

★★★
40 다음 중 유압모터의 종류에 해당하는 것은?

① 가솔린 모터 ② 디젤 모터
③ 보올 모터 ④ 플런저 모터

해설 유압모터는 유압에너지를 이용하여 연속적으로 회전운동을 시키는 장치로 기어모터, 플런저 모터(회전피스톤형), 베인 모터 등이 있다.

41 작업복의 의미로 가장 옳은 것은?

① 작업장의 질서 확립 ② 작업자의 안전 보호
③ 작업 능률의 향상 ④ 작업자의 복장 통일

해설 작업복을 입는 근본적인 목적은 작업장에서 작업자의 안전을 보호하기 위한 것이다.

★★
42 엔진이 과열되는 원인으로 가장 거리가 먼 것은?

① 냉각수의 부족
② 라디에이터의 코어 막힘
③ 오일의 품질 불량
④ 정온기가 닫힌 상태로 고장

해설 ③ 오일의 품질 불량 시에는 실린더 내에서 노킹하는 소리가 난다.
기관 과열의 원인 : 라디에이터의 코어 막힘, 냉각장치 내부에 물때가 낌, 냉각수의 부족, 물펌프의 벨트가 느슨해짐, 정온기가 닫힌 상태로 고장, 냉각팬의 벨트가 느슨해 짐 등이 있다.

43 타이어식 건설기계장비에서 동력전달장치에 속하지 않는 것은?

① 클러치 ② 종감속 장치
③ 과급기 ④ 타이어

해설 건설기계장비의 동력전달장치는 기관에서 발생한 동력을 구동바퀴까지 전달하는데 필요한 장치를 말한다. 클러치, 변속기, 추진축, 드라이브 라인, 종감속 기어, 차동장치, 액슬축 및 구동바퀴 등으로 구성이 된다.
③ 과급기는 흡기장치에 속한다.

★
44 다음은 지게차의 어느 부분을 설명한 것인가?

- 마스트와 프레임 사이에 설치된다.
- 마스트를 전경 또는 후경시키는 작용을 한다.
- 레버를 밀면 마스트가 앞으로 기울고, 당기면 마스트가 뒤로 기울어진다.

① 리프트 실린더 ② 마스트 실린더
③ 틸트 실린더 ④ 슬라이딩 실린더

해설 틸트 실린더는 마스트를 전경 또는 후경시키는 작용을 한다. 그리고 리프트 실린더는 포크를 상승 · 하강시키는 작용을 한다.

★★
45 지게차의 조향장치 원리는 어떠한 형식인가?

① 앞바퀴 조향 방식 ② 전부동식
③ 애커먼 장토식 ④ 허리꺾기 방식

해설 지게차의 조향원리는 애커먼 장토식이 사용된다.

46 해머작업 시의 안전수칙으로 가장 거리가 먼 것은?

① 작업에 알맞은 무게의 해머를 사용한다.
② 장갑을 끼지 않고 처음에는 약하게, 점점 강하게 때린다.
③ 높은 강도를 필요로 하는 작업에서는 연결대를 끼워서 한다.
④ 열처리된 재료는 해머로 때리지 않도록 주의를 한다.

해설 연결대는 해머가 빠져서 사고가 날 위험이 있으므로 사용해서는 안된다.

47 연소의 3요소에 해당되지 않는 것은?

① 가연물 ② 점화원
③ 공기 ④ 물

해설 연소가 이루어지려면 태워야 할 물질인 가연물이 있어야 하고, 가연물에 불을 붙일 점화원이 있어야 하며, 연소 시 산소를 공급할 공기가 있어야 한다.

★★★★
48 건설기계정비업의 범위에서 제외되는 행위가 아닌 것은?

① 오일의 보충 ② 브레이크 부품 교체
③ 타이어의 점검 ④ 창유리의 교환

해설 **건설기계정비업의 범위에서 제외되는 행위(건설기계관리법 시행규칙 제1조의2)**
1. 오일의 보충
2. 에어클리너엘리먼트 및 휠터류의 교환
3. 배터리 · 전구의 교환
4. 타이어의 점검 · 정비 및 트랙의 장력 조정
5. 창유리의 교환

49 냉각장치에서 밀봉 압력식 라디에이터 캡을 사용하는 것으로 가장 적합한 것은?

① 엔진온도를 높일 때
② 엔진온도를 낮게 할 때
③ 압력밸브가 고장일 때
④ 냉각수의 비등점을 높일 때

해설 라디에이터 캡은 냉각수 주입구 뚜껑으로 냉각장치 내의 비등점을 높이고 냉각범위를 넓히기 위하여 압력식 캡을 사용한다. 압력이 낮을 때 압력밸브와 진공밸브는 스프링의 장력으로 각각 시트에 밀착되어 냉각장치의 기밀을 유지하게 된다.

★★
50 지게차의 카운터 웨이터 기능에 대한 설명으로 옳은 것은?

① 접지압을 높여 준다.
② 접지면적을 높여 준다.
③ 화물을 실었을 때 쏠리는 것을 방지한다.
④ 더욱 무거운 중량을 들 수 있도록 조절해 준다.

해설 카운터 웨이트(평형추)는 지게차 맨 뒤쪽에 설치되어 작업을 할 때 안정성 및 균형을 잡아주는 기능을 한다.

정답 40.④ 41.② 42.③ 43.③ 44.③ 45.③ 46.③ 47.④ 48.② 49.④ 50.③

★★★
51 **긴 내리막길을 내려갈 때 베이퍼 록을 방지하려고 하는 좋은 운전 방법은?**

① 변속레버를 중립으로 놓고 브레이크 페달을 밟고 내려간다.
② 시동을 끄고 브레이크 페달을 밟고 내려간다.
③ 엔진 브레이크를 사용한다.
④ 클러치를 끊고 브레이크 페달을 계속 밟고 속도를 조정하며 내려간다.

해설 베이퍼 록(vapor lock)은 브레이크 회로 내의 오일이 비등하여 오일의 압력 전달 작용을 방해하는 현상을 말한다. 이는 브레이크 드럼과 라이닝의 마찰에 의해 가열이 일어나거나 브레이크 오일 열화, 오일 불량 등의 원인에 의해 일어난다.
베이퍼 록을 방지하려면 내리막길에서 엔진 브레이크를 적절히 사용하는 것이 좋다.

52 **방향 제어밸브에 대한 설명으로 옳은 것은?**

① 유압을 일정하게 조절하여 일의 크기를 결정한다.
② 유체의 흐르는 방향을 제어한다.
③ 작동체의 속도를 바꾸어 준다.
④ 유압 장치의 과부하를 방지한다.

해설 ①, ④ 압력 제어밸브, ③ 유량 제어밸브
유압의 제어방법
• 압력제어 : 일의 크기 제어
• 방향제어 : 일의 방향 제어
• 유량제어 : 일의 속도 제어

53 **다음 중 안전의 제일 이념에 해당하는 것은?**

① 재산 보호 ② 품질 향상
③ 인명 보호 ④ 생산성 향상

해설 안전의 목적에 있어서 사람의 생명이 가장 우선되는 것은 당연한 것이다.

★★
54 **건설기계 등록자가 다른 시 · 도로 변경되었을 경우 해야 할 사항은?**

① 등록사항 변경신고를 하여야 한다.
② 등록이전 신고를 하여야 한다.
③ 등록증을 당해 등록처에 제출한다.
④ 등록증과 검사증을 등록처에 제출한다.

해설 건설기계의 소유자는 등록한 주소지 또는 사용본거지가 변경된 경우(시 · 도 간의 변경이 있는 경우에 한함)에는 건설기계등록이전신고서를 새로운 등록지를 관할하는 시 · 도지사에게 제출하여야 한다(건설기계관리법 시행령 제6조).

55 **유압회로에서 유량제어를 통하여 작업속도를 조절하는 방식에 속하지 않는 것은?**

① 미터 인(meter in) 방식
② 블리드 온(bleed on) 방식
③ 미터 아웃(meter out) 방식
④ 블리드 오프(bleed off) 방식

해설 유압회로에서 속도 제어회로에는 미터 인(meter in circuit), 미터 아웃 회로(meter out circuit), 블리드 오프 회로(bleed off circuit) 등이 있다.

★★★
56 **고의로 경상 2명의 인명피해를 입힌 건설기계조종사에 대한 처분 기준은?**

① 면허효력정지 5일 ② 면허효력정지 15일
③ 면허효력정지 45일 ④ 면허 취소

해설 건설기계 조종 중 고의로 사망 · 중상 · 경상 등의 인명피해를 입힌 경우에는 면허 취소이다.

57 **렌치 작업 시 주의사항으로 옳지 않은 것은?**

① 볼트, 너트에 맞는 것을 사용하여 작업을 한다.
② 당기면서 하는 것보다 밀어서 작업을 한다.
③ 자루에 파이프 등을 끼워서 사용해서는 안 된다.
④ 해머 대신에 사용하거나 해머로 두드리면 안 된다.

해설 렌치나 스패너는 항상 당기면서 작업해야 안전하다. 밀면서 작업할 경우에는 너트나 볼트가 갑자기 느슨해졌을 때 순간적인 힘을 제어하기 어려워 손등을 주변에 부딪치는 사고가 발생할 수 있다.

58 **호이스트형 유압호스 연결부분에 가장 많이 사용하는 방식은?**

① 니플 방식 ② 소켓 방식
③ 엘보 방식 ④ 유니언 방식

해설 유니온 조인트(Union joint)는 관과 관을 접속할 때 흔히 쓰이는 관 이음쇠의 일종으로 호이스트형 유압호스 연결부에 가장 많이 사용을 한다.

★
59 **벨트를 풀리에 걸 때 올바른 방법은?**

① 저속 회전 중 ② 중속 회전 중
③ 회전 정지 중 ④ 고속 회전 중

해설 벨트를 풀리에 걸 때는 완전히 회전이 정지된 상태에서 하는 것이 철칙이다. 회전운동이 있는 동안은 속도 크기에 상관없이 안전사고가 발생할 수 있다.

60 **유압 · 공기압 도면기호에서 다음의 기호표시는?**

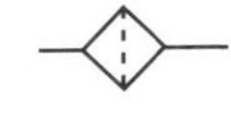

① 필터 ② 체크 밸브
③ 축압기 ④ 압력계

체크 밸브	축압기	압력계

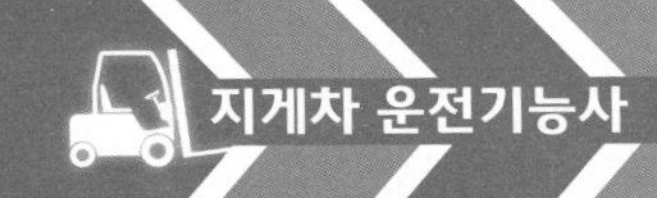

2023 제2회 기출분석문제

01 다음 중 기관오일의 여과 방식이 아닌 것은?

① 자력식　② 분류식
③ 전류식　④ 샨트식

해설 ② 분류식 : 오일펌프에서 나온 오일의 일부만 여과하여 오일팬으로 보내고 나머지는 그대로 윤활 부분에 전달하는 방식
③ 전류식 : 오일펌프에서 나온 오일 전부를 여과기를 거쳐 여과한 후 윤활 부분으로 전달하는 방식
④ 샨트식 : 오일펌프에서 나온 오일의 일부만 여과하고 나머지 여과되지 않은 오일과 합쳐져서 공급되는 방식

★★★
02 지게차의 조종레버로 포크로 물건을 올리고 내리는 데 사용하는 것은?

① 사이드 레버　② 리프크 레버
③ 틸트 레버　④ 변속 레버

해설 지게차의 포크는 리프트 레버와 틸트 레버를 사용해서 움직일 수 있다. 리트트 레버는 포크를 올리고 내리는 데 사용하며, 틸트 레버는 포크를 앞뒤로 기울이는 데 사용을 한다.

03 다음의 안전보건표지에 해당하는 것은?

① 출입금지　② 보행금지
③ 사용금지　④ 탑승금지

해설 보행을 금지하는 표지이다.

출입금지　사용금지　탑승금지

★★★★
04 지게차의 앞바퀴 정렬과 거리가 먼 것은?

① 캠버　② 토인
③ 부스터　④ 캐스터

해설 부스터는 공기압, 유압, 전압 등을 가압하여 승압시키거나 증폭·확대하는 장치이다. 엔진의 터보차저, 제동장치의 배력장치, 점화장치의 점화코일 등이 해당된다.
① 캠버 : 앞에서 보면 그 앞바퀴가 수직선에 대해 어떤 각도를 두고 설치되어 있는 것
② 토인 : 앞바퀴를 위에서 내려다보면 바퀴 중심선 사이의 거리가 앞쪽이 뒤쪽보다 약간 좁게 되어 있는 것
④ 캐스터 : 앞바퀴를 옆에서 보면 조향너클과 앞차축을 고정하는 킹핀이 수직선과 어떤 각도를 두고 설치되는 것

05 12V 축전지에 3Ω, 4Ω, 5Ω 저항을 직렬로 연결하였을 때 회로내에 흐르는 전류는?

① 1A　② 2A
③ 3A　④ 4A

해설 전류(I) = $\frac{\text{전압(V)}}{\text{저항(R)}}$이므로 $\frac{12}{3+4+5}$ =1(A)이다.

06 편도 2차로 일반도로에서 건설기계가 통행해야 하는 차로는?

① 2차로　② 1차로
③ 갓길　④ 통행불가

해설 일반도로 편도 2차로에서 건설기계는 오른쪽 차로(2차로)로 통행할 수 있다.

★★★
07 유압펌프의 종류가 아닌 것은?

① 포막 펌프　② 기어 펌프
③ 베인 펌프　④ 플런저 펌프

해설 유압펌프는 기관이나 전동기의 기계적 에너지를 받아 유압에너지로 변환시키는 장치이다. 기어 펌프, 베인 펌프, 플런저 펌프 등이 있다.

★
08 건설기계조종사의 면허취소 사유가 아닌 것은?

① 건설기계 조종 중 고의로 1명에게 경상의 피해를 입혔다.
② 건강 문제로 2년동안 휴식으로 건설기계를 조종하지 않았다.
③ 건설기계조종사 면허의 효력정지기간 중 건설기계를 조종하였다.
④ 건설기계조종사 면허증을 다른 사람에게 빌려 주었다.

해설 건설기계조종사가 개인의 건강 문제로 인하여 2년 동안 휴식을 목적으로 건설기계를 조종하지 않은 경우는 건설기계조종사 면허취소 사유와 관계가 없다.

★★
09 클러치 구비조건으로 옳지 않은 것은?

① 회전부분의 평형이 좋을 것
② 장비가 단순하고 조작이 쉬울 것
③ 방열이 잘 되어 과열되지 않을 것
④ 회전 관성이 클 것

해설 클러치의 회전 관성이 클 경우, 동력 연결 시 충격이 크게 발생한다.

정답 01.① 02.② 03.② 04.③ 05.① 06.① 07.① 08.② 09.④

10 작업복에 대한 설명으로 가장 거리가 먼 것은?

① 작업의 용도에 적합해야 한다.
② 작업에 따라 보호구 등을 착용할 수 있어야 한다.
③ 작업자의 몸에 꼭 맞도록 해야 한다.
④ 단추가 많지 않고, 소매가 단정해야 한다.

해설 작업복은 작업자의 몸에 알맞고, 동작이 편해야 한다.

11 다음 중 착화성 지수를 나타내는 것은?

① 세탄가 ② 수막지수
③ 점도지수 ④ 옥탄가

해설 연료의 착화성은 연소실 내에 분사된 연료가 착화할 때까지의 시간으로 표시되며, 이 시간이 짧을수록 착화성이 좋다고 한다. 착화성을 정량적으로 표시하는 것으로 세탄가, 디젤지수, 임계 압축비 등이 있다.

★★★
12 지게차 운행 중 점검할 수 있는 사항과 가장 거리가 먼 것은?

① 연료량 ② 윤활유
③ 냉각수 ④ 배터리

해설 지게차의 계기판에서 연료량 경고등, 충전 경고등, 냉각수 온도 경고등을 통하여 현재의 상태를 점검할 수 있다.

★★
13 좌회전을 하기 위하여 교차로에 진입되었을 때 황색 등화로 바뀌면 어떻게 해야 하는가?

① 그 자리에 정지하여야 한다.
② 정지하여 정지선까지 후진한다.
③ 신속히 좌회전하여 교차로 밖으로 진행한다.
④ 좌회전을 중단하고 횡단보도 앞 정지선까지 후진하여야 한다.

해설 차마는 황색 등화의 경우 정지선이 있거나 횡단보도가 있을 때에는 그 직전이나 교차로의 직전에 정지하여야 하며 이미 교차로에 차마의 일부라도 진입한 경우에는 신속히 교차로 밖으로 진행하여야 한다.

14 건설기계의 브레이크 장치 구비조건으로 옳지 않은 것은?

① 제동효과가 확실해야 한다.
② 신뢰성 · 내구성이 커야 한다.
③ 점검과 정비가 쉬워야 한다.
④ 큰 힘으로 작동되어야 한다.

해설 브레이크는 조작이 간단하고 작은 힘으로도 작동될 수 있어야 한다. 제동 작용이 확실하고 점검 · 조정이 쉬워야 하며 운전자에게 피로감을 주지 않아야 한다.

★
15 보안경을 사용해야 하는 작업장과 가장 거리가 먼 것은?

① 장비 밑에서 하는 정비 작업장
② 철분, 모래 등이 날리는 작업장
③ 공기가 부족한 작업장
④ 전기용접 및 가스용접 작업장

해설 보안경은 낙하하거나 날아오는 물체에 의한 위험 또는 위험물, 유해 광선에 의한 시력 장애를 방지하기 위해 사용하는 보호구이다.
③ 공기 부족 시에는 호스 마스크를 사용해야 한다.

16 유압탱크에 대한 설명으로 틀린 것은?

① 적정 유량을 저장하고, 적정 유온을 유지한다.
② 작동유의 기포 발생 방지, 제거 역할을 한다.
③ 유면계가 설치되어 있어 유량을 점검할 수 있다.
④ 계통 내에 필요한 압력을 제어하는 역할을 한다.

해설 회로 내의 오일 압력 제어와 유압 유지 등의 역할은 압력제어밸브를 통해서 이루어진다.

★★
17 건설기계 등록의 말소 사유에 해당하지 않는 것은?

① 건설기계를 폐기한 경우
② 건설기계의 구조를 변경한 경우
③ 건설기계를 수출하는 경우
④ 건설기계의 차대가 등록 시의 차대와 다른 경우

해설 ② 건설기계의 구조 변경은 등록 말소 사유에 해당하지 않는다. 건설기계의 길이 · 너비 · 높이 등의 변경, 조종장치의 형식 변경, 수상작업용 건설기계 선체의 형식 변경 등이 구조 변경 범위에 속한다.

18 축전지의 용량 단위로 맞는 것은?

① Ah ② N
③ KW ④ lb

해설 N(Newton)은 힘, W(Watt)는 전력 · 유효전력(소비전력), lb(파운더, pound)는 중량을 의미한다.

★★★★
19 사이드 포크형 지게차의 전경각은 몇 도 이하인가?

① 6° ② 20°
③ 5° ④ 10°

해설 마스트의 전경각 및 후경각
- 사이드 포크형 지게차의 전경각 및 후경각은 각각 5° 이하일 것
- 카운터밸런스 지게차의 전경각은 6° 이하, 후경각은 12° 이하일 것

20 드릴 작업의 안전수칙으로 옳지 않은 것은?

① 장갑을 끼고 작업하지 않는다.
② 드릴을 끼운 뒤 척 렌치는 빼두도록 한다.
③ 구멍을 뚫을 때 일감은 손으로 잡아 단단하게 고정시킨다.
④ 칩을 제거할 때에는 회전을 중지한 상태에서 솔로 제거한다.

해설 일감을 손으로 잡고 구멍을 뚫는 것은 안전사고의 위험이 있다.

★★★★
21 오일탱크의 구성품이 아닌 것은?

① 스트레이너 ② 배플
③ 릴리프 밸브 ④ 드레인 플러그

해설 오일탱크는 작동유의 적정 유량을 저장하고, 적정 유온을 유지하며 작동유의 기포 발생 및 제거 역할을 한다. 주입구, 흡입구와 리턴구, 유면계, 배플 플레이트, 스트레이너, 드레인플러그 등의 부속장치가 있다.

정답 10.③ 11.① 12.② 13.③ 14.④ 15.③ 16.④ 17.② 18.① 19.③ 20.③ 21.③

★★★

22 유압장치에서 불순물을 제거하기 위해 사용하는 부품으로 옳은 것은?

① 어큐뮬레이터 ② 배플
③ 스트레이너 ④ 드레인 플러그

해설 스트레이너는 유체에서 고체물질을 걸러내는 부품으로 여과를 담당한다.

23 교차로에서 왼쪽으로 좌회전하는 방법으로 가장 적절한 것은?

① 운전자 편리한 대로 운전한다.
② 교차로 중심 바깥쪽으로 서행한다.
③ 교차로 중심 안쪽으로 서행한다.
④ 앞차의 주행방향으로 따라가면 된다.

해설 모든 차의 운전자는 교차로에서 좌회전을 하려는 경우에는 미리 도로의 중앙선을 따라 서행하면서 교차로의 중심 안쪽을 이용하여 좌회전하여야 한다. 다만 시 · 도경찰청장이 교차로의 상황에 따라 특히 필요하다고 인정하여 지정한 곳에서는 교차로의 중심 바깥쪽을 통과할 수 있다(도로교통법 제25조).

★

24 다음 괄호 안에 들어갈 알맞은 말은?

> 일반적으로 건설기계에 설치되는 좌 · 우 전조등은 (　　)로 연결된 복선식 구성이다.

① 직렬 ② 병렬
③ 직렬 후 병렬 ④ 병렬 후 직렬

해설 일반적으로 건설기계 전조등은 병렬로 연결된 복선식 구성으로 좌 · 우에 1개씩 설치되어 있다.

★★★★

25 유압장치의 기호 회로도에 사용되는 유압기호의 표시방법으로 적합하지 않은 것은?

① 기호에는 흐름의 방향을 표시한다.
② 각 기기의 기호는 정상상태 또는 중립상태를 표시한다.
③ 기호는 반드시 회전하여서는 안 된다.
④ 기호에는 각 기기의 구조나 작용 압력을 표시하지 않는다.

해설 유압기호의 표시방법
- 기호에는 흐름의 방향을 표시한다.
- 각 기기의 기호는 정상상태 또는 중립상태를 표시한다.
- 오해의 위험이 없을 때는 기호를 뒤집거나 회전할 수 있다.
- 기호에는 각 기기의 구조나 작용 압력을 표시하지 않는다.
- 기호가 없어도 정확히 이해할 수 있을 때는 드레인 관로는 생략할 수 있다.

26 동력전달장치 계통에서 지켜야 할 안전수칙으로 틀린 것은?

① 기어가 회전하고 있는 곳은 뚜껑으로 잘 덮어 위험을 방지한다.
② 회전하고 있는 벨트나 기어에 불필요한 접근을 금한다.
③ 천천히 회전하는 풀리에는 손으로 벨트를 잡아 걸을 수 있다.
④ 동력절단기를 사용할 때는 안전방호장치를 장착하고 작업을 한다.

해설 벨트를 풀리에 걸때는 완전히 회전이 정지된 상태에서 하는 것이 원칙이다. 회전운동이 있는 동안은 속도 크기에 상관없이 안전사고가 발생할 수 있다.

27 지게차에서 자동차와 달리 스프링 사용하지 않는 이유로 옳은 것은?

① 롤링시 적하물이 낙하할 수 있기 때문이다.
② 앞차축이 구동축이기 때문이다.
③ 현가장치가 있으면 조향이 어렵기 때문이다.
④ 조종수가 정밀한 작업을 수행할 수 있기 때문이다.

해설 지게차에서 자동차와 같이 스프링을 사용하게 되면 작업 시 롤링이 생겨 적하물이 떨어질 수 있기 때문이다.

★★

28 건설기계의 구조변경이 가능한 것은?

① 원동기 및 전동기의 형식변경
② 건설기계의 기종변경
③ 적재함의 용량증가를 위한 구조변경
④ 육상작업용 건설기계 규격의 증가

해설 건설기계의 구조변경이 가능한 경우(건설기계관리법 시행규칙 제42조)
- 동력전달장치의 형식변경
- 제동장치, 주행장치, 유압장치, 조종장치, 조향장치, 작업장치의 형식변경
- 건설기계의 길이 · 너비 · 높이 등의 변경
- 수상작업용 건설기계의 선체의 형식변경
- 타워크레인 설치기초 및 전기장치의 형식변경

29 디젤기관에서 연소실 내의 공기를 가열하여 가동이 쉽도록 하는 장치는?

① 예열장치 ② 연료장치
③ 점화장치 ④ 감압장치

해설 디젤기관은 압축착화방식이므로 한랭상태에서는 경유가 잘 착화하지 못해 시동이 어려울 수 있기 때문에 예열장치가 흡입 다기관이나 연소실 내의 공기를 미리 가열하여 기동이 쉽도록 한다.

★★★

30 지게차 점검 중 그리스(윤활유)를 칠하지 않는 부분은?

① 틸트 실린더 ② 마스트 실린더
③ 조종 핸들과 레버 ④ 스티어링 액슬

해설 지게차에는 유압을 사용해서 큰 힘을 낼수 있게 해주는 부품인 실린더가 각 장치마다 있다. 또한, 뒷바퀴로 조향을 하기 때문에 조향과 관련된 부분에도 실린더가 있어 이러한 곳에 그리스를 주입해야 한다.

31 작업자의 신체부위가 위험한계로 들어오게 되면 이를 감지하여 작동 중인 기계를 즉시 정지키거나 스위치가 꺼지도록 하는 기능을 가진 것은?

① 위치제한형 방호장치 ② 접근반응형 방호장치
③ 포집형 방호장치 ④ 격리형 방호장치

해설 ① 위치제한형 방호장치 : 조작자의 신체부위가 위험한계 밖에 있도록 기계의 조작장치를 위험구역에서 일정거리 이상 떨어지게 한 방호장치
③ 포집형 방호장치 : 위험장소에 설치하여 위험원이 비산하거나 튀는 것을 방지하는 등 작업자로부터 위험원을 차단하는 방호장치
④ 격리형 방호장치 : 작업자가 작업점에 접촉되어 재해를 당하지 않도록 기계설비 외부에 차단벽이나 방호망을 설치하는 것으로 작업장에서 가장 많이 사용하는 방식

정답 22.③ 23.③ 24.② 25.③ 26.③ 27.① 28.① 29.① 30.③ 31.②

32 지게차의 포크를 앞뒤로 기울이는 데 사용하는 조종레버는?

① 전후진 레버 ② 틸트 레버
③ 변속 레버 ④ 리프트 레버

해설 틸트 레버를 밀으면 포크가 앞으로 기울어지고, 당기면 포크가 뒤로 기울어진다.

★★★
33 도로교통법상 횡단보도로부터 주 · 정차가 금지된 거리는 몇 m 이내인가?

① 5m ② 10m
③ 15m ④ 20m

해설 모든 차의 운전자는 건널목의 가장자리 또는 횡단보도로부터 10m 이내인 곳에서는 차를 정차하거나 주차하여서는 아니 된다(도로교통법 제32조).

★★
34 디젤기관에 과급기를 부착하는 주된 목적은?

① 배기의 정화 ② 냉각효율의 증대
③ 출력의 증대 ④ 윤활성의 증대

해설 과급기는 흡기 다기관을 통해 각 실린더의 흡입 밸브가 열릴 때마다 신선한 공기가 다량으로 들어갈 수 있도록 해주는 장치이다. 과급기의 부착으로 실린더의 흡입 효율이 좋아져 출력이 증대된다.

35 지게차의 운전 요령으로 틀린 것은?

① 방향을 바꿀 때는 완전 정지 또는 저속으로 운전한다.
② 내리막길에서는 브레이크를 밟으면서 서서히 내려온다.
③ 화물이 커서 시야를 가릴 때 후진으로 내려오면 안된다.
④ 경사지를 오를 때는 화물이 언덕 위로 향하도록 한다.

해설 화물이 커서 시야를 가릴 경우에는 후진으로 주행을 한다.

36 스패너 사용 시의 주의사항으로 틀린 것은?

① 스패너 손잡이에 파이프를 이어서 사용해서는 안 된다.
② 스패너의 입이 너트의 치수에 맞는 것을 사용해야 한다.
③ 스패너는 당기지 말고 밀어서 사용해야 한다.
④ 스패너와 너트 사이에 쐐기를 끼워서 사용해서는 안 된다.

해설 스패나 작업 시 너트에 스패너를 깊이 물리도록 하여 조금씩 앞으로 당기는 식으로 풀고 조이도록 해야 한다.

★★★
37 유압모터에서 소음과 진동이 발생할 때의 원인이 아닌 것은?

① 내부 부품의 파손
② 체결 볼트의 이완
③ 작동유 속에 공기의 혼입
④ 펌프의 최고 회전속도 저하

해설 유압모터가 정상적으로 작동하는 상태에서 펌프의 회전속도는 소음과 진동이 발생하는 원인과 관계가 없다.

★★
38 건설기계정비업의 범위에서 제외되는 행위가 아닌 것은?

① 오일의 보충
② 브레이크 부품 교체
③ 휠터의 교환
④ 전구의 교환

해설 건설기계정비업의 범위에서 제외되는 행위(건설기계관리법 시행규칙 제1조의2)
1. 오일의 보충
2. 에어클리너엘리먼트 및 휠터류의 교환
3. 배터리 · 전구의 교환
4. 타이어의 점검 · 정비 및 트랙의 장력 조정
5. 창유리의 교환

39 디젤기관에서 부조 발생의 원인이 아닌 것은?

① 발전기 고장
② 거버너 작용 불량
③ 분사시기 조정 불량
④ 연료의 압송 불량

해설 연료라인에 공기가 혼입되면 연료가 불규칙하게 공급되어 부조가 발생한다.
① 발전기는 축전지 충전장치이다.

40 지게차가 주행 중 핸들이 흔들리는 이유와 거리가 먼 것은?

① 노면에 요철이 있을 때
② 휠이 휘었을 때
③ 타이어 밸런스가 맞지 않았을 때
④ 포크가 휘어졌을 때

해설 주행 중 핸들이 떨리는 것은 조향장치의 이상이 주원인이다.

★
41 기계장치에 대한 안전사항으로 사고 발생 원인과 거리가 먼 것은?

① 적합한 공구를 사용하지 않을 때
② 안전장치 및 보호장치가 잘 되어 있지 않을 때
③ 정리 정돈 및 조명장치가 잘 되어 있지 않을 때
④ 기계장치가 너무 넓은 장소에 설치되어 있을 때

해설 기계 및 기계장치 사고의 일반적 원인

인적 원인		물적 원인	
• 교육적 결함	• 작업자의 능력 부족	• 환경 불량	• 기계시설의 위험
• 규율 부족	• 불안전 동작	• 구조의 불안전	• 보호구의 부적합
• 정신적 결함	• 육체적 결함	• 기기의 결함	

42 2줄 걸이로 화물을 인양할 때 각도가 커질 때 걸리는 장력은?

① 장소에 따라 달라진다.
② 증가한다.
③ 관계없다.
④ 감소한다.

해설 각도가 커지면 커질수록 장력이 커진다.

정답 32.② 33.② 34.③ 35.③ 36.③ 37.④ 38.② 39.① 40.④ 41.④ 42.②

★★
43 건설기계조종사의 적성검사 기준에 적합하지 않은 것은?

① 두 눈의 시력이 각각 0.5 이상일 것
② 시야각은 150° 이상일 것
③ 언어분별력이 80% 이상일 것
④ 55db(보청기를 사용하는 사람은 40db)의 소리를 들을 수 있을 것

해설 두 눈을 동시에 뜨고 잰 시력(교정시력 포함)이 0.7 이상이고 두 눈의 시력이 각각 0.3 이상일 것. 그밖에 정신질환자 또는 뇌전증환자, 마약 · 대마 · 향정신성의 약품 또는 알코올 중독자가 아닐 것 등이다.

★★
44 지게차에 짐을 싣고 창고 등을 출입할 시의 주의사항으로 틀린 것은?

① 짐이 출입구 높이에 닿지 않도록 한다.
② 손이나 발을 차체 밖으로 내밀지 않는다.
③ 주변의 장애물 상태를 확인하고 나서 출입한다.
④ 출입구의 폭과 차폭을 고려하지 않는다.

해설 출입구의 폭과 차폭을 확인하여 통행 시에 부딪히지 않도록 해야 한다.

45 라디에이터 압력식 캡의 사용 목적으로 옳은 것은?

① 엔진온도를 높인다.
② 공기밸브를 작동하게 한다.
③ 냉각수의 비등점을 높인다.
④ 물재킷을 열어준다.

해설 라디에이터 압력식 캡은 냉각수 주입구 뚜껑으로 냉각장치 내의 비등점을 높이고 냉각 범위를 넓히기 위함으로 압력이 낮을 때 압력밸브와 진공밸브는 스프링의 장력으로 각각 시트에 밀착되어 냉각장치 기밀을 유지하게 한다.

★★★
46 유압실린더 등이 중력에 의한 자유낙하를 방지하기 위해 배압을 유지하는 압력제어밸브는?

① 릴리프밸브 ② 감압밸브
③ 카운터 밸런스밸브 ④ 시퀀스밸브

해설 카운터 밸런스밸브는 유압회로 내의 오일 압력을 제어하는 압력제어밸브의 일종으로, 윈치나 유압실린더 등의 자유낙하를 방지하기 위하여 배압을 유지하는 제어밸브이다.

47 건설기계의 겨울철 주행 요령으로 옳지 않은 것은?

① 빙판길에서는 신속히 통과를 한다.
② 출발은 부드럽게 천천히 한다.
③ 주행 시 충분한 차간거리를 확보한다.
④ 다른 차량과 나란히 주행하지 않는다.

해설 겨울철 노면이 얼어붙은 경우에는 최고속도의 50/100 감속하여 안전 운행을 해야 한다.

48 여러 사람이 물건을 공동으로 운반할 때의 안전사항과 거리가 먼 것은?

① 명령과 지시는 한 사람이 한다.
② 최소한 한 손으로는 물건을 받친다.
③ 앞사람에게 적게 부하가 걸리도록 한다.
④ 긴 화물은 같은 쪽의 어깨에 올려서 운반한다.

해설 여러 사람이 물건을 운반할 때에는 통일된 동작을 위해 한 사람만이 지시를 내려야 하고, 모든 사람이 동일한 부하를 담당해야 한다. 또한 두 손을 모두 한 방향을 잡는 데 쓰지 않고 최소한 한 손은 물건을 받치는 데 써야 한다.

★★★★★
49 지게차 운전 종사자 준수사항으로 틀린 것은?

① 기관 시동 전 유압유의 유량과 상태를 점검한다.
② 시동 후 각종 레버와 페달의 작동 상태를 점검한다.
③ 운전 중 경고등이 점등하면 즉시 정차 후 점검한다.
④ 운전을 마친 다음에는 시동을 끄고 키는 꽂아 놓는다.

해설 지게차 운행 종료 이후에는 반드시 키를 빼서 지정된 보관 장소에 둔다.

★★
50 직류발전기에 비교하여 교류발전기의 장점이 아닌 것은?

① 소형이며 경량이다.
② 브러시의 수명이 길다.
③ 전류조정기만 있으면 된다.
④ 저속 시에도 충전이 가능하다.

해설 **교류발전기의 장점**
- 소형이며 경량이다.
- 브러시의 수명이 길다.
- 전압조정기만 있으면 된다.
- 저속 시에도 충전이 가능하다.
- 출력이 크고 고속회전에 잘 견딘다.

51 틸트 레버를 운전수 몸 쪽으로 당기면 지게차는 어떻게 작동하는가?

① 포크의 경사각이 아래로 내려간다.
② 포크의 경사각이 위로 올라간다.
③ 포크가 아래로 내려간다.
④ 포크가 위로 올라간다.

해설 틸트 레버는 포크의 경사를 조절하여 적재물이 떨어지지 않게 하는 레버이다. 앞으로 밀면 포크의 경사각이 바깥쪽(아래로)으로 향하고, 뒤로 잡아당기면 경사각이 안쪽(위로)으로 향한다. 그리고 리프트 레버는 앞으로 밀면 포크가 아래로 내려가고, 뒤로 잡아 당기면 포크가 위로 올라가게 된다.

정답 43.① 44.④ 45.③ 46.③ 47.① 48.③ 49.④ 50.③ 51.②

★★
52 다음 도로명판(Jong-ro 200m)에 대한 설명으로 옳은 것은?

① 현위치는 종로 도로 끝점이 200m에 있음
② 현위치는 종로 200m 전방에 교차로 있음
③ 현위치에서 200m 전방에 종로가 있음
④ 현위치에서 우측으로 200m 우회전하면 종로

해설 예고용 도로명판이다.

53 지게차 중 특수건설기계에 해당하는 것은?

① 리치지게차
② 전동식 지게차
③ 트럭지게차
④ 텔레스코픽 지게차

해설 트럭지게차 : 운전석이 있는 주행차대에 별도의 조종석을 포함한 들어올림 장치를 가진 차이다.

★
54 지게차의 타이어 트레드에 대한 설명으로 옳지 않은 것은?

① 트레드가 마모되면 열의 발산이 불량하게 된다.
② 타이어의 공기압이 높으면 트레드의 양단부보다 중앙부의 마모가 크다.
③ 트레드가 마모되면 지면과 접촉 면적이 크게 됨으로써 마찰력이 증대되어 제동성능은 좋아진다.
④ 트레드가 마모되면 구동력과 선회능력이 저하된다.

해설 트레드가 마모되면 타이어 마찰을 증대시켜 주던 요철부분이 없어지게 되므로 미끄러질 위험이 많아지게 되어 제동성능이 떨어진다.

★★★
55 액추에이터의 의미로 맞는 것은?

① 유체에너지 생성
② 유체에너지 축적
③ 유체에너지를 기계적 에너지로 전환
④ 유체에너지를 전기적 에너지로 전환

해설 액추에이터는 유체에너지를 이용하여 기계적인 작업을 하는 기기를 말한다.

56 중량물을 들어 올리거나 내릴 때 손이나 발이 중량물과 지면 등에 끼어 발생하는 재해는?

① 낙하 ② 협착
③ 충돌 ④ 전도

해설 낙하는 떨어지는 물체에 맞는 경우, 충돌은 사람이나 장비가 정지한 물체에 부딪히는 경우, 전도는 사람이나 장비가 넘어지는 경우를 말한다.

★★
57 깨지기 쉬운 화물이나 불완전한 화물의 낙하를 방지하기 위하여 포크 상단에 상하 작동할 수 있는 압력판을 부착한 지게차는?

① 하이 마스트
② 로드 스태빌라이저
③ 사이드 시프트 마스트
④ 3단 마스트

해설 로드 스태빌라이저란 평탄하지 않은 노면이나 경사지 등에서 깨지기 쉬운 화물이나 불완전한 화물의 낙하 방지를 위해 포크 상단에 상하로 작동 가능한 압력판을 부착한 것이다.

58 건설기계 조종 중 고의로 인명피해를 입힌 경우 처분으로 옳은 것은?

① 면허효력정지 30일
② 면허효력정지 15일
③ 면허취소
④ 면허효력정지 60일

해설 건설기계 조종 중 고의로 사망 · 중상 · 경상 등 인명피해를 입힌 경우에는 면허취소이다.

★★★★
59 지게차의 일상 점검사항이 아닌 것은?

① 타이어 손상 및 공기압 점검
② 틸트 실린더의 오일 누유 상태
③ 토크 컨버터의 오일 점검
④ 작동유의 양

해설 토크 컨버터는 유체클러치에서 오일에 의해 엔진의 동력을 변속기로 전달하는 장치이다. 특수 정비사항에 해당한다.

60 유압제어밸브에 해당하지 않은 것은?

① 교축 밸브
② 릴리프 밸브
③ 카운터밸런스 밸브
④ 시퀀스 밸브

해설 교축 밸브(스로틀밸브)는 유량제어밸브로서 내부의 스로틀밸브가 움직여져 유도면적을 바꿈으로써 유량이 조정되는 밸브이다.
② 릴리프 밸브 : 회로 압력을 일정하게 하거나 최고압력을 규제해서 각부 기기를 보호한다.
③ 카운터밸런스 밸브 : 배압을 유지하는 제어밸브이다.
④ 시퀀스 밸브 : 2개 이상의 분기회로를 갖는 회로 내에서 작동순서를 회로의 압력 등에 의해 제어하는 밸브이다.

정답 52.③ 53.③ 54.③ 55.③ 56.② 57.② 58.③ 59.③ 60.①

2023 제1회 기출분석문제

★★
01 다음 중 '안전거리'에 대한 정의로 옳은 것은?

① 위험을 발견하고 브레이크가 작동되어 차량이 정지할 때까지의 거리
② 앞차가 갑자기 정지하게 될 경우 그 앞차와의 추돌을 방지하기 위해 필요한 거리
③ 옆 차로의 차량이 끼어들기를 했을 때 충돌을 피할 수 있는 거리
④ 위험을 발견하고 브레이크 페달을 밟아 브레이크가 작동하는 순간 까지의 거리

해설 ① 제동거리
④ 공주거리

02 다음 중 경유를 연료로 하는 기관은?

① 디젤기관　② 랭킨기관
③ 재열 · 재생기관　④ 가솔린기관

해설 디젤기관은 경유를 연료로 사용한다. 열효율이 높고 출력이 커서 건설기계, 대형 차량, 선박, 농기계의 기관으로 많이 사용되고 있다.

★★★
03 타이어식 건설기계에서 앞바퀴 정렬의 장점과 거리가 먼 것은?

① 브레이크의 수명을 길게 한다.
② 타이어 마모를 최소로 한다.
③ 방향 안정성을 준다.
④ 조향핸들의 조작을 작은 힘으로 쉽게 할 수 있다.

해설 타이어식 건설기계에서 앞바퀴 정렬의 요소는 토인, 캠버, 캐스터, 킹핀 경사각 등으로 브레이크의 수명과는 관련이 없다.

★
04 건설기계를 검사유효기간 만료 후에 계속 운행하고자 할 때는 어느 검사를 받아야 하는가?

① 정기검사　② 계속검사
③ 수시검사　④ 신규등록검사

해설 건설공사용 건설기계로서 3년의 범위에서 국토교통부령으로 정하는 검사유효 기간이 끝난 후에 계속하여 운행하고자 할 때에는 정기검사를 받아야 한다.

05 산업재해의 요인 중 성격이 다른 것은?

① 작업장의 환경 불량　② 시설물의 불량
③ 작업 방법의 불량　④ 공구의 불량

해설 산업재해의 발생 요인은 인적(관리상, 생리적, 심리적) 요인과 환경적 요인으로 나눌 수 있다. ①, ②, ④는 환경적 요인에 해당한다.

06 시동전동기에서 전기자 철심을 여러 층으로 겹쳐서 만드는 이유는?

① 자력선 감소
② 코일 발열 방지
③ 맴돌이 전류 감소
④ 자력선 통과 차단

해설 전기자 철심은 자력선을 원활하게 통과시키고, 맴돌이 전류를 감소시키기 위해 0.35~1.00mm의 얇은 철판을 각각 절연하여 겹쳐 만든다.

★★★★
07 지게차 전면부 마스트 주변을 구성하는 부품이 아닌 것은?

① 포크　② 카운터 웨이트
③ 백레스트　④ 핑거 보드

해설 카운터 웨이트는 지게차의 맨 뒤쪽에 설치되는 평형추로서 화물의 중량으로 인하여 균형이 앞으로 쏠리는 것을 방지하는 역할을 한다.

★★★★
08 유압유의 구비조건으로 틀린 것은?

① 비압축성일 것
② 인화점이 낮을 것
③ 점도지수가 높을 것
④ 방청 및 방식성이 있을 것

해설 **유압 작동유의 구비조건**
- 비압축성일 것
- 내열성이 크고 거품이 적을 것
- 점도지수가 높을 것
- 방청 및 방식성이 있을 것
- 적당한 유동성과 점성이 있을 것
- 온도에 의한 점도 변화 적을 것
- 인화점이 높을 것

09 유체의 에너지를 이용하여 기계적인 일로 변환하는 기기는?

① 유압모터　② 근접 스위치
③ 유압탱크　④ 유압펌프

해설 유압모터는 유압에너지를 이용하여 기계적인 일로 변환하여 연속적으로 회전운동을 시키는 기기이다.

10 지게차의 전경각과 후경각을 조절하는 레버는?

① 리프트 레버　② 틸트 레버
③ 변속 레버　④ 전후진 레버

정답 01.② 02.① 03.① 04.① 05.③ 06.③ 07.② 08.② 09.① 10.②

11 안전보건표지의 지시표지이다. 해당하는 것은?

① 귀마개 착용 ② 보안면 착용
③ 보안경 착용 ④ 안전모 착용

해설 산업안전보건법상 안전보건표지의 종류는 금지표지, 경고표지, 지시표지, 안내표지 등이 있다.

12 클러치 디스크 라이닝의 구비조건으로 틀린 것은?

① 내마멸성, 내열성이 적을 것
② 알맞은 마찰계수를 갖출 것
③ 온도에 의한 변화가 적을 것
④ 내식성이 클 것

해설 클러치 디스크 라이닝(페이싱)은 마모에 강해야 하고, 부식이 잘 되지 않아야 하며 마찰로 인해 발생하는 고열을 잘 견뎌낼 수 있어야 한다.

★★
13 디젤기관의 장점에 대한 설명으로 틀린 것은?

① 연료 소비량이 가솔린기관보다 적다.
② 열효율이 가솔린기관보다 높다.
③ 연료의 인화점이 높아 취급이 용이하다.
④ 운전 중 진동과 소음이 작다.

해설 디젤기관은 가솔린기관에 비해 평균 압력 및 회전속도가 낮으며 운전 중 진동과 소음이 큰 단점이 있다.

★★★
14 다음 중 유량제어밸브에 해당하는 것으로만 묶인 것은?

ㄱ. 리듀싱밸브	ㄴ. 분류밸브
ㄷ. 스로틀밸브	ㄹ. 체크밸브

① ㄱ, ㄴ, ㄹ ② ㄴ, ㄷ
③ ㄴ, ㄷ, ㄹ ④ ㄷ, ㄹ

해설 유량제어밸브는 회로 내에 흐르는 유량을 변화시켜서 액추에이터의 움직이는 속도를 바꾸는 밸브이다. 대표적으로 스로틀밸브(교축밸브), 분류밸브, 압력 보상부 유량제어밸브 등이 있다.
ㄱ. 리듀싱밸브 : 압력제어밸브
ㄹ. 체크밸브 : 방향제어밸브

15 지게차의 체인장력 조정법으로 틀린 것은?

① 좌 · 우 체인이 동시에 평행한가를 확인한다.
② 포크를 지상에서 10~15cm 올린 후 조정한다.
③ 손으로 체인을 눌러 양쪽이 다르면 조정 너트로 조정한다.
④ 체인장력 조정 후에는 로크 너트를 풀어둔다.

해설 체인의 장력을 조정한 후에는 반드시 로크 너트를 고정시켜야 한다.

★
16 시 · 도지사는 정기검사에 불합격된 건설기계의 소유자에게 몇일 이내에 정비명령을 해야하는가?

① 5일 ② 10일
③ 30일 ④ 60일

해설 시 · 도지사는 검사에 불합격된 건설기계에 대해서는 31일 이내의 기간을 정하여 해당 건설기계의 소유자에게 검사를 완료한 날(검사를 대행하게 한 경우에는 검사결과를 보고받은 날)부터 10일 이내에 정비명령을 해야 한다(건설기계관리법 시행규칙 제31조제1항).

★★★★★
17 지게차 주행 시 포크의 높이로 가장 적절한 것은?

① 지면으로부터 20~30cm 정도 높인다.
② 지면으로부터 50~60cm 정도 높인다.
③ 지면으로부터 70~80cm 정도 높인다.
④ 지면으로부터 최대한 높이도록 한다.

해설 지게차의 포크를 높이 들어 올리면 화물을 떨어뜨리는 등의 사고를 유발할 수 있으므로 주행 시 지면으로부터 20~30cm 정도 높이를 유지해야 한다.

18 유압장치에서 작동 및 움직임이 있는 곳의 연결관으로 적합한 것은?

① PVC 호스
② 구리 파이프
③ 플렉시블 호스
④ 납 파이프

해설 유압장치에서 연결관은 움직임이 많은 곳에서 자유롭게 구부러질 수 있는 플렉시블 호스가 이용된다.

19 전동식 지게차 동력전달의 순서로 맞는 것은?

① 축전지 → 구동모터 → 변속기 → 종감속 기어 및 차동장치 → 컨트롤러 → 앞구동축 → 앞바퀴
② 축전지 → 구동모터 → 변속기 → 종감속 기어 및 차동장치 → 컨트롤러 → 뒤구동축 → 뒷바퀴
③ 축전지 → 컨트롤러 → 구동모터 → 변속기 → 종감속 기어 및 차동장치 → 앞구동축 → 앞바퀴
④ 축전지 → 컨트롤러 → 구동모터 → 변속기 → 종감속 기어 및 차동장치 → 뒤구동축 → 뒷바퀴

★★
20 유압펌프 중 플런저 펌프에 대한 설명으로 틀린 것은?

① 가변 용량이 가능하다.
② 가장 고압, 고효율이다.
③ 다른 펌프에 비해 수명이 짧다.
④ 부피가 크고 무게가 많이 나간다.

해설 플런저 펌프의 장단점

장 점	단 점
• 가변 용량 가능 • 가장 고압, 고효율 • 다른 펌프에 비해 수명 길다.	• 흡입 성능 나쁘고, 구조 복잡 • 소음이 큼 • 최고 회전속도 약간 낮음

정답 11.③ 12.① 13.④ 14.② 15.④ 16.② 17.① 18.③ 19.③ 20.③

21 등록전 건설기계의 임시운행 허가 사유에 해당하지 않은 것은?

① 건설기계에 대한 교육을 목적으로 운행하는 경우
② 수출을 하기 위하여 등록말소한 건설기계를 정비의 목적으로 운행하는 경우
③ 수출을 하기 위해 선적지로 운행하는 경우
④ 판매 또는 전시를 위하여 일시적으로 운행하는 경우

해설 건설기계를 교육 · 연구 목적으로 사용하는 경우는 그 소유자의 신청이나 시 · 도지사의 직권으로 등록을 말소할 수 있다(건설기계관리법 제6조).

★★
22 다음에 해당하는 원형등화 신호의 종류로 맞는 것은?

> 차마는 정지선이나 횡단보도가 있을 때에는 그 직진이나 교차로의 직전에 일시정지한 후 다른 교통에 주의하면서 진행할 수 있다.

① 황색의 등화 ② 적색의 등화
③ 황색등화의 점멸 ④ 적색등화의 점멸

23 작업과 안전 보호구의 연결이 잘못된 것은?

① 산소 부족 장소 – 공기 마스크 착용
② 10m 높이에서 작업 – 안전벨트 착용
③ 그라인딩 작업 – 보안경 착용
④ 아크 용접 – 도수없는 투명 보안경

해설 아크 용접을 할 때는 다량의 자외선이 포함된 강한 빛이 발생하기 때문에 눈이 상할 수 있다. 그러므로 헬멧이나 실드를 사용해야 하며 보안경을 선택할 때는 차광 기능이 포함된 것을 사용해야 한다.

24 4행정 사이클기관에서 엔진이 4,000rpm일 때 분사펌프의 회전수는?

① 8,000rpm ② 4,000rpm
③ 1,000rpm ④ 2,000rpm

해설 4행정 사이클기관에서는 엔진이 두 바퀴 돌 동안 한 번의 폭발이 일어난다. 즉, 한 번의 폭발을 위해서는 한 번의 연료 분사가 필요하므로 엔진이 두 바퀴 돌 동안 한 번의 연료 분사가 일어난다.

★★★
25 캐리지에 달려있는 2개의 L자형 작업장치는?

① 포크 ② 리프트 체인
③ 마스트 ④ 카운터 웨이트

해설 지게차의 포크는 핑거 보드에 체결되어 화물을 받쳐 드는 부분으로 L자형으로 2개가 있다.

★
26 건설기계의 조종 중 사고로 경상2명의 인명피해가 발생하였을 경우 처분은?

① 면허효력정지 5일 ② 면허효력정지 10일
③ 면허효력정지 15일 ④ 면허효력정지 45일

해설 경상 1명마다 면허효력정지 5일의 처분을 받는다. 경상 2명의 처분은 면허효력정지 10일이다.
중상 1명마다는 면허효력정지 15일, 사망 1명마다는 면허효력정지 45일의 처분이 적용된다.

27 유압유에 함유된 불순물을 제거하기 위해 설치된 장치는?

① 부스터 ② 여과기
③ 축압기 ④ 냉각기

해설 여과기(오일필터)는 유압유가 순환하는 과정에서 함유하게 되는 수분, 금속 분말, 슬러지 등을 제거한다. 흡입 스트레이너, 고압필터, 저압필터, 자석 스트레이너 등이 있다.

28 옴의 법칙은? (V : 전압, I : 전류, R : 저항)

① R=V × I ② V=I × R
③ I=R × V ④ V=I – R

해설 전류의 세기는 두 점 사이의 전위차에 비례하고, 전기저항에 반비례한다는 법칙이다.
$I=\frac{V}{R}$, $V=IR$, $R=\frac{V}{I}$

★★
29 해머 작업 시의 안전수칙으로 틀린 것은?

① 면장갑을 끼고 강하게 시작하여 점차 약하게 타격한다.
② 작업에 알맞은 무게의 해머를 사용한다.
③ 자루가 불안정한 것은 사용하지 않는다.
④ 열처리된 재료는 해머로 때리지 않도록 주의한다.

해설 해머 작업 시 기름이 묻은 해머는 즉시 닦은 후 작업하고, 면갑을 착용하면 안 된다. 처음에는 약하게 시작하여 점점 강하게 타격을 해야 한다.

★★★★
30 지게차의 조종 레버에 대한 설명으로 틀린 것은?

① 틸팅(tilting) – 짐을 기울일 때 사용
② 로어링(lowering) – 짐을 내릴 때 사용
③ 덤핑(dumping) – 짐을 옮길 때 사용
④ 리프팅(lifting) – 짐을 올릴 때 사용

해설 로어링과 리프팅은 리프트 레버로 포크를 내리거나 올리는 조작이며, 틸팅은 틸트 레버로 마스트를 전경 또는 후경시키는 조작이다.

정답 21.① 22.④ 23.④ 24.④ 25.① 26.② 27.② 28.② 29.① 30.③

31 피스톤의 구비조건이 아닌 것은?

① 고온 · 고압에 잘 견딜 것
② 열팽창률이 적을 것
③ 피스톤의 중량이 클 것
④ 오일의 누출이 없을 것

해설 ③ 피스톤의 무게가 가벼워 관성력이 작아야 한다.

★★★
32 건설기계등록의 말소를 신청하고자 할 때 제출서류가 아닌 것은?

① 건설기계등록증
② 건설기계제작증
③ 건설기계검사증
④ 등록말소 신청사유를 확인할 수 있는 서류

해설 건설기계제작증은 건설기계를 등록할 때 필요한 서류이다.
시 · 도지사가 건설기계의 등록을 말소하는 경우에는 건설기계등록원부의 등록원부등본교부란에 말소에 관한 사항을 기재하고 등록사항변경란을 붉은선으로 지워야 한다(건설기계관리법 시행규칙 제9조제2항).

33 클러치가 전달할 수 있는 토크 용량으로 적합한 것은?

① 1.5~2.5배 정도 ② 2.5~3.5배 정도
③ 3.5~4.5배 정도 ④ 4.5~5.5배 정도

해설 클러치가 전달할 수 있는 토크 용량은 보통 엔진의 최대 토크 보다 1.5~2.5배 정도이다. 용량이 너무 크면 클러치 조작이 어렵고 동력 연결 시 충격으로 인해 엔진이 정지하기 쉬우며 반대로 용량이 너무 작으면 클러치가 미끄러져 동력을 충분히 전달할 수 없다.

★
34 12V 축전지의 구성(셀수)은 어떻게 되는가?

① 약 4V의 셀이 3개로 되어 있다.
② 약 3V의 셀이 4개로 되어 있다.
③ 약 2V의 셀이 6개로 되어 있다.
④ 약 6V의 셀이 2개로 되어 있다.

해설 일반적으로 12V 축전지의 셀은 6개로 구성되어 있다.

35 안전상 면장갑을 착용하고 작업할 경우 위험성이 높은 작업은?

① 용접 작업 ② 판금 작업
③ 줄 작업 ④ 해머 작업

해설 안전상 선반 작업, 드릴 작업, 목공기계 작업, 그라인더 작업 등은 면장갑 착용을 금지한다.

36 가스 누설을 가장 적확하게 알아낼 수 있는 방법으로 가장 적합한 것은?

① 기름을 발라본다. ② 비눗물을 발라본다.
③ 냄새를 맡아본다. ④ 촛불을 대어본다.

해설 가스누설 위험 부위에 비눗물을 칠하면 거품이 발생하게 되어 누설 부위를 확인할 수 있다.

★★★★
37 도로교통법상 서행해야할 장소로 틀린 것은?

① 가파른 비탈길의 내리막
② 도로가 구부러진 부근
③ 다리위를 통행할 때
④ 교통정리를 하고 있지 않는 교차로

해설 서행해야 할 장소
- 도로가 구부러진 부근
- 교통정리를 하고 있지 않는 교차로
- 비탈길의 고갯마루 부근
- 가파른 비탈길의 내리막
- 시 · 도경찰청장이 안전표지로 지정한 곳

38 지게차에서 리프트 실린더의 주된 역할은?

① 포크를 위, 아래로 이동시킨다.
② 포크를 앞 · 뒤로 기울게 한다.
③ 마스트를 틸트시킨다.
④ 마스트를 이동시킨다.

해설 지게차의 작업장치 가운데 리프트 실린더는 포크를 상승 및 하강시키는 역할을 한다.

★★
39 다음 중 유압모터의 장점이 아닌 것은?

① 공기, 먼지 침투에 영향을 받지 않는다.
② 무단 변속이 용이하다.
③ 속도나 방향제어가 용이하다.
④ 소형 · 경량으로서 큰 출력을 낼 수 있다.

해설 유압모터의 장 · 단점

장 점	단 점
• 무단 변속이 용이하다. • 속도나 방향제어가 용이하다. • 소형 · 경량으로서 큰 출력을 낼 수 있다. • 자동 원격조작이 가능하다. • 관성이 작고 소음이 적다.	• 작동유가 인화하기 쉽다. • 공기, 먼지가 침투하면 성능에 영향을 준다. • 작동유의 점도 변화에 의해 유압모터의 사용에 제약이 있다.

★★★★★
40 건설기계 대여사업용 등록번호표 색에 해당하는 것은?

① 녹색 바탕에 흰색문자 ② 적색 바탕에 흰색문자
③ 흰색 바탕에 검은색 문자 ④ 주황색 바탕에 검은색 문자

해설 건설기계 등록번호표 색상이 비사업용(관용/자가용)은 흰색 바탕에 검은색 문자, 대여사업용은 주황색 바탕에 검은색 문자를 기준으로 한다(2022.0525. 개정/2022.11.26.시행).

41 기관에 사용되는 윤활유의 구비조건으로 옳지 않은 것은?

① 온도에 의하여 점도가 변하지 않아야 한다.
② 자연발화점이 높고 기포 발생이 적어야 한다.
③ 인화점이 낮아야 한다.
④ 응고점이 낮아야 한다.

해설 윤활유의 구비조건
- 비중과 점도가 적당하고 청정력이 클 것
- 인화점 및 자연발화점 높고 기포 발생 적을 것
- 응고점이 낮고 열과 산에 대한 저항력 클 것

정답 31.③ 32.② 33.① 34.③ 35.④ 36.② 37.③ 38.① 39.① 40.④ 41.③

★★
42 토크컨버터의 구성요소가 아닌 것은?

① 스테이터 ② 오버러닝 클러치
③ 터빈 ④ 펌프

해설 토크컨버터는 유체클러치를 개량하여 유체클러치보다 회전력의 변화를 크게 한 것이다. 스테이터, 터빈, 펌프는 토크컨버터의 3대 구성요소로 크랭크축에 펌프를, 변속기 입력 축에 터빈을 두고 있으며, 오일의 흐름 방향을 바꿔주는 스테이터가 변속기 케이스에 일방향 클러치를 통해 부착되어 있다.

43 목재, 종이, 석탄 등 재를 남기는 일반 가연물의 화재에 대한 분류로 적합한 것은?

① A급 화재 ② B급 화재
③ C급 화재 ④ D급 화재

해설 화재의 분류 : 일반화재(A급 화재), 유류 화재(B급 화재), 전기 화재(C급 화재), 금속 화재(D급 화재)

44 최고속도의 100분의 50을 줄인 속도로 운행해야 하는 경우가 아닌 것은?

① 노면이 얼어붙은 경우
② 눈이 20mm 이상 쌓인 경우
③ 폭우, 폭설, 안개 등으로 가시거리가 100m 이내인 경우
④ 비가 내려 노면이 젖어 있는 경우

해설 비가 내려 노면이 젖어 있는 경우와 눈이 20mm 미만 쌓인 경우는 최고속도의 100분의 20을 줄인 속도로 운행해야 한다(도로교통법 시행규칙 제19조제2항)

★★★
45 둥근목재, 파이프 등의 화물을 운반 및 적재하는 데 적합한 장치는?

① 로드 스태빌라이저
② 힌지 버킷
③ 힌지 포크
④ 로테이팅 클램프

해설 ① 로드 스태빌라이저 : 포크 상단에 상하로 작동 가능한 압력판을 부착하여 안전하게 화물을 운반 적재할 수 있다.
② 힌지 버킷 : 석탄, 소금, 비료, 모래 등 흘러내리기 쉬운 화물의 운반용이다.
④ 로테이팅 클램프 : 원추형의 화물을 좌우로 조이거나 회전시켜 운반하고 적재하는데 이용한다.

46 디젤기관에서 감압장치의 기능으로 가장 적절한 것은?

① 크랭크축을 느리게 회전시킬 수 있다.
② 타이밍 기어를 원활하게 회전시킬 수 있다.
③ 캠축을 원활히 회전시킬 수 있는 장치이다.
④ 밸브를 열어주어 가볍게 회전시킨다.

해설 감압장치는 기관을 시동할 때 감압시켜 시동전동기에 무리가 가는 것을 방지하고, 기관 등의 고장을 점검하고자 할 때 크랭크축을 가볍게 회전시킬 수 있도록 한다.

47 건설기계관리법상 '건설기계형식' 정의로 옳은 것은?

① 건설기계의 구조
② 건설기계의 규격
③ 건설기계의 구조 · 규격
④ 건설기계의 구조 · 규격 및 성능

해설 '건설기계형식'이란 건설기계의 구조 · 규격 및 성능 등에 관하여 일정하게 정한 것을 말한다(건설기계관리법 제2조제9호).

★★★★
48 사이드 포크형 지게차의 후경각은 몇° 이하인가?

① 8° ② 10°
③ 1° ④ 5°

해설 사이드 포크형 지게차의 전경각 및 후경각은 각각 5° 이하일 것이며 카운터밸런스 지게차의 전경각은 6° 이하, 후경각은 12° 이하여야 한다(건설기계 안전기준에 관한 규칙 제20조제3항).

★★
49 유압 도면기호에서 압력스위치를 나타낸 것은?

① 
② 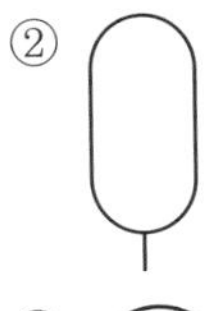
③ 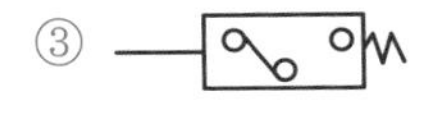
④ 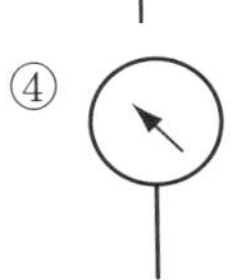

해설 ① 스톱밸브 기호
② 어큐뮬레이터 기호
③ 압력스위치
④ 유압압력계 기호

★
50 건설기계의 높이를 정의한 것이다. 가장 적당한 것은?

① 지면에서 가장 윗부분까지의 수직 높이
② 지면에서부터 적재할 수 있는 최고의 높이
③ 뒷바퀴의 윗부분에서 가장 윗부분까지의 수직 높이
④ 앞 차축의 중심에서 가장 윗부분까지의 높이

해설 ① "높이"란 작업장치를 부착한 자체중량 상태의 건설기계의 가장 위쪽 끝이 만드는 수평면으로부터 지면까지의 최단거리를 말한다(건설기계안전기준규칙 제2조).

51 연삭작업에 대한 설명으로 옳지 않은 것은?

① 누를 때 힘이 들어가지 않도록 한다.
② 옆면을 사용하지 않는다.
③ 숫돌의 측면에 서서 작업을 한다.
④ 연삭기의 덮개를 벗긴 채 사용을 한다.

해설 연삭 작업을 할 때 구조규격에 맞는 덮개를 설치하고 작업을 해야 한다. 연삭 숫돌 설치 후 약 3분 정도 공회전하여 안전한지를 살펴야 하며 연삭 숫돌과 받침대의 간격은 3mm 이내로 유지해야 한다. 또한, 보안경과 분진의 흡입을 막기 위해 방진마스크를 착용해야 한다.

정답 42.② 43.① 44.④ 45.③ 46.④ 47.④ 48.④ 49.③ 50.① 51.④

★★★★

52 교통사고로 사상자 발생 시 운전자가 취해야할 조치 순서는?

① 즉시정차 – 위해방지 – 신고
② 즉시정차 – 사상자 구호 – 신고
③ 즉시정차 – 신고 – 위해방지
④ 증인확보 – 정차 – 사상자 구호

해설 사고발생 시의 조치(도로교통법 제54조)
① 차의 운전 등 교통으로 인하여 사람을 사상하거나 물건을 손괴(이하 "교통사고")한 경우에는 그 차의 운전자나 그 밖의 승무원(이하 "운전자 등")은 즉시 정차하여 다음 각 호의 조치를 하여야 한다.
1. 사상자를 구호하는 등 필요한 조치
2. 피해자에게 인적 사항(성명, 전화번호, 주소 등) 제공
② 제1항의 경우 그 차의 운전자 등은 경찰공무원이 현장에 있을 때에는 그 경찰공무원에게, 경찰공무원이 현장에 없을 때에는 가장 가까운 국가경찰관서(지구대, 파출소 및 출장소를 포함)에 지체 없이 신고하여야 한다.

★★

53 안전기준을 초과하는 화물의 적재허가를 받은 자는 그 길이 또는 그 폭의 양 끝에 몇cm이상의 빨간 헝겊으로 된 표지를 달아야 하는가?

① 너비 5cm, 길이 10cm ② 너비 10cm, 길이 20cm
③ 너비 30cm, 길이 50cm ④ 너비 50cm, 길이 100cm

해설 너비 30cm, 길이 50cm 이상의 빨간 헝겊으로 된 표지를 달아야 한다. 단, 밤에 운행하는 경우에는 반사체로 된 표지를 달아야 한다(도로교통법 시행규칙 제26조 3항).

54 야간작업시 헤드라이트가 한 쪽만 점등되었다. 고장 원인으로 가장 거리가 먼 것은?(단, 헤드램프 퓨즈가 좌, 우측으로 구성됨)

① 전구 불량 ② 전구 접지 불량
③ 회로의 퓨즈 단선 ④ 헤드라이트 스위치 불량

해설 일반적으로 건설기계에 설치되는 좌 · 우 전조등은 병렬로 연결된 복선식 구성으로 되어있다. 헤드라이트 스위치 불량일 경우에는 전체가 점등이 되지 않는다.

★

55 계기판 구성 내용에 해당하지 않는 것은?

① 연료량 게이지 ② 냉각수 온도 게이지
③ 실린더 압력계 ④ 충전 경고등

해설 지게차 계기판의 구성은 연료 잔량 표시, 냉각수 온도 표시, 충전 경고등, 엔진오일 경고등, 가동시간 표시, 주차브레이크 적용 표시등, 이상 고장 경고등, 전 · 후 방작업등, 동작표시등 등으로 되어 있다.

56 다음 도로명판에 대한 설명으로 옳지 않은 것은?

1←65 대명로23번길

① 대명로 시작점 부근에 설치된다.
② 대명로는 총 650m이다.
③ 대명로 종료지점에 설치된다.
④ 대명로 시작지점에서부터 230m지점에서 왼쪽으로 분기된 도로이다.

해설 제시된 도로명판은 대명로 종료지점에 설치된다.

57 정비 작업에서 렌치 사용에 대한 설명으로 틀린 것은?

① 너트에 렌치를 깊이 물린다.
② 렌치를 해머로 두드려서는 안 된다.
③ 너트보다 큰 치수를 사용한다.
④ 높거나 좁은 장소에서는 몸을 안전하게 하고 작업한다.

해설 렌치는 너트 크기에 알맞은 렌치를 사용하고, 작업 시 몸 쪽으로 당기면서 볼트 · 너트를 조이도록 한다.

★★★

58 지게차의 조향핸들의 조작이 무거울 때 가볍고 원활하게 하는 방법과 가장 거리가 먼 것은?

① 종감속 장치를 사용한다.
② 바퀴의 정렬을 정확히 한다.
③ 타이어의 공기압을 적정압으로 한다.
④ 동력조향을 사용한다.

해설 타이어식 조향핸들의 조작을 무겁게 하는 원인은 타이어의 공기압이 적정압보다 낮아졌거나 바퀴 정렬 즉, 얼라인먼트가 제대로 이루어지지 않았기 때문이다. 또한 동력조향을 이용하면 핸들 조작은 쉽게 가벼워질 수 있다. 종감속 장치는 동력전달 계통에서 사용한다.

★★

59 현장에서 오일의 열화현상에 대한 점검사항으로 거리가 먼 것은?

① 오일의 점도 ② 오일의 유동
③ 오일의 색 ④ 오일의 냄새

해설 현장에서 오일의 열화는 점도의 확인, 자극적인 악취 냄새 유무 확인, 색깔의 변화나 수분 · 침전물의 유무 확인, 흔들었을 때 거품이 없는지 등을 확인해야 한다.

60 작업 전 지게차의 워밍업 운전 및 점검사항으로 틀린 것은?

① 틸트 레버를 사용하여 전 행정으로 전후 경사운동 2~3회 정도 실시한다.
② 리프크 레버를 사용하여 상승, 하강 운동을 전 행정으로 2~3회 정도 실시한다.
③ 시동 후 작동유의 유온을 정상 범위 내에 도달하도록 고속으로 전 후진 주행을 2~3회 정도 실시한다.
④ 엔진 작동 후 5분간 저속 운전을 실시한다.

해설 워밍업은 차가운 엔진을 정상범위의 온도에 도달하게 하기 위한 과정이다. 갑자기 차가운 엔진을 고속으로 회전시키면 엔진에 손상이 가해 질수 도 있다.

정답 52.② 53.③ 54.④ 55.③ 56.① 57.③ 58.① 59.② 60.③

2022 기출분석문제

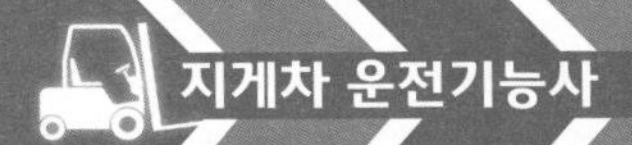

★★★
01 지게차를 운전하여 화물 운반 시 주의사항으로 적합하지 않은 것은?

① 노면이 좋지 않을 때는 저속으로 운행한다.
② 경사지 운전 시 화물을 위쪽으로 한다.
③ 화물 운반 거리는 5m 이내로 한다.
④ 노면에서 약 20~30cm 상승 후 이동한다.

해설 지게차는 주로 가벼운 화물의 단거리 운반 및 적재, 적하를 위한 건설기계이다. 그렇다고 해서 운반 거리를 5m 이하로 하는 주의사항은 적용되지 않는다. 다만 노면 상태에 따라 하부에 지게차 포크 등이 걸리지 않도록 20~30cm 올려 운반해야 한다.

02 무한궤도식에 리코일 스프링을 이중 스프링으로 사용하는 이유로 가장 적합한 것은?

① 강한 탄성을 얻기 위해서
② 서징 현상을 줄이기 위해서
③ 스프링이 잘 빠지지 않게 하기 위해서
④ 강력한 힘을 축적하기 위해서

해설 리코일 스프링은 주행 중 트랙 전면에서 오는 충격을 완화하여 차체의 파손을 방지하고 원활한 운전이 될 수 있도록 한다. 스프링을 이중으로 하면 공진 현상을 완화하여 서징 현상을 줄일 수 있다.

★★★★
03 다음 중 건설기계정비업의 등록구분이 맞는 것은?

① 종합건설기계정비업, 부분건설기계정비업, 전문건설기계정비업
② 종합건설기계정비업, 단종건설기계정비업, 전문건설기계정비업
③ 부분건설기계정비업, 전문건설기계정비업, 개별건설기계정비업
④ 종합건설기계정비업, 특수건설기계정비업, 전문건설기계정비업

해설 건설기계정비업의 등록은 종합건설기계정비업, 부분건설기계정비업, 전문건설기계정비업의 구분에 따라 한다.

★
04 건설기계의 임시운행 사유에 해당되는 것은?

① 작업을 위하여 건설현장에서 건설기계를 운행할 때
② 정기검사를 받기 위하여 건설기계를 검사장소로 운행할 때
③ 등록신청을 위하여 건설기계를 등록지로 운행할 때
④ 등록말소를 위하여 건설기계를 폐기장으로 운행할 때

해설 **미등록 건설기계의 임시운행**
- 등록신청을 하기 위하여 건설기계를 등록지로 운행하는 경우
- 신규등록검사 및 확인검사를 받기 위하여 건설기계를 검사장소로 운행하는 경우
- 수출을 하기 위하여 건설기계를 선적지로 운행하는 경우
- 수출을 하기 위하여 등록말소한 건설기계를 점검 · 정비의 목적으로 운행하는 경우
- 신개발 건설기계를 시험 · 연구의 목적으로 운행하는 경우
- 판매 또는 전시를 위하여 건설기계를 일시적으로 운행하는 경우

★★
05 타이어식 건설기계 정비에서 토인에 대한 설명으로 틀린 것은?

① 토인은 반드시 직진 상태에서 측정해야 한다.
② 토인은 직진성을 좋게 하고 조향을 가볍도록 한다.
③ 토인은 좌 · 우 앞바퀴의 간격이 앞보다 뒤가 좁은 것이다.
④ 토인 조정이 잘못되었을 때 타이어가 편마모된다.

해설 토인은 차량의 앞바퀴를 위에서 내려다보면 앞쪽이 뒤쪽보다 약간 좁게 되어 있는 것을 말한다.

06 장비의 운행 중 변속 레버가 빠질 수 있는 원인에 해당되는 것은?

① 기어가 충분히 물리지 않을 때
② 클러치 조정이 불량할 때
③ 릴리스 베어링이 파손되었을 때
④ 클러치 연결이 분리되었을 때

해설 변속 레버는 변속기를 조정하기 위해 달려 있는 스틱이다. 장비 운행 중 변속 레버가 빠진다는 것은 변속 기어 간의 물림 상태가 헐거워 탈거되는 현상이다. 즉, 기어가 충분히 물리지 않았기 때문에 일어난다.

07 야간에 차가 서로 마주보고 진행하는 경우의 등화조작 중 맞는 것은?

① 전조등, 보호등, 실내조명등을 조작한다.
② 전조등을 켜고 보조등을 끈다.
③ 전조등을 하향으로 한다.
④ 전조등을 상향으로 한다.

해설 모든 차의 운전자는 밤에 서로 마주보고 진행할 때에는 전조등의 밝기를 줄이거나 불빛의 방향을 아래로 향하게 하거나 잠시 전조등을 꺼야 한다. 다만, 도로의 상황으로 보아 마주보고 진행하는 차의 교통을 방해할 우려가 없는 경우에는 그러하지 아니하다.

08 유압장치의 금속가루 또는 불순물을 제거하기 위한 것으로 맞게 짝지어진 것은?

① 여과기와 어큐뮬레이터
② 스크레이퍼와 필터
③ 필터와 스트레이너
④ 어큐뮬레이터와 스트레이너

해설 오일필터는 오일이 순환하는 과정에서 함유되는 수분, 금속 분말, 슬러지 등을 제거하고 흡입필터(흡입 스트레이너)는 밀폐형 오일탱크 내에 설치하여 큰 불순물을 제거한다.

정답 01.③ 02.② 03.① 04.③ 05.③ 06.① 07.③ 08.③

09 유압 건설기계의 고압 호스가 자주 파열되는 원인으로 가장 적합한 것은?

① 유압펌프의 고속회전
② 오일의 점도 저하
③ 릴리프밸브의 설정 압력 불량
④ 유압모터의 고속회전

해설 유압 건설기계의 고압 호스가 자주 파열된다. 유압펌프로부터 높은 압력으로 밀려 들어오는 작동유의 압력을 견디지 못해서 이것을 조절해 주는 것이 릴리프밸브이므로 설정 압력이 불량하기 때문이라는 것이 가장 타당하다.

10 라디에이터 캡을 열었을 때 냉각수에 오일이 섞여 있는 경우의 원인은?

① 실린더블록이 과열되었다.
② 수냉식 오일 쿨러가 파손되었다.
③ 기관의 윤활유가 너무 많이 주입되었다.
④ 라디에이터가 불량하다.

해설 오일과 냉각수가 섞일 수 있는 곳은 냉각수와 오일이 근접해 지나는 곳일 확률이 가장 높다. 오일 쿨러 부분에서는 냉각수가 오일을 식히기 위해 인접하여 흐르게 된다. 이 부분에서 누수가 일어난 것으로 볼 수 있다.

11 수동변속기가 장착된 건설기계에 기어의 이중물림을 방지하는 장치에 해당되는 것은?

① 인젝션 장치 ② 인터쿨러 장치
③ 인터록 장치 ④ 인터널 기어 장치

해설 변속기 조작기구에는 로킹볼(기어 빠짐 방지)과 스프링, 인터록(기어 이중 물림 방지), 후진 오조작 방지기구 등이 설치되어 있다.

12 다음 중 통행의 우선순위로 옳은 것은?

① 긴급자동차 → 원동기장치자전거 → 승합자동차
② 긴급자동차 → 일반자동차 → 원동기장치자전거
③ 건설기계 → 긴급자동차 → 일반자동차
④ 승합자동차 → 건설기계 → 긴급자동차

해설 도로에서 통행우선 순위는 긴급자동차 → 긴급자동차 외 자동차 → 원동기장치자전거 → 그 외 차마 순이다.

13 수동변속기가 장착된 건설기계장비에서 클러치가 연결된 상태에서 기어변속을 하였을 때 발생할 수 있는 현상으로 맞는 것은?

① 클러치 디스크가 마멸된다.
② 변속 레버가 마모된다.
③ 기어에서 소리가 나고 기어가 손상될 수 있다.
④ 종감속기어가 손상된다.

해설 클러치가 연결된 상태에서 기어변속을 하게 되면 본래 기관에 소리가 나고, 맞물려 돌아가는 기어를 무리하게 바꾸게 되므로 기어가 상하게 된다.

14 그림과 같이 조정렌치의 힘이 작용되도록 사용하는 이유로 맞는 것은?

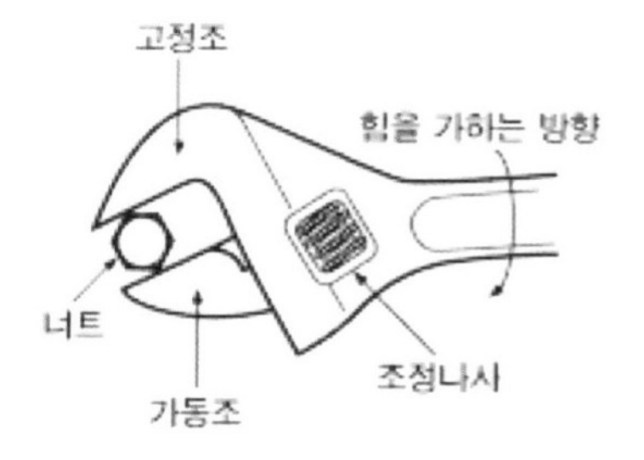

① 볼트나 너트의 나사산의 손상을 방지하기 위하여
② 작은 힘으로 풀거나 조이기 위하여
③ 렌치의 파손을 방지하고, 안전한 자세이기 때문임
④ 규정토크로 조이기 위하여

해설 아래턱 방향으로 힘이 작용되도록 사용하면 힘을 받는 부분이 고정조가 되므로 안전하다.

15 4행정 사이클 기관의 행정순서로 맞는 것은?

① 압축 → 동력 → 흡입 → 배기
② 흡입 → 동력 → 압축 → 배기
③ 압축 → 흡입 → 동력 → 배기
④ 흡입 → 압축 → 동력 → 배기

해설 4행정 사이클 기관은 크랭크축이 2회전하면 캠축은 1회전하여 1사이클을 완성하는 기관이다. 4행정 사이클 기관의 행정순서는 흡입→압축→동력→배기의 순이다.

16 건설기계장비의 축전지 케이블 탈거에 대한 설명으로 적합한 것은?

① 절연되어 있는 케이블을 먼저 탈거한다.
② 아무 케이블이나 먼저 탈거한다.
③ ⊕케이블을 먼저 탈거한다.
④ 접지되어 있는 케이블을 먼저 탈거한다.

해설 축전지를 탈거할 때는 접지단자(−)를 먼저 탈거하고, 설치할 때에는 접지단자(−)를 나중에 연결한다.

★★★

17 지게차에서 자동차와 같이 스프링을 사용하지 않는 이유를 설명한 것으로 옳은 것은?

① 화물에 충격을 주기 위함이다.
② 앞차축이 구동축이기 때문이다.
③ 롤링이 생기면 적하물이 떨어지기 때문이다.
④ 현가장치가 있으면 조향이 어렵기 때문이다.

해설 지게차에서 자동차와 같이 스프링을 사용하게 되면 롤링이 생겨 적하물이 떨어지기 때문이다.

18 지게차의 구조 중 틀린 것은?

① 마스트 ② 밸런스 웨이트
③ 틸트 레버 ④ 레킹 볼

해설 레킹 볼은 크레인에 매달아 건물을 철거할 때 사용하는 쇳덩어리를 말한다.

정답 09.③ 10.② 11.③ 12.② 13.③ 14.③ 15.④ 16.④ 17.③ 18.④

19 지게차의 토인 조정은 무엇으로 하는가?

① 드래그 링크 ② 스티어링 휠
③ 타이로드 ④ 조향기어

해설 토인은 조향바퀴의 사이드 슬립과 타이어의 마멸을 방지하고 앞바퀴를 평행하게 회전시키기 위한 것이다. 지게차의 토인은 타이로드 길이로 조정한다.

20 지게차의 화물 운반 작업 중 가장 적당한 것은?

① 댐퍼를 뒤로 3° 정도 경사시켜서 운반한다.
② 마스트를 뒤로 4° 정도 경사시켜서 운반한다.
③ 바이브레이터를 뒤로 8° 정도 경사시켜서 운반한다.
④ 샤퍼를 뒤로 6° 정도 경사시켜서 운반한다.

해설 화물을 운반할 때에는 마스트를 뒤로 4° 정도 경사시키고, 화물을 부릴 때는 마스트를 앞으로 4° 정도 경사시킨다.

21 지게차의 앞바퀴는 어디에 설치되는가?

① 섀클 핀에 설치된다.
② 직접 프레임에 설치된다.
③ 너클 암에 설치된다.
④ 등속이음에 설치된다.

해설 지게차의 앞바퀴는 직접 프레임에 설치된다.

22 다음은 지게차의 조향 휠이 정상보다 돌리기 힘들 때 원인이다. 가장 거리가 먼 것은?

① 오일펌프 벨트 파손 ② 파워 스티어링 오일 부족
③ 오일 호스 파손 ④ 타이어 공기압 과다

해설 타이어 공기압이 낮으면 지게차의 조향 휠이 정상보다 돌리기 힘들다.

★
23 지게차의 운반방법 중 틀린 것은?

① 운반 중 마스트를 뒤로 4°가량 경사시킨다.
② 화물 운반 시 내리막길은 후진, 오르막길은 전진한다.
③ 화물 적재 운반 시 항상 후진으로 운반한다.
④ 운반 중 포크는 지면에서 20~30cm가량 띄운다.

해설 지게차에 화물을 싣고 올라갈 때는 전진 주행, 내려올 때는 후진 주행으로 이동한다.

24 지게차의 하역방법 설명 중 틀린 것은?

① 짐을 내릴 때 가속페달은 사용하지 않는다.
② 짐을 내릴 때는 마스트를 앞으로 약 4° 정도 기울인다.
③ 리프트 레버 사용 시 눈은 마스트를 주시한다.
④ 짐을 내릴 때 틸트 레버 조작은 필요 없다.

해설 지게차에서 화물을 내릴 때는 틸트 레버를 밀어 마스트를 수직으로 하고 서서히 포크를 내린다.

25 지게차 운전 후 점검사항과 가장 관계없는 것은?

① 기름 누설 부위가 있는지 점검한다.
② 연료를 보충한다.
③ 각종 게이지를 점검한다.
④ 타이어의 손상 여부를 확인한다.

해설 각종 게이지의 체크는 운전 전 점검사항이다.

26 지게차에 짐을 싣고 창고나 공장을 출입할 때의 주의사항 중 틀린 것은?

① 짐이 출입구 높이에 닿지 않도록 주의한다.
② 팔이나 몸을 차체 밖으로 내밀지 않는다.
③ 주위 장애물 상태를 확인 후 이상이 없을 때 출입한다.
④ 차폭과 출입구의 폭은 확인할 필요가 없다.

해설 출입구보다 차폭이 크면 위험하기 때문에 확인하고 출입해야 한다.

27 지게차 기관의 시동용으로 사용하는 일반적인 전동기는?

① 직권식 전동기 ② 분권식 전동기
③ 복권식 전동기 ④ 교류 전동기

해설 직권식 전동기는 건설기계의 시동모터로 사용한다.

28 운전 중 좁은 장소에서 지게차를 방향 전환시킬 때 가장 주의할 점으로 맞는 것은?

① 뒷바퀴 회전에 주의하여 방향 전환한다.
② 포크 높이를 높게 하여 방향 전환한다.
③ 앞바퀴 회전에 주의하여 방향 전환한다.
④ 포크가 땅에 닿게 내리고 방향 전환한다.

해설 지게차의 조향장치는 뒷바퀴와 연결되어 동작된다. 그러므로 뒷바퀴의 움직임에 신경을 써야 한다.

29 수동식 변속기 건설기계를 운행 중 급가속시켰더니 기관의 회전은 상승하는데, 차속이 증속되지 않았다. 그 원인에 해당되는 것은?

① 클러치 파일럿 베어링의 파손
② 릴리스 포크의 마모
③ 클러치 페달의 유격 과대
④ 클러치 디스크 과대 마모

해설 클러치 장치가 엔진의 회전력을 제대로 전달해 주지 못하기 때문이다. 클러치 디스크가 과대 마모되면 엔진의 회전 변화가 이후 동력전달장치로 제대로 이행되지 않는다.

정답 19.③ 20.② 21.② 22.④ 23.③ 24.④ 25.③ 26.④ 27.① 28.① 29.④

30 유압모터의 특징으로 맞는 것은?

① 가변체인구동으로 유량 조정을 한다.
② 오일의 누출이 많다.
③ 밸브 오버랩으로 회전력을 얻는다.
④ 무단 변속이 용이하다.

해설 유압모터의 장점
- 무단 변속이 용이하다.
- 관성이 작고 소음이 작다.
- 작동이 신속하고 정확하다.
- 변속이나 역전 제어가 용이하다.
- 속도나 방향의 제어가 용이하다.
- 소형, 경량으로서 큰 출력을 낸다.

31 기관의 출력을 저하시키는 직접적인 원인이 아닌 것은?

① 노킹이 일어날 때 ② 클러치가 불량할 때
③ 연료분사량이 적을 때 ④ 실린더 내 압력이 낮을 때

해설 클러치 불량은 주행 시 동력의 전달과 차단, 가속, 속도에 영향을 미친다.

32 안전의 3요소에 해당되지 않는 것은?

① 기술적 요소 ② 자본적 요소
③ 교육적 요소 ④ 관리적 요소

33 유압식 밸브 리프터의 장점이 아닌 것은?

① 밸브 간극 조정이 필요하지 않다.
② 밸브 개폐 시기가 정확하다.
③ 구조가 간단하다.
④ 밸브기구의 내구성이 좋다.

해설 ③ 밸브개폐기구가 복잡하다.

34 고의로 경상 1명의 인명피해를 입힌 건설기계조종사에 대한 면허의 취소, 정지처분 기준으로 맞는 것은?

① 면허효력정지 45일 ② 면허효력정지 30일
③ 면허효력정지 90일 ④ 면허취소

해설 건설기계 조종 중 고의로 사망 · 중상 · 경상 등 인명피해를 입힌 경우에 면허취소이다.

★★★★
35 스패너 또는 렌치 작업 시 주의할 사항이다. 맞지 않는 것은?

① 해머 필요시 대용으로 사용할 것
② 너트와 꼭 맞게 사용할 것
③ 조금씩 돌릴 것
④ 몸 앞으로 잡아당길 것

해설 공구는 작업에 적합한 것을 사용해야 하며, 규정된 작업 용도 이외에는 사용하지 않는다.

★
36 디젤엔진의 연소실에는 연료가 어떤 상태로 공급되는가?

① 기화기와 같은 기구를 사용하여 연료를 공급한다.
② 노즐로 연료를 안개와 같이 분사한다.
③ 가솔린 엔진과 동일한 연료 공급펌프로 공급한다.
④ 액체 상태로 공급한다.

해설 디젤엔진의 노즐은 연료의 압축에 의한 발화가 잘 일어나도록 하기 위해 안개와 같은 상태로 실린더 내로 흩뿌려 주는 역할을 한다.

37 세미 실드빔 형식의 전조등을 사용하는 건설기계장비에서 전조등이 점등되지 않을 때 가장 올바른 조치 방법은?

① 렌즈를 교환한다. ② 전조등을 교환한다.
③ 반사경을 교환한다. ④ 전구를 교환한다.

해설 고장 시 세미 실드빔형은 전구만 따로 교환이 가능하다.

38 무한궤도식 장비에서 프론트 아이들러의 작용에 대한 설명으로 가장 적당한 것은?

① 회전력을 발생하여 트랙에 전달한다.
② 트랙의 진로를 조정하면서 주행방향으로 트랙을 유도한다.
③ 구동력을 트랙으로 전달한다.
④ 파손을 방지하고 원활한 운전을 할 수 있도록 하여준다.

해설 아이들러는 트랙의 진로를 조정해 주어 주행방향으로 트랙을 유도한다.

★
39 건설기계등록번호표를 가리거나 훼손하여 알아보기 곤란하게 한 자 또는 그러한 건설기계를 운행한 자에게 부과하는 과태료로 옳은 것은?

① 50만 원 이하 ② 100만 원 이하
③ 300만 원 이하 ④ 1,000만 원 이하

해설 건설기계등록번호표를 가리거나 훼손하여 알아보기 곤란하게 한 자 또는 그러한 건설기계를 운행한 자에게는 100만 원 이하의 과태료를 부과한다(건설기계관리법 제44조제2항).

1차 위반 시 50만 원, 2차 위반 시 70만 원, 3차 이상 위반 시 100만 원의 과태료를 부과한다(건설기계관리법 시행령 별표3 2023.04.25. 개정).

40 액추에이터를 순서에 맞추어 작동시키기 위하여 설치한 밸브는?

① 메이크업 밸브(make up valve)
② 리듀싱 밸브(reducing valve)
③ 시퀀스 밸브(sequence valve)
④ 언로드 밸브(unload valve)

해설 시퀀스 밸브는 2개 이상의 분기회로가 있는 회로에서 작동순서를 회로의 압력 등으로 제어하는 밸브이다.

정답 30.④ 31.② 32.② 33.③ 34.④ 35.① 36.② 37.④ 38.② 39.② 40.③

41 기어펌프에 대한 설명으로 맞는 것은?

① 가변용량 펌프이다.
② 정용량 펌프이다.
③ 비정용량 펌프이다.
④ 날개깃에 의해 펌핑 작용을 한다.

해설 기어펌프는 토출압력이 바뀌어도 토출유량이 크게 변하지 않는 정용량 펌프이다.

42 축전지 케이스와 커버 세척에 가장 알맞은 것은?

① 솔벤트와 물 ② 소금과 물
③ 가솔린과 물 ④ 소다와 물

해설 축전지 케이스와 커버를 세척하기 위해서는 세제 역할을 해주는 소다와 물을 혼합하여 사용하는 것이 좋다.

43 작업복에 대한 설명으로 적합하지 않은 것은?

① 작업복은 몸에 알맞고 동작이 편해야 한다.
② 착용자의 연령, 성별 등에 관계없이 일률적인 스타일을 선정해야 한다.
③ 작업복은 항상 깨끗한 상태로 입어야 한다.
④ 주머니가 너무 많지 않고, 소매가 단정한 것이 좋다.

해설 작업복은 작업을 편하게 하기 위한 목적뿐만 아니라 작업 중 일어날 수 있는 안전사고에 미리 대비할 수 있는 것이어야 한다. 작업복의 스타일은 작업 내용별로 구분하는 등 목적에 맞게 구사할 수 있다.

★
44 유압펌프가 작동 중 소음이 발생할 때의 원인으로 틀린 것은?

① 릴리프밸브 출구에서 오일이 배출되고 있다.
② 스트레이너가 막혀 흡입용량이 너무 작아졌다.
③ 펌프흡입관 접합부로부터 공기가 유입된다.
④ 펌프축의 편심 오차가 크다.

해설 **유압펌프의 소음 발생 원인**
- 흡입 라인이 막혔을 때
- 펌프축의 편심 오차가 클 때
- 작동유 속에 공기가 들어 있을 때
- 유압펌프의 베어링이 마모되었을 때
- 작동유의 양이 적고 점도가 너무 높을 때

45 건설기계 범위 중 틀린 것은?

① 이동식으로 20kW의 원동기를 가진 쇄석기
② 혼합장치를 가진 자주식인 콘크리트믹서 트럭
③ 정지장치를 가진 자주식인 모터그레이더
④ 적재용량 5톤의 덤프트럭

해설 덤프트럭은 적재용량 12톤 이상인 것이다. 다만, 적재용량 12톤 이상 20톤 미만의 것으로 화물운송에 사용하기 위해 자동차관리법에 의한 자동차로 등록된 것은 제외한다.

46 유압장치에서 피스톤 로드에 있는 먼지 또는 오염물질 등이 실린더 내로 혼입되는 것을 방지하는 것은?

① 필터(filter) ② 더스트 실(dust seal)
③ 밸브(valve) ④ 실린더 커버(cylinder cover)

해설 더스트 실은 유압실린더의 피스톤 로드 패킹 외측에 장착되어 피스톤 로드에 있는 먼지 또는 오염물질 등이 실린더 내로 혼입되는 것을 방지한다.

★
47 교류 발전기에서 전류가 발생되는 것은?

① 스테이터 ② 전기자
③ 로터 ④ 정류자

해설 스테이터는 전류가 발생하는 부분이다.

★
48 클러치 라이닝의 구비조건 중 틀린 것은?

① 내마멸성, 내열성이 적을 것
② 알맞은 마찰계수를 갖출 것
③ 온도에 의한 변화가 적을 것
④ 내식성이 클 것

해설 클러치 라이닝은 마모에 강해야 하고 부식이 잘 되지 않아야 하며 마찰로 인해 발생하는 고열을 잘 견뎌낼 수 있어야 한다.

49 도로의 중앙선이 황색 실선과 황색 점선인 복선으로 설치된 때의 설명으로 맞는 것은?

① 어느 쪽에서나 중앙선을 넘어서 앞지르기를 할 수 있다.
② 점선 쪽에서만 중앙선을 넘어서 앞지르기를 할 수 있다.
③ 어느 쪽에서나 중앙선을 넘어서 앞지르기를 할 수 없다.
④ 실선 쪽에서만 중앙선을 넘어서 앞지르기를 할 수 있다.

해설 실선과 점선의 복선으로 설치되어 있을 때는 점선 쪽에서만 중앙선을 넘어 앞지르기를 할 수 있다.

50 안전수칙을 지킴으로써 발생될 수 있는 효과로 거리가 가장 먼 것은?

① 기업의 신뢰도를 높여준다.
② 기업의 이직률이 감소된다.
③ 기업의 투자경비가 늘어난다.
④ 상하 동료 간의 인간관계가 개선된다.

정답 41.② 42.④ 43.② 44.① 45.④ 46.② 47.① 48.① 49.② 50.③

51 도로교통법상 반드시 서행하여야 할 장소로 지정된 곳으로 가장 적절한 것은?

① 교통정리가 행하여지고 있는 교차로
② 안전지대 우측
③ 비탈길의 고갯마루 부근
④ 교통정리가 행하여지고 있는 횡단보도

해설 모든 차의 운전자는 교통정리를 하고 있지 아니하는 교차로, 도로가 구부러진 부근, 비탈길의 고갯마루 부근, 가파른 비탈길의 내리막, 시 · 도경찰청장이 도로에서의 위험을 방지하고 교통의 안전과 원활한 소통을 확보하기 위하여 필요하다고 인정하여 안전표지로 지정한 곳에서는 서행하여야 한다.

52 유압유의 점도를 틀리게 설명한 것은?

① 온도가 상승하면 점도는 저하된다.
② 점성의 정도를 나타내는 척도이다.
③ 온도가 내려가면 점도는 높아진다.
④ 점성계수를 밀도로 나눈 값이다.

해설 점도란 점도계에 의해 얻어지는 오일의 묽고 진한 상태를 나타내는 수치이다. 오일이 온도의 변화에 따라 점도가 변하는 정도를 수치로 표시한 것이 점도지수로 값이 클수록 온도에 의한 변화가 적은 것을 나타낸다. 온도가 상승하면 점도는 저하되고 하강하면 높아진다.

★
53 벨트 취급에 대한 안전사항 중 틀린 것은?

① 벨트 교환 시 회전을 완전히 멈춘 상태에서 한다.
② 벨트의 회전을 정지시킬 때 손으로 잡는다.
③ 벨트는 적당한 장력을 유지하도록 한다.
④ 고무벨트에는 기름이 묻지 않도록 한다.

해설 벨트의 회전을 정지할 때 손을 사용하는 것은 매우 위험한 일이다. 벨트의 마찰에 의한 화상이나 벨트 가드에 손이 끼이게 되어 상해를 입을 수 있다.

54 앞지르기를 할 수 없는 경우에 해당되는 것은?

① 앞차의 좌측에 다른 차가 나란히 진행하고 있을 때
② 앞차가 우측으로 진로를 변경하고 있을 때
③ 앞차가 그 앞차와의 안전거리를 확보하고 있을 때
④ 앞차가 양보 신호를 할 때

해설 모든 차의 운전자는 앞차의 좌측에 다른 차가 앞차와 나란히 가고 있는 경우, 앞차가 다른 차를 앞지르고 있거나 앞지르려고 하는 경우에는 앞차를 앞지르지 못한다.

55 유압회로의 압력을 점검하는 위치로 가장 적합한 것은?

① 실린더에서 직접 점검
② 유압펌프에서 컨트롤밸브 사이
③ 실린더에서 유압 오일 탱크 사이
④ 유압 오일 탱크에서 직접 점검

해설 유압을 점검해야 하는 위치는 작동을 위해 고압이 걸리는 유압펌프와 이를 제어하는 컨트롤밸브 사이여야 한다.

56 다음 기호는 무엇을 의미하는가?

① 유압실린더 ② 어큐뮬레이터
③ 오일탱크 ④ 유압실린더 로드

57 건설기계관리법상 건설기계 소유자는 건설기계를 도난당한 날로부터 얼마 이내에 등록말소를 신청해야 하는가?

① 30일 이내 ② 2개월 이내
③ 3개월 이내 ④ 6개월 이내

해설 건설기계의 소유자는 건설기계를 도난당한 경우에는 2개월 이내에 시 · 도지사에게 등록말소를 신청하여야 한다.

58 지게차의 종류 중 동력원에 따른 종류가 아닌 것은?

① LPG 지게차 ② 전동 지게차
③ 복륜식 지게차 ④ 디젤 지게차

해설 동력원에 따른 지게차의 종류에는 디젤 지게차, LPG/가솔린 지게차, 전동 지게차가 있다.

★
59 산업재해를 예방하기 위한 재해예방 4원칙으로 적당치 못한 것은?

① 대량 생산의 원칙 ② 예방 가능의 원칙
③ 원인 계기의 원칙 ④ 대책 선정의 원칙

해설 재해예방 4원칙은 손실 우연의 원칙, 원인 계기의 원칙, 예방 가능의 원칙, 대책 선정의 원칙이다.

★★
60 수공구를 사용하여 일상정비를 할 경우의 필요사항으로 가장 부적합한 것은?

① 수공구를 서랍 등에 정리할 때는 잘 정돈한다.
② 수공구는 작업 시 손에서 놓치지 않도록 주의한다.
③ 용도 외의 수공구는 사용하지 않는다.
④ 작업성을 빠르게 하기 위해서 장비 위에 놓고 사용하는 것이 좋다.

해설 공구는 일정한 장소에 비치하여 사용해야 한다. 장비 위에 놓고 사용하다가 장비의 주요 부품에 떨어져 망가뜨릴 수도 있고 기계 및 기구의 오작동을 유발해 안전사고가 발생할 수 있다.

정답 51.③ 52.④ 53.② 54.① 55.② 56.② 57.② 58.③ 59.① 60.④

★★
01 볼트나 너트를 규정된 힘으로 조일 때 사용하는 도구는?

① 복스렌치　② 소켓렌치
③ 토크렌치　④ 오픈엔드렌치

해설 토크렌치는 현재 조이고 있는 토크를 나타내는 게이지가 있어 일정한 힘으로 볼트나 너트를 조일 수 있다.

★★★
02 해머 작업의 안전수칙으로 옳지 않은 것은?

① 장갑을 끼고 작업하지 않는다.
② 강한 타격력이 필요할 시에는 연결대를 끼워서 작업한다.
③ 처음에는 약하게, 점점 강하게 때린다.
④ 작업에 알맞은 무게의 해머를 사용한다.

해설 연결대는 해머가 빠져서 사고가 날 위험이 있으므로 사용하지 않는다.

★★
03 드릴 작업의 안전수칙으로 옳지 않은 것은?

① 구멍을 뚫을 때 일감은 손으로 잡아 단단하게 고정시킨다.
② 장갑을 끼고 작업하지 않는다.
③ 칩을 제거할 때에는 회전을 정지시키고 솔로 제거한다.
④ 드릴을 끼운 뒤 척 렌치는 빼두도록 한다.

해설 손으로 잡고 구멍을 뚫는 것은 안전사고의 위험이 있다.

★★★★★
04 작업장에 대한 안전수칙으로 옳지 않은 것은?

① 작업장은 항상 청결하게 유지한다.
② 인화물질은 철제상자에 보관한다.
③ 작업대 사이에 일정한 너비를 확보한다.
④ 작업장 바닥에는 폐유를 뿌려 먼지가 일어나지 않도록 한다.

해설 작업장 바닥에 폐유를 뿌리는 것은 화재 발생의 위험이 있는 행위이다.

★
05 유류화재가 발생했을 시 소화방법으로 옳지 않은 것은?

① 물을 분무하여 소화한다.
② 모래를 뿌려서 소화한다.
③ B급 화재 소화기를 이용하여 진화한다.
④ ABC 분말소화기를 이용하여 진화한다.

해설 유류화재 진화 시 물을 사용하면 오히려 화재가 더 번질 수 있다.

★★
06 다음 안전보건표지가 나타내는 것은?

① 사용금지　② 출입금지
③ 보행금지　④ 화기금지

해설 금지표지 중 사용금지표지이다.

★★
07 가스용접 시 사용하는 산소용 호스의 색상은?

① 녹색　② 적색
③ 황색　④ 청색

해설 산소용 호스는 녹색, 아세틸렌용 호스는 적색이다.

08 진동에 의한 건강장해의 예방 방법으로 적절하지 않은 것은?

① 저진동형 기계공구를 사용한다.
② 방진장갑과 귀마개를 착용한다.
③ 휴식시간을 충분히 갖는다.
④ 실외에서 작업을 진행한다.

해설 진동에 의한 건강장해의 예방 방법
- 낮은 속력에서 작동할 수 있는 저진동 장비를 작업자가 최대한 적게 접촉하도록 사용한다.
- 적절한 진동보호구를 착용하고 기구의 점검 및 유지보수를 한다.
- 매 1시간 연속 진동노출마다 10분씩의 휴식을 갖도록 한다.

09 전기 용접의 아크로 인해 눈이 충혈되었을 시의 조치로 적절한 것은?

① 눈을 감고 안정을 취한다.
② 안약을 넣고 작업을 계속한다.
③ 차가운 습포를 눈 위에 올려놓고 안정을 취한다.
④ 소금물로 눈을 세정한다.

해설 전기 용접 아크로 눈이 충혈되면 화상의 우려가 있으므로 냉습포 찜질로 응급처치한 후 안정을 취하도록 하며, 경과가 나쁘면 병원을 방문해야 한다.

정답 01.③ 02.② 03.① 04.④ 05.① 06.① 07.① 08.④ 09.③

★★★
10 다음 중 적색 등화임에도 진행할 수 있는 경우는?

① 국가경찰공무원에 의한 교통정리가 있을 때
② 다른 차마의 진행을 방해하지 않을 때
③ 앞 차가 교차로를 통과하는 경우
④ 도로가 잡상인 등으로 인해 혼잡한 경우

해설 신호기와 수신호가 다른 경우 수신호를 우선한다.

11 자동차가 도로 이외의 장소를 출입하기 위해 보도를 지나야 하는 경우의 통행방법으로 옳은 것은?

① 보행자가 없으면 서행해서 진입한다.
② 보행자보다 우선하여 진입한다.
③ 보도 직전에 일시정지하여 보행자의 통행을 방해하지 않는다.
④ 도로 외의 곳으로 출입하더라도 보도는 횡단할 수 없다.

해설 도로 외의 곳으로 출입할 때 차마의 운전자는 보도를 횡단하기 직전에 일시정지하여 좌측과 우측 부분 등을 살핀 후 보행자의 통행을 방해하지 아니하도록 횡단하여야 한다(도로교통법 제13조).

★★★
12 다음 중 통행의 우선순위로 옳은 것은?

① 긴급자동차 → 원동기장치자전거 → 승합자동차
② 긴급자동차 → 일반자동차 → 원동기장치자전거
③ 건설기계 → 긴급자동차 → 일반자동차
④ 승합자동차 → 건설기계 → 긴급자동차

해설 도로에서 통행우선 순위는 긴급자동차 → 긴급자동차 외 자동차 → 원동기장치자전거 → 그 외 차마 순이다.

★★★
13 교통정리가 행해지지 않는 교차로에서 동시에 교차로에 진입한 차량의 우선순위는?

① 우측도로의 차 우선 ② 좌측도로의 차 우선
③ 폭이 넓은 도로의 차 우선 ④ 원동기장치자전거 우선

해설 교통정리를 하고 있지 아니하는 교차로에 동시에 들어가려고 하는 차의 운전자는 우측도로의 차에 진로를 양보하여야 한다(도로교통법 제26조제3항).

★★★
14 도로교통법상 모든 차의 운전자가 서행해야 하는 장소가 아닌 것은?

① 도로가 구부러진 부근 ② 편도 2차로 이상의 다리 위
③ 가파른 비탈길의 내리막 ④ 비탈길 고갯마루 부근

해설 모든 차의 운전자는 교통정리를 하고 있지 아니하는 교차로, 도로가 구부러진 부근, 비탈길의 고갯마루 부근, 가파른 비탈길의 내리막, 시 · 도경찰청장이 도로에서의 위험을 방지하고 교통의 안전과 원활한 소통을 확보하기 위하여 필요하다고 인정하여 안전표지로 지정한 곳에서는 서행하여야 한다(도로교통법 제31조).

15 진로를 변경하고자 할 때 운전자가 지켜야 할 사항이 아닌 것은?

① 진로변경 신호는 진로변경이 끝날 때까지 유지한다.
② 가능하면 빠르게 진로를 변경한다.
③ 방향지시기로 신호를 한다.
④ 불가피한 경우 수신호를 이용할 수 있다.

해설 진로 변경 시에는 규정 속도를 준수하며, 주변 차량이 상황을 충분히 인지할 수 있도록 여유 있게 진로를 변경해야 한다.

16 다음 중 1종 보통면허로 운전할 수 없는 차량은?

① 원동기장치자전거
② 승차정원 12인승 승합자동차
③ 적재중량 15톤 화물자동차
④ 3톤 미만의 지게차

해설 승용자동차, 승차정원 15명 이하의 승합자동차, 적재중량 12톤 미만의 화물자동차, 건설기계(도로를 운행하는 3톤 미만의 지게차로 한정), 총중량 10톤 미만의 특수자동차(대형견인차, 소형견인차 및 구난차 제외), 원동기장치자전거는 제1종 보통면허로 운전할 수 있다(도로교통법 시행규칙 별표18).

17 지게차의 아워미터의 설치 목적이 아닌 것은?

① 가동시간에 맞춰 예방정비를 한다.
② 가동시간에 맞춰 오일을 교환한다.
③ 각 부위에 주유를 정기적으로 한다.
④ 하차 만료 시간을 나타낸다.

해설 아워미터는 장비의 가동시간에 따라 적절한 정비를 할 수 있도록 설치한다.

★
18 지게차 틸트 실린더에 사용하는 유압 실린더 형식은?

① 단동식 ② 다동식
③ 복동식 ④ 편동식

해설 틸트 실린더는 마스트를 전경 또는 후경시키며 복동실린더로 되어 있다.

19 지게차의 전후진 레버에 대한 설명으로 옳은 것은?

① 레버를 밀면 후진한다.
② 레버를 당기면 전진한다.
③ 레버는 지게차가 완전히 멈췄을 때 조작한다.
④ 주차 시 레버는 전진 또는 후진에 놓는다.

해설 전후진 레버는 밀면 전진하고 당기면 후진한다. 주차 시에는 중립에 위치시킨다.

정답 10.① 11.③ 12.② 13.① 14.② 15.② 16.③ 17.④ 18.③ 19.③

★★★★★
20 지게차에 관한 설명으로 틀린 것은?

① 짐을 싣기 위해 마스트를 약간 전경시키고 포크를 끼워 물건을 싣는다.
② 틸트 레버는 앞으로 밀면 마스터가 앞으로 기울고 따라서 포크가 앞으로 기운다.
③ 포크를 상승시킬 때는 리프트 레버를 뒤쪽으로, 하강시킬 때는 앞쪽으로 민다.
④ 목적지에 도착 후 물건을 내리기 위해 틸트 실린더를 후경시켜 전진한다.

해설 목적지에 도착하여 물건을 내리기 위해서는 마스트를 앞쪽으로 기울여야 한다. 즉, 틸트 실린더를 전경시켜야 한다.

★★★
21 지게차에 짐을 싣고 창고 등을 출입할 시의 주의사항으로 옳지 않은 것은?

① 짐이 출입구 높이에 닿지 않도록 한다.
② 팔이나 몸을 차체 밖으로 내밀지 않는다.
③ 주위 장애물 상태를 확인하며 주행한다.
④ 출입구의 폭에 대해서는 고려하지 않는다.

해설 차폭과 출입구의 폭을 확인하여 통행 시에 부딪히지 않도록 해야 한다.

★★★
22 지게차의 주차방법에 대한 설명으로 옳지 않은 것은?

① 레버는 중립에 놓고 주차브레이크를 체결한다.
② 시동키는 다시 사용할 수 있으므로 꽂아 둔다.
③ 포크는 바닥에 완전히 내려놓는다.
④ 경사가 있다면 고임목을 사용한다.

해설 시동키는 뽑아서 보관하도록 한다.

★★★
23 경사가 있는 곳에서의 지게차 주행방법으로 옳은 것은?

① 공차 시에는 포크를 경사의 아래쪽으로 향하게 한 채로 올라간다.
② 공차 시에는 포크를 경사의 위쪽으로 향하게 한 채로 내려간다.
③ 적재 시 화물을 경사의 아래쪽으로 향하게 한 채로 올라간다.
④ 적재 시 화물을 경사의 아래쪽으로 향하게 한 채로 내려간다.

해설 공차 시에는 포크가 경사의 아래쪽을 향하게 한 채 오르내리고, 적재 시에는 화물을 경사의 위쪽을 향하게 한 채로 오르내려야 한다.

★★★★★
24 화물을 적재하고 주행할 시 포크와 지면과의 간격으로 가장 적합한 것은?

① 지면에 밀착 ② 20~30cm
③ 40~50cm ④ 70~80cm

해설 화물을 적재했다면 포크는 20~30cm 정도 지면에서 띄운 상태로 주행한다.

25 지게차 운행경로에 대한 설명으로 옳지 않은 것은?

① 지게차 하중과 화물의 하중을 견딜 수 있어야 한다.
② 주행도로는 지정된 곳만 주행한다.
③ 경로상의 물건은 따로 치우지 않는다.
④ 통로 폭은 지게차 폭에 더해 최소 60cm를 확보한다.

해설 운행경로에 있는 장애물은 운행 전 반드시 치워야 한다.

26 지게차의 적재물이 전방 시야를 가릴 경우 대처방법으로 적절하지 않은 것은?

① 신호수의 유도에 따른다.
② 후진으로 운행한다.
③ 포크를 높이 들어 시야를 확보한다.
④ 서행하여 장애물을 회피한다.

해설 화물 운반 시에는 포크를 적정 높이로 유지해야 하며, 높이 드는 것은 적절하지 않다.

★★
27 성능이 불량하거나 사고가 자주 발생하는 건설기계에 대한 수시검사를 명령할 수 있는 권한자는?

① 지방경찰청장 ② 시 · 도지사
③ 행정안전부장관 ④ 국토교통부장관

해설 시 · 도지사는 성능이 불량하거나 사고가 자주 발생하는 건설기계의 안전성 등을 점검하기 위하여 국토교통부령으로 정하는 바에 따라 수시검사를 받을 것을 명령할 수 있다(건설기계관리법 제13조제6항).

★★★★★
28 건설기계조종사의 면허취소 사유가 아닌 것은?

① 건설기계 조종 중 고의로 1명에게 경상을 입힌 경우
② 정기적성검사를 받지 않은 경우
③ 거짓이나 그 밖의 부정한 방법으로 건설기계조종사 면허를 받은 경우
④ 건설기계 조종 중 과실로 인한 사고로 5인에게 중상을 입힌 경우

해설 건설기계의 조종 중 과실로 인명피해를 입힌 경우는 면허효력정지 처분이 내려진다.

★★★★
29 정기검사를 받지 아니하고 검사기간 만료일로부터 30일 이내인 경우 부과되는 과태료는?

① 1만 원 ② 2만 원
③ 5만 원 ④ 10만 원

해설 검사기간 만료일로부터 30일 이내인 경우에는 2만 원이 부과되고, 검사기간 만료일부터 30일을 초과하는 경우 3일 초과 시마다 1만 원을 가산한다(건설기계관리법 시행령 별표3).

정기검사를 받지 아니하고 신청기간 만료일부터 30일 이내인 경우의 과태료가 '2만 원'에서 '10만 원'으로 변경되었습니다(2022.08.22.개정). 개정 전후 내용을 반드시 알아두세요!!!!

정답 20.④ 21.④ 22.② 23.① 24.② 25.③ 26.③ 27.② 28.④ 29.②

★★
30 정기검사에 불합격한 건설기계의 정비명령 기간은?

① 1개월 이내 ② 2개월 이내
③ 3개월 이내 ④ 4개월 이내

해설 시 · 도지사는 검사에 불합격된 건설기계에 대해서는 31일 이내의 기간을 정하여 해당 건설기계의 소유자에게 검사를 완료한 날(검사를 대행하게 한 경우에는 검사결과를 보고받은 날)부터 10일 이내에 정비명령을 해야 한다(건설기계관리법 시행규칙 제31조제1항).

★★
31 건설기계관리법상 국토교통부령으로 정하는 바에 따른 등록번호표를 부착 및 봉인하지 않은 건설기계 운행을 1회 위반했을 시 과태료는?

① 10만 원 ② 30만 원
③ 50만 원 ④ 100만 원

해설 등록번호표를 부착 · 봉인하지 아니하거나 등록번호를 새기지 아니한 경우 1차 위반 시 과태료 금액은 100만 원이다(건설기계관리법 시행령 별표3).

32 편도 4차로 일반도로에서 4차로가 버스 전용차로라면 건설기계가 통행해야 하는 차로는?

① 1차로 ② 2차로
③ 3차로 ④ 4차로

해설 일반도로 편도 4차로에서 건설기계는 오른쪽 차로(3차로, 4차로)로 통행할 수 있다. 편도 4차로에서 4차로가 버스 전용차로라면 3차로를 이용해야 한다.

★★★★
33 건설기계정비업의 등록 구분으로 옳지 않은 것은?

① 종합건설기계정비업 ② 부분건설기계정비업
③ 전문건설기계정비업 ④ 일반건설기계정비업

해설 건설기계정비업의 등록은 다음의 구분에 따라 한다(건설기계관리법 시행령 제14조).
1. 종합건설기계정비업
2. 부분건설기계정비업
3. 전문건설기계정비업

★★★
34 건설기계관리법상 자동차 1종 대형면허로 조종할 수 없는 건설기계는?

① 덤프트럭 ② 콘크리트믹서트럭
③ 아스팔트살포기 ④ 롤러

해설 덤프트럭, 아스팔트살포기, 노상안정기, 콘크리트믹서트럭, 콘크리트펌프, 천공기(트럭적재식), 특수건설기계 중 국토교통부장관이 지정하는 건설기계는 도로교통법에 의한 운전면허를 받아 조종하여야 한다(건설기계관리법 시행규칙 제73조).

35 전류가 잘 흐르는 전기 회로의 조건으로 볼 수 없는 것은?

① 저항이 크다. ② 전압이 높다.
③ 병렬접속되어 있다. ④ 직렬접속되어 있다.

해설 저항은 전류의 흐름을 방해하는 것으로 저항이 크면 전류가 잘 흐르지 않는다.

★★★★
36 축전지의 구비조건으로 가장 거리가 먼 것은?

① 배터리의 용량이 클 것
② 가급적 크고 다루기가 쉬울 것
③ 전기적 절연이 완전할 것
④ 전해액의 누설방지가 완전할 것

해설 축전지의 구비조건
- 다루기 편리할 것
- 진동에 견딜 수 있을 것
- 전기적 절연이 완전할 것
- 소형, 경량이고 수명이 길 것
- 전해액의 누설방지가 완전할 것
- 배터리의 용량이 크고 저렴할 것

37 12V 축전지 4개를 병렬로 연결한다면 전압은?

① 6V ② 12V
③ 24V ④ 48V

해설 동일한 전압의 배터리를 병렬연결 시에는 전압은 변하지 않는다.

★★
38 건설기계에 주로 사용되는 전동기의 종류는?

① 교류 전동기 ② 직류복권 전동기
③ 직류직권 전동기 ④ 직류분권 전동기

해설 건설기계에서는 전기자 코일과 계자 코일을 직렬로 연결하는 직류직권 전동기를 주로 사용한다.

★★
39 디젤 기관의 연소실에 대한 설명으로 옳지 않은 것은?

① 단실식과 복실식이 있다.
② 단실식으로 공기실식, 직접분사실식이 있다.
③ 예연소실식은 복실식이다.
④ 단실식은 열효율이 높고 연료소비율이 적다.

해설 공기실식은 복실식이다.

★★★
40 디젤기관 연료여과기에 설치된 오버플로 밸브의 기능으로 적절하지 않은 것은?

① 여과기의 보호 ② 소음 발생 억제
③ 연료분사 제어 ④ 연료계통의 공기 배출

해설 오버플로 밸브의 기능
- 연료계통 공기의 배출
- 연료필터 기관의 보호
- 분사펌프의 압송 압력 증압
- 연료공급 펌프의 소음 발생 방지

정답 30.① 31.④ 32.③ 33.④ 34.④ 35.① 36.② 37.② 38.③ 39.② 40.③

41 디젤기관 분사펌프에 대한 설명으로 옳지 않은 것은?

① 디젤기관에만 있는 부품이다.
② 분사펌프의 윤활은 경유로 한다.
③ 연료를 고압으로 압축하여 분사노즐로 송출하는 기능을 한다.
④ 연료 속의 이물질을 여과하고 오버플로 밸브가 장착되어 있다.

해설 ④는 연료필터에 대한 설명이다.

42 디젤기관 운전 중 흑색의 배기가스가 배출되는 원인으로 옳지 않은 것은?

① 압축 불량 ② 노즐 불량
③ 공기청정기 고장 ④ 오일링 마모

해설 흑색 배기가스는 불완전 연소로 인해 발생한다. 원인으로는 공기청정기 필터의 막힘, 연료필터의 고장, 압축 및 노즐 불량 등이 있다.

★★★
43 디젤기관의 직접 분사실식의 장점으로 볼 수 없는 것은?

① 냉각손실이 적다. ② 열효율이 높다.
③ 연료누출 염려가 적다. ④ 연료소비가 적다.

해설 직접 분사실식은 구조가 간단하고 열효율이 높으며, 연료소비율과 열 변형이 적고 연소실 체적이 작아 냉각손실이 적다.

★★★
44 라디에이터 압력식 캡에 대한 설명으로 옳지 않은 것은?

① 진공밸브가 내장되어 있다.
② 냉각수를 순환시키는 기능을 한다.
③ 압력을 통해 냉각수의 비등점을 높인다.
④ 냉각수를 주입하는 곳의 뚜껑 역할을 한다.

해설 ② 냉각수의 순환은 펌프의 역할이다.

45 엔진오일이 연소실로 역류하는 가장 주된 원인은?

① 크랭크축의 마모 ② 피스톤 링의 마모
③ 피스톤 핀의 마모 ④ 커넥팅 로드의 마모

해설 피스톤 링, 실린더 벽이 마모되어 밀폐되지 못하면 오일이 연소실로 유출될 수 있다.

★★★
46 유압장치의 어큐뮬레이터의 기능으로 옳지 않은 것은?

① 일정 압력을 유지한다.
② 오일의 누출을 방지한다.
③ 유압유의 압력 에너지를 저장한다.
④ 유압펌프에서 발생하는 맥동압력을 흡수한다.

해설 어큐뮬레이터의 기능

- 압력 보상
- 유압회로 보호
- 맥동 감쇠
- 에너지 축적
- 체적 변화 보상
- 충격 압력 흡수 및 일정 압력 유지

★★
47 유압장치에서 불순물을 제거하기 위해 사용하는 부품으로 옳은 것은?

① 어큐뮬레이터 ② 스트레이너
③ 드레인 플러그 ④ 배플

해설 스트레이너는 유체에서 고체물질을 걸러내는 부품으로 여과를 담당한다.

★★★★
48 유압회로에서 방향제어 밸브의 기능으로 옳지 않은 것은?

① 액추에이터의 작동 속도를 제어한다.
② 유체의 흐르는 방향을 전환한다.
③ 유압모터의 작동 방향을 바꾼다.
④ 유체가 흐르는 방향을 한쪽으로 제한한다.

해설 액추에이터의 작동 속도는 유량제어 밸브에 의해 조절된다.

★★
49 유압장치에서 작동 및 움직임이 있는 곳의 연결관으로 적절한 것은?

① 플렉시블 호스 ② PVC 호스
③ 구리 파이프 ④ 납 파이프

해설 현가장치 등 움직임이 많은 곳에는 자유롭게 구부러질 수 있는 플렉시블 호스를 이용해야 한다.

★★★
50 유압모터의 특징으로 적절하지 않은 것은?

① 구조가 간단하다.
② 무단변속에 용이하다.
③ 크기에 비해 강한 힘을 낼 수 있다.
④ 정회전과 역회전의 변화는 불가능하다.

해설 유압모터는 정회전과 역회전 모두 가능하다.

51 유압유의 내부 누설과 반비례하는 것은?

① 유압유의 오염도
② 유압유의 점도
③ 유압유의 압력
④ 유압유의 온도

해설 오일의 점도가 상승하면 누설은 줄어든다.

★★★
52 타이어의 구조에서 골격을 이루는 부분은?

① 트레드 ② 카커스
③ 사이드 월 ④ 브레이커

해설 카커스는 타이어의 골격이며, 차체의 하중을 지지하고, 끊임없는 굴곡운동에도 충분히 견딜 수 있도록 만들어졌다.

정답 41.④ 42.④ 43.③ 44.② 45.② 46.② 47.② 48.① 49.① 50.④ 51.② 52.②

★

53 지게차의 조향핸들이 쏠리는 원인으로 볼 수 없는 것은?

① 바퀴의 정렬이 불량할 때
② 허브 베어링의 마모가 심할 때
③ 타이어의 공기압이 너무 낮을 때
④ 타이어 공기압이 양쪽이 다를 때

해설 타이어의 공기압이 너무 낮은 경우에는 조향 핸들이 무거워지며 한쪽으로 쏠리는 것과는 무관하다.

★★★

54 지게차 작업장치의 동력전달기구가 아닌 것은?

① 리프트 체인 ② 리프트 실린더
③ 틸트 실린더 ④ 틸트 레버

해설 틸트 레버는 조작 레버로 지게차의 운전석에 위치한다.

★

55 지게차의 구조에서 운전자 위쪽에서 적재물이 떨어져 운전자가 다치는 상황을 방지하는 구조는?

① 마스트 ② 오버헤드가드
③ 카운터웨이트 ④ 백레스트

해설 ① 마스트는 백레스트가 상하운동을 하는 레일이다.
③ 카운터웨이트는 지게차의 균형을 잡아주는 추이다.
④ 백레스트는 포크의 화물 뒤쪽을 받쳐 낙하를 방지하는 부분이다.

★★★

56 지게차의 마스트를 앞뒤로 기울이는 부속은?

① 틸트 실린더 ② 리프트 실린더
③ 리프트 체인 ④ 리닝 레버

해설 틸트 실린더는 마스트를 전경, 후경시키는 복동 실린더이다.

★★★

57 자동변속기의 과열 원인이 아닌 것은?

① 메인 압력이 높다.
② 오일이 규정량보다 많다.
③ 과부하 운전을 계속하였다.
④ 변속기 오일 쿨러가 막혔다.

해설 오일의 양이 규정량보다 적으면 냉각이 제대로 이루어지지 않아 과열이 일어날 수 있다.

58 리프트 체인의 일상점검사항이 아닌 것은?

① 리프트 체인 강도 점검
② 좌우 리프트 체인의 유격
③ 리프트 체인 급유 상태 확인
④ 리프트 체인 연결부의 균열 점검

해설 일상점검은 매일 간단하게 점검할 수 있는 내용으로 체인의 강도는 해당하지 않는다.

59 다음 표지가 있는 교차로를 향해 북쪽으로 진입 중일 때에 대한 설명으로 옳지 않은 것은?

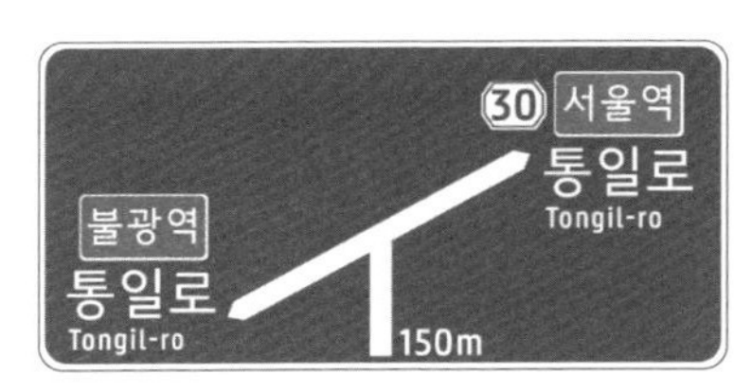

① 차량을 좌회전하는 경우 불광역 방면 통일로로 진입한다.
② 차량을 우회전하는 경우 서울역 방면 통일로로 진입한다.
③ 차량을 좌회전하는 경우 통일로의 건물번호는 커진다.
④ 150m 전방에서 교차로가 나타난다.

해설 북쪽 방면에 위치한 교차로이므로 불광역 방면은 서쪽, 서울역 방면은 동쪽이 된다. 도로번호는 서쪽에서 동쪽으로 설정되므로 불광역에서 서울역으로 갈수록 통일로의 건물번호는 커진다. 따라서 좌회전을 할 경우 통일로의 건물번호는 점차 작아진다.

★★★

60 다음 중 문화재 또는 관광지용 건물번호판은?

①

②

③

④

해설 ①, ② 일반용 건물번호판
③ 관공서용 건물번호판

정답 53.③ 54.④ 55.② 56.① 57.② 58.① 59.③ 60.④

01 창고나 공장에 출입할 때 주의사항으로 틀린 것은?

① 주변의 안전 상태를 확인하고 나서 출입한다.
② 부득이 포크를 올려서 출입하는 경우에 출입구 높이에 주의한다.
③ 손이나 발을 차체 밖으로 내밀어 목적지 방향 상태를 확인한다.
④ 차폭과 입구의 폭을 확인한다.

해설 표준작업안전수칙에서는 지게차로 창고나 공장에 출입 시 손이나 발을 차 밖으로 내밀어서는 안 된다고 하고 있다.

02 디젤기관 연료 계통의 공기빼기작업이 필요한 경우가 아닌 것은?

① 연료 필터를 교환할 경우
② 예열플러그를 교환할 경우
③ 연료탱크 내의 연료가 결핍되어 보충을 해야 할 경우
④ 연료 호스나 파이프를 교환할 경우

해설 **연료 계통에 공기가 침입하는 원인**
- 연료 계통 부품(연료 필터, 연료 파이프, 분사펌프 등)을 교환할 때
- 연료가 결핍되었을 때
- 연료 계통 각 부분의 조임이 느슨할 때

03 공구 사용법에 대한 설명으로 틀린 것은?

① 볼트머리나 너트에 맞는 렌치를 사용하여 작업한다.
② 조정 렌치는 고정 조가 있는 부분으로 힘이 가해지게 하여 사용한다.
③ 스패너 작업은 당기면서 하는 것보다 밀어서 작업하는 것이 안전하다.
④ 스패너에 파이프 등을 끼워서 사용해서는 안 된다.

해설 스패너나 렌치는 항상 당기면서 작업해야 안전하다. 밀면서 작업할 경우에는 너트나 볼트가 갑자기 느슨해졌을 때 순간적인 힘을 제어하기 어려워 손등을 주변에 부딪치는 사고가 발생할 수 있다.

04 건설기계 안전기준에 관한 규칙에서 카운터밸런스 지게차의 전경각은 몇 도 이하로 규정하고 있는가?(단, 철판 코일을 들어 올릴 수 있는 특수한 구조 또는 안전경보장치 등을 설치한 경우는 제외)

① 6도 ② 8도
③ 10도 ④ 12도

해설 카운터밸런스 지게차의 전경각은 6도 이하, 후경각은 12도 이하여야 한다(건설기계 안전기준에 관한 규칙 제20조제3항).

05 경고표지로 사용되지 않는 것은?

① 인화성물질 경고
② 방진마스크 경고
③ 낙하물 경고
④ 급성독성물질 경고

해설 방진마스크에 대한 안전 · 보건표지는 방진마스크의 착용을 요구하는 지시표지로 경고표지는 아니다.

★

06 기관의 오일펌프 유압이 낮아지는 원인이 아닌 것은?

① 베어링의 오일 간극이 클 때
② 윤활유의 양이 부족할 때
③ 윤활유 점도가 너무 높을 때
④ 오일펌프의 마모가 심할 때

해설 **기관의 오일펌프 유압이 낮아지는 원인**
- 오일펌프의 마모가 심할 때
- 유압조절밸브 스프링의 장력이 약화되었을 때
- 윤활유가 누출되어 양이 부족할 때
- 윤활유가 희석되는 등의 이유로 점도가 낮아졌을 때
- 베어링의 오일 간극이 클 때
- 윤활유 라인에 공기가 유입되었을 때

★★★

07 지게차의 조향장치 원리는 무슨 형식인가?

① 포토 레스형 ② 전부동식
③ 빌드업형 ④ 애커먼 장토식

해설 지게차는 뒷바퀴를 움직여 주행 방향을 전환하며 조향 원리로 애커먼 장토식을 사용한다.

08 다음 중 전압에 대한 설명으로 옳은 것은?

① 물질에 전류가 흐를 수 있는 정도를 나타낸다.
② 전기적인 높이, 즉 전기적인 압력을 말한다.
③ 도체의 저항에 의해 발생되는 열을 나타낸다.
④ 자유전자가 도선을 통하여 흐르는 것을 말한다.

해설 ① 전기전도도에 대한 설명이다.
③ 전류가 저항에 의해 소비하는 에너지가 열로 전환되는 전류의 발열작용에 대한 설명이다.
④ 전기는 자유전자의 흐름에 의해 발생하며 자유전자와 반대 방향으로 이동하는 전하의 흐름은 전류라고 한다.

정답 01.③ 02.② 03.③ 04.① 05.② 06.③ 07.④ 08.②

★★★
09 일반적인 작업장에서 지켜야 할 안전사항으로 가장 거리가 먼 것은?

① 해머는 반드시 장갑을 착용하고 사용한다.
② 장비의 청소 작업은 기계를 정지 후 실시한다.
③ 안전모를 착용한다.
④ 주유 시 장비의 시동을 끈다.

해설 해머 작업 중 장갑 착용은 손잡이의 미끄러짐을 유발할 수 있다. 따라서 해머 작업은 기름이 묻지 않은 손으로 하며, 장갑을 착용하는 경우에는 미끄럼 방지 처리가 되어 있는 장갑을 착용해야 한다.

10 지게차 전면부 마스트 주변을 구성하는 부품이 아닌 것은?

① 카운터 웨이트 ② 포크
③ 백 레스트 ④ 핑거 보드

해설 카운터 웨이트는 지게차의 맨 뒤쪽에 설치되는 평형추로 화물의 중량 때문에 균형이 앞으로 쏠리는 것을 방지하는 역할을 한다.

★★★★★
11 다음 중 도로교통법에서 주차를 금지하고 있는 장소가 아닌 것은?

① 교차로의 가장자리로부터 5m 이내인 곳
② 소방용수시설 또는 소화설비, 경보설비 등 소방시설이 설치된 곳으로부터 5m 이내인 곳
③ 전신주로부터 20m 이내인 곳
④ 터널 안 및 다리 위

해설 **정차 및 주차의 금지**(도로교통법 제32조)
1. 교차로 · 횡단보도 · 건널목이나 보도와 차도가 구분된 도로의 보도(노상주차장은 제외)
2. 교차로의 가장자리나 도로의 모퉁이로부터 5미터 이내인 곳
3. 안전지대가 설치된 도로에서는 그 안전지대의 사방으로부터 각각 10미터 이내인 곳
4. 버스여객자동차의 정류지임을 표시하는 기둥이나 표지판 또는 선이 설치된 곳으로부터 10미터 이내인 곳
5. 건널목의 가장자리 또는 횡단보도로부터 10미터 이내인 곳
6. 소방용수시설 또는 비상소화장치가 설치된 곳, 대통령령으로 정하는 소방시설이 설치된 곳으로부터 5미터 이내인 곳
7. 시 · 도경찰청장이 도로에서의 위험을 방지하고 교통의 안전과 원활한 소통을 확보하기 위하여 필요하다고 인정하여 지정한 곳
8. 시장 등이 지정한 어린이 보호구역

주차금지의 장소(도로교통법 제33조)
- 터널 안 및 다리 위
- 도로공사를 하고 있는 경우에는 그 공사 구역의 양쪽 가장자리로부터 5미터 이내인 곳
- 다중이용업소의 영업장이 속한 건축물로 소방본부장의 요청에 의하여 시 · 도경찰청장이 지정한 곳으로부터 5미터 이내인 곳
- 시 · 도경찰청장이 도로에서의 위험을 방지하고 교통의 안전과 원활한 소통을 확보하기 위하여 필요하다고 인정하여 지정한 곳

★★★
12 지게차의 작동레버로 포크로 물건을 올리고 내리는 데 사용하는 것은?

① 사이드 레버 ② 리프트 레버
③ 틸트 레버 ④ 변속 레버

해설 포크는 리프트 레버와 틸트 레버를 통해 움직일 수 있다. 리프트 레버는 포크를 올리고 내리는 데 사용하며, 틸트 레버는 포크를 앞뒤로 기울이는 데 사용한다.

★★★★
13 유압장치에서 가변용량형 유압펌프를 나타내는 기호는?

① 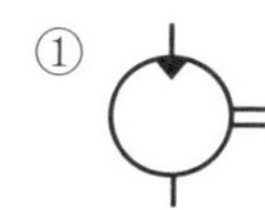
② 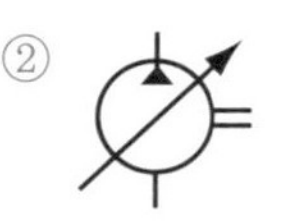
③
④

해설 ① 정용량형 유압모터
③ 단동 실린더
④ 유량조절밸브(가변교축밸브)

★★
14 지게차 중 특수건설기계에 해당하는 것은?

① 텔레스코픽 지게차 ② 리치스태커식 지게차
③ 전동식 지게차 ④ 트럭지게차

해설 국토교통부에서 고시한 특수건설기계의 지정에 따라 운전석이 있는 주행차대에 별도의 조종석을 포함한 장치를 가진 것을 트럭지게차라 하며, 특수건설기계로 분류한다.

15 도로에서 차의 신호에 대한 설명으로 옳지 않은 것은?

① 방향전환을 할 시에는 신호를 하여야 한다.
② 진로변경의 행위가 다른 차의 통행에 장애를 줄 경우 진로를 변경해서는 안 된다.
③ 신호의 시기 및 방법은 운전자가 편한 대로 한다.
④ 진로변경 시에는 손이나 등화로 신호할 수 있다.

해설 ③ 신호를 하는 시기와 방법은 대통령령으로 정한다(도로교통법 제38조제2항).

★★
16 드릴 작업 시 주의해야 할 사항으로 틀린 것은?

① 드릴을 끼운 후 척 렌치는 그대로 둔다.
② 칩을 제거할 때는 회전을 중지한 상태에서 솔로 제거한다.
③ 일감은 견고하게 고정시키며, 손으로 잡고 구멍을 뚫지 않도록 주의한다.
④ 머리가 긴 사람은 묶어서 드릴에 말리지 않도록 주의한다.

해설 드릴을 끼운 후 척 렌치(척키)는 반드시 빼두어야 한다.

17 인력으로 운반 작업을 할 때 틀린 것은?

① 드럼통과 LPG 봄베는 굴려서 운반한다.
② 긴 물건은 앞쪽을 위로 올린다.
③ 공동운반에서는 서로 협조를 하여 작업한다.
④ 무리한 몸가짐으로 물건을 들지 않는다.

해설 LPG 봄베는 넘어짐 등으로 인한 충격이 가해졌을 때 사고를 유발할 수 있으므로 굴려서 운반하면 안 된다.

정답 09.① 10.① 11.③ 12.② 13.② 14.④ 15.③ 16.① 17.①

18 지게차의 포크를 상승 및 하강시키는 유압 실린더의 방식은?

① 복동식 ② 틸트식
③ 왕복식 ④ 단동식

해설 포크는 상승 시에만 유압이 공급되고, 하강 시에는 중력의 힘을 이용하는 단동식 유압 실린더에 의해 움직인다.

★★
19 유압 액추에이터의 역할로 옳은 것은?

① 유압을 일로 바꾸는 장치
② 유압의 오염을 방지하는 장치
③ 유압의 방향을 바꾸는 장치
④ 유압의 빠르기를 조정하는 장치

해설 유압 액추에이터는 유압펌프로부터 공급된 작동유의 유압을 기계적인 일로 변환시키는 장치이다.

★★★★
20 축전지의 구비조건으로 가장 거리가 먼 것은?

① 배터리의 용량이 클 것
② 전기적 절연이 완전할 것
③ 가급적 크고 다루기가 쉬울 것
④ 전해액의 누설방지가 완전할 것

해설 **축전지의 구비조건**
- 소형, 경량이고 수명이 길 것
- 진동에 견딜 수 있을 것
- 전기적 절연이 완전할 것
- 배터리의 용량이 크고 저렴할 것
- 전해액의 누설방지가 완전할 것
- 다루기 편리할 것

★★★★
21 유압장치의 구성요소가 아닌 것은?

① 제어밸브 ② 차동장치
③ 유압모터 ④ 유압펌프

해설 차동장치는 주행 중 선회할 시 안쪽과 바깥쪽 바퀴의 회전수를 조정해 주는 장치로 유압계통과 관련이 없다.

22 지게차의 이동작업 중 주의사항으로 틀린 것은?

① 화물 아래에 사람이 서 있거나 지나가게 해서는 안 된다.
② 보행자와 장애물을 주의하여 운전한다.
③ 경사면에서 운행할 때는 화물을 경사면 아래쪽을 향하게 한다.
④ 경사면에서 운행할 때는 화물을 경사면 위쪽으로 향하게 한다.

해설 화물을 적재한 지게차로 경사면을 운행할 시 화물은 항상 위쪽을 향하도록 해야 한다. 만약 화물을 싣고 경사 아래로 내려가야 한다면 후진으로 내려온다.

★
23 기관에 사용되는 시동모터가 회전이 안 되거나 회전력이 약한 원인이 아닌 것은?

① 브러시가 정류자에 잘 밀착되어 있다.
② 배터리 전압이 낮다.
③ 시동스위치 접촉 불량이다.
④ 배터리 단자와 터미널의 접촉이 나쁘다.

해설 브러시와 정류자의 밀착이 불량하면 시동모터의 회전에 문제가 발생할 수 있다.

★★★
24 유압모터의 특징이 아닌 것은?

① 관성력이 크며, 소음이 크다.
② 광범위한 무단변속을 얻을 수 있다.
③ 급정거를 쉽게 할 수 있다.
④ 작동이 신속, 정확하다.

해설 유압모터는 관성력이 작고 소음이 작다.

25 지게차가 완충장치(현가스프링)을 사용하지 않는 이유는?

① 롤링 시 적하물이 떨어지기 때문이다.
② 작업 능률이 저하되기 때문이다.
③ 리프트 실린더가 포크를 상승, 하강시키기 때문이다.
④ 후륜 조향장치이기 때문이다.

해설 현가스프링을 사용하면 롤링(좌우 진동)이 발생하여 적하물이 떨어질 수 있기 때문이다.

26 마스트 점검 사항으로 틀린 것은?

① 각종 볼트 및 클램프류의 풀림 상태를 점검한다.
② 리프트 실린더의 로드 부위를 깨끗하게 유지한다.
③ 작업을 하지 않을 때는 포크를 약 30cm 올려놓아야 한다.
④ 작동 오일이 흐르는 부위의 피팅, 호스류들의 누유를 점검한다.

해설 지게차의 포크는 주차 시 바닥까지 완전히 내리며 주행 시에도 20cm 이상 들어 올리지 않도록 한다.

27 소형 또는 대형 건설기계조종사 면허증 발급 신청 시 첨부하는 서류의 종류가 아닌 것은?

① 국가기술자격증 정보
② 신체검사서
③ 소형건설기계 조종교육이수증(소형면허 신청 시)
④ 주민등록등본

해설 **건설기계조종사 면허**(건설기계관리법 시행규칙 제71조)

① 건설기계조종사 면허를 받고자 하는 자는 건설기계조종사 면허증 발급신청서에 다음의 서류를 첨부하여 시장 · 군수 또는 구청장에게 제출하여야 한다.
1. 신체검사서
2. 소형건설기계 조종교육이수증(소형건설기계조종사면허증을 발급신청하는 경우에 한정)
3. 건설기계조종사 면허증(건설기계조종사 면허를 받은 자가 면허의 종류를 추가하고자 하는 때에 한함)
4. 6개월 이내에 촬영한 모자를 쓰지 않은 상반신 사진 2매

② 제1항의 경우 시장 · 군수 또는 구청장은 행정정보의 공동이용을 통하여 다음의 정보를 확인하여야 하며, 신청인이 확인에 동의하지 아니하는 경우에는 해당 서류의 사본을 첨부하도록 하여야 한다.
1. 국가기술자격증 정보(소형건설기계조종사 면허증을 발급신청하는 경우는 제외)
2. 자동차운전면허 정보(3톤 미만의 지게차를 조종하려는 경우에 한정)

정답 18.④ 19.① 20.③ 21.② 22.③ 23.① 24.① 25.① 26.③ 27.④

★★★★★
28 건설기계검사의 종류에 해당되는 것은?

① 계속검사 ② 임시검사
③ 예비검사 ④ 수시검사

해설 건설기계의 검사에는 신규등록검사, 정기검사, 구조변경검사, 수시검사가 있다.

★★
29 안전기준을 초과하는 화물의 적재허가를 받은 자는 그 길이 또는 그 폭의 양 끝에 몇cm 이상의 빨간 헝겊으로 된 표지를 달아야 하는가?

① 너비 5cm, 길이 10cm
② 너비 10cm, 길이 20cm
③ 너비 100cm, 길이 200cm
④ 너비 30cm, 길이 50cm

해설 안전기준을 넘는 화물의 적재허가를 받은 사람은 그 길이 또는 폭의 양끝에 너비 30센티미터, 길이 50센티미터 이상의 빨간 헝겊으로 된 표지를 달아야 한다. 다만 밤에 운행하는 경우에는 반사체로 된 표지를 달아야 한다(도로교통법 시행규칙 제26조제3항).

★★★
30 도로교통법상 모든 차의 운전자가 서행해야 하는 장소에 해당하지 않는 곳은?

① 편도 2차로 이상의 다리
② 비탈길의 고갯마루
③ 도로가 구부러진 부근
④ 가파른 비탈길의 내리막길

해설 서행해야 하는 장소(도로교통법 제31조)
1. 교통정리를 하고 있지 않는 교차로
2. 도로가 구부러진 부근
3. 비탈길의 고갯마루 부근
4. 가파른 비탈길의 내리막
5. 시 · 도경찰청장이 안전표지로 지정한 곳

★★★★★
31 둘 이상의 분기회로를 가질 때 각 유압 실린더를 일정한 순서로 순차 작동시키고자 할 때 사용하는 것은?

① 체크 밸브 ② 교축 밸브
③ 언로드 밸브 ④ 시퀀스 밸브

해설 시퀀스 밸브는 2개 이상의 분기회로가 있는 회로에서 작동 순서를 회로의 압력 등으로 제어하는 밸브이다.

32 지게차 브레이크 장치가 갖추어야 할 조건으로 틀린 것은?

① 신뢰성과 내구성이 뛰어날 것
② 점검 및 조정이 쉬울 것
③ 작동이 확실할 것
④ 큰 힘으로 작동될 것

해설 제동에는 큰 마찰력이 필요하지만 브레이크는 그 마찰력의 크기보다 아주 작은 힘으로도 작동할 수 있어야 한다.

★★★★
33 가연물에 따라 화재를 분류할 때, 다음 중 유류화재는?

① D급 화재 ② C급 화재
③ B급 화재 ④ A급 화재

해설 화재의 종류
- A급 화재 : 일반화재
- B급 화재 : 유류화재
- C급 화재 : 전기화재
- D급 화재 : 금속화재
- E급 화재 : 가스화재
- K급 화재 : 주방화재

34 지게차의 조향 릴리프 압력에 대한 설명으로 틀린 것은?

① 압력 측정은 조향 핸들을 한쪽 방향으로 완전히 꺾고 측정한다.
② 압력을 규정치 이상으로 조정하면 유압라인이 파손될 수 있다.
③ 압력 게이지는 메인 유압펌프의 게이지 포트에 설치한다.
④ 압력 측정은 엔진 회전수가 낮을 때 측정한다.

해설 압력을 측정할 때 엔진의 회전수는 주행 시의 수준까지 올려야 한다.

35 유압펌프에서 소음이 발생하는 원인이 아닌 것은?

① 펌프에 이물질 혼입 ② 흡입 라인의 막힘
③ 유압유 내의 공기 혼입 ④ 엔진의 출력 저하

해설 유압펌프의 소음 발생원인
- 흡입 라인 막힘
- 유압유 양이 적고 점도가 너무 높음
- 유압유 내에 공기 혼입
- 유압펌프의 베어링 마모

※ 이물질의 유입은 베어링을 비롯한 내부부품의 마모와 작동불량을 유발한다.

★★★
36 건설기계관리법상 조종사 면허를 받은 자가 면허의 효력이 정지된 때는 그 사유가 발생한 날부터 며칠 이내에 주소지를 관할하는 시장 · 군수 또는 구청장에게 그 면허증을 반납해야 하는가?

① 60일 이내 ② 100일 이내
③ 10일 이내 ④ 30일 이내

해설 건설기계조종사 면허를 받은 사람은 면허가 취소된 때, 면허의 효력이 정지된 때, 면허증의 재교부를 받은 후 잃어버린 면허증을 발견한 때에는 그 사유가 발생한 날부터 10일 이내에 시장 · 군수 또는 구청장에게 그 면허증을 반납해야 한다(건설기계관리법 시행규칙 제80조제1항).

★★
37 유압 작동유가 갖춰야 할 조건으로 옳은 것은?

① 산화작용이 잘 일어나야 한다.
② 유동점이 높아야 한다.
③ 점도지수가 높아야 한다.
④ 소포성이 낮아야 한다.

해설 유압 작동유의 주요 구비조건
- 내열성이 크고 거품이 적을 것(높은 소포성)
- 높은 화학적 안정성(산화방지)
- 높은 점도지수
- 적정한 유동성과 점성
- 온도에 의한 점도 변화 적음
- 방청 및 방식성

정답 28.④ 29.④ 30.① 31.④ 32.④ 33.③ 34.④ 35.④ 36.③ 37.③

38 기관의 크랭크축 베어링의 구비조건으로 볼 수 없는 것은?

① 내피로성이 있을 것 ② 매입성이 있을 것
③ 마찰 계수가 클 것 ④ 추종 유동성이 있을 것

해설 크랭크축 베어링의 필수조건
- 마찰 계수가 작을 것
- 고온 강도가 크고 길들임성이 좋을 것
- 내피로성, 내부식성, 내마멸성이 클 것
- 매입성, 추종 유동성, 하중 부담 능력이 있을 것

39 수동변속기가 장착된 지게차의 변속기 설치 이유와 거리가 먼 것은?

① 기관 시동 시 기관을 무부하 상태로 하기 위해
② 지게차의 전체 중량을 감소시키기 위해
③ 전진과 후진을 위해
④ 기어 변속 시 기관의 동력을 차단하기 위해

해설 기어 변속 시 기관의 동력을 차단하는 것은 클러치의 역할이다.

★★★★★
40 지게차 주행 시 포크의 높이로 가장 적절한 것은?

① 지면으로부터 20~30cm 정도 높인다.
② 지면으로부터 90cm 정도 높인다.
③ 지면으로부터 60~70cm 정도 높인다.
④ 최대한 높이를 올리는 것이 좋다.

해설 포크를 높이 들어 올리면 화물을 떨어뜨리는 등의 사고를 유발할 수 있으므로 20~30cm 정도 높이도록 한다.

41 건설기계사업자가 영업의 양도를 할 때, 시장이나 군수는 건설기계사업자의 지위를 승계한 자의 신고수리 여부를 신고를 받은 날로부터 며칠 이내에 통지하여야 하는가?

① 14일 ② 5일
③ 7일 ④ 10일

해설 시장 · 군수 또는 구청장은 건설기계사업자의 지위를 승계한 자의 신고를 받은 날부터 10일 이내에 신고수리 여부를 신고인에게 통지하여야 한다(건설기계관리법 제24조의2제5항).

★★★
42 작업장에서 안전모, 작업화, 작업복을 착용하도록 하는 이유는?

① 작업자의 복장을 통일하기 위하여
② 작업자의 정신 통일을 위하여
③ 공장의 미관을 위하여
④ 작업자의 안전을 위하여

해설 안전모와 작업화, 작업복은 재해로부터 작업자의 신체를 보호하기 위해서 착용해야 한다.

★★★
43 지게차의 작업장치를 나열한 것으로 틀린 것은?

① 틸트실린더, 포크 ② 백레스트, 리프트 실린더
③ 변속기, 클러치 ④ 마스트, 캐리지

해설 변속기와 클러치는 동력전달장치이다.

★★
44 교류발전기에서 교류를 직류로 바꾸어주는 것은?

① 계자 ② 다이오드
③ 브러시 ④ 슬립링

해설 교류발전기에서 다이오드는 정류기 역할을 하여 교류를 직류로 변환시킨다.

★★
45 디젤기관 냉각장치에서 냉각수의 비등점을 높여주기 위해 설치된 부품으로 옳은 것은?

① 코어 ② 보조탱크
③ 냉각핀 ④ 압력식 캡

해설 압력식 캡은 냉각수에 압력을 가해 비등점(끓는점)을 높인다.

★★★★
46 소유자의 신청이나 시 · 도지사의 직권으로 건설기계의 등록을 말소할 수 있는 사유에 해당하지 않는 것은?

① 건설기계를 수출하는 경우
② 건설기계를 폐기한 경우
③ 건설기계를 교육 · 연구 목적으로 사용하는 경우
④ 건설기계를 장기간 운용하지 않을 경우

해설 시 · 도지사는 등록된 건설기계가 다음의 하나에 해당하는 경우에는 그 소유자의 신청이나 시 · 도지사의 직권으로 등록을 말소할 수 있다. 다만, 제1호, 제5호, 제8호(제34조의2제2항에 따라 폐기한 경우로 한정한다) 또는 제12호에 해당하는 경우에는 직권으로 등록을 말소하여야 한다(건설기계관리법 제6조제1항).
1. 거짓이나 그 밖의 부정한 방법으로 등록을 한 경우
2. 건설기계가 천재지변 또는 이에 준하는 사고 등으로 사용할 수 없게 되거나 멸실된 경우
3. 건설기계의 차대가 등록 시의 차대와 다른 경우
4. 건설기계가 건설기계안전기준에 적합하지 않게 된 경우
5. 정기검사 명령, 수시검사 명령 또는 정비 명령에 따르지 아니한 경우
6. 건설기계를 수출하는 경우
7. 건설기계를 도난당한 경우
8. 건설기계를 폐기한 경우
9. 건설기계해체재활용업자에게 폐기를 요청한 경우
10. 구조적 제작 결함 등으로 건설기계를 제작자, 판매자에게 반품한 경우
11. 건설기계를 교육 · 연구 목적으로 사용하는 경우
12. 내구연한을 초과한 건설기계(정밀진단을 받아 연장된 경우는 그 연장기간을 초과한 건설기계)
13. 건설기계를 횡령 또는 편취당한 경우

★★★
47 해머 작업의 안전수칙으로 가장 거리가 먼 것은?

① 면장갑을 끼고 해머 작업을 하지 말 것
② 공동으로 해머 작업 시 호흡을 맞출 것
③ 해머를 사용할 때 자루 부분을 확인할 것
④ 강한 타격력이 요구될 때에는 연결대를 끼워서 작업할 것

해설 원심력에 의해 해머가 연결대에서 빠질 경우 큰 사고가 발생할 수 있다.

★★★
48 지게차의 조종 레버에 대한 설명으로 틀린 것은?

① 로어링 : 짐을 내릴 때 사용
② 덤핑 : 짐을 옮길 때 사용
③ 리프팅 : 짐을 올릴 때 사용
④ 틸팅 : 짐을 기울일 때 사용

해설 로어링과 리프팅은 리프트 레버로 포크를 내리거나 올리는 조작이며, 틸팅은 틸트 레버로 마스트를 전경 또는 후경시키는 조작이다.

정답 38.③ 39.④ 40.① 41.④ 42.④ 43.③ 44.② 45.④ 46.④ 47.④ 48.②

★
49 유압오일에서 온도에 따른 점도 변화 정도를 표시하는 것은?

① 점도지수 ② 관성력
③ 윤활성 ④ 점도분포

해설 점도지수는 오일이 온도의 변화에 따라 점도가 변하는 정도를 수치로 나타낸 것이다.

50 디젤기관의 노킹 발생원인과 다른 것은?

① 기관이 과도하게 냉각되어 있다.
② 노즐의 분무상태가 불량하다.
③ 착화기간 중 분사량이 많다.
④ 세탄가가 높은 연료를 사용하였다.

해설 세탄가가 높은 연료를 사용하면 착화성이 좋아져 노킹이 방지된다.

★★★
51 지게차 작업장치의 동력전달기구가 아닌 것은?

① 틸트 실린더 ② 리프트 실린더
③ 리프트 체인 ④ 트렌치호

해설 트렌치호는 기중기나 굴착기가 도랑 파기 작업에 사용하는 작업장치이다.

52 중량물을 들어 올리거나 내릴 때 손이나 발이 중량물과 지면 등에 끼어 발생하는 재해는?

① 협착 ② 전도
③ 낙하 ④ 충돌

해설 전도는 사람이나 장비가 넘어지는 경우, 낙하는 떨어지는 물체에 맞는 경우, 충돌은 사람이나 장비가 정지한 물체에 부딪히는 경우를 말한다.

★★★
53 유압유의 흐름을 한쪽으로만 허용하고 반대방향의 흐름을 제어하는 밸브는?

① 매뉴얼 밸브 ② 릴리프 밸브
③ 카운터 밸런스 밸브 ④ 체크 밸브

해설 체크 밸브는 방향제어 밸브의 일종으로 유압의 흐름을 한 방향으로만 통과시키며 역방향의 흐름을 막는다.

★★★★★
54 건설기계 등록번호표의 색칠 기준으로 틀린 것은?

① 영업용 – 주황색 판에 흰색 문자
② 자가용 – 녹색 판에 흰색 문자
③ 관용 – 흰색 판에 검은색 문자
④ 수입용 – 적색 판에 흰색 문자

해설 건설기계 등록번호표의 색칠 기준 : 자가용–녹색 판에 흰색 문자, 영업용–주황색 판에 흰색 문자, 관용–흰색 판에 검은색 문자

건설기계 등록번호표 색상이 비사업용(관용/자가용)은 흰색 바탕에 검은색 문자, 대여사업용은 주황색 바탕에 검은색 문자로 변경되었습니다(2022.05.25. 개정/2022.11.26.시행). 개정 전후 내용을 반드시 알아두세요!!!!

55 카운터밸런스 지게차 마스트 후경각의 일반적인 최대치는?

① 15° ② 9°
③ 6° ④ 12°

해설 카운터밸런스 지게차의 전경각은 6도 이하, 후경각은 12도 이하여야 한다(건설기계 안전기준에 관한 규칙 제20조제3항).

★
56 유압탱크의 부속장치가 아닌 것은?

① 배유구 ② 피스톤 로드
③ 유면계 ④ 배플 플레이트

해설 피스톤 로드는 액추에이터 및 실린더를 구성하는 부속장치이다.

★
57 유압장치의 일상점검항목이 아닌 것은?

① 오일의 양 점검 ② 탱크 내부 점검
③ 변질상태 점검 ④ 오일의 누유 여부 점검

해설 탱크 내부의 점검은 일상점검보다는 반기나 연간 단위로 정기점검을 하는 것이 적절하다.

58 디젤기관의 과급기에 대한 설명으로 틀린 것은?

① 흡입 공기에 압력을 가해 공기를 공급한다.
② 배기 터빈과급기는 주로 원심식이 가장 많이 사용된다.
③ 과급기를 설치하면 엔진 중량과 출력이 감소된다.
④ 체적효율을 높이기 위해 인터쿨러를 사용한다.

해설 과급기는 엔진에 고밀도 공기를 공급하고 더 많은 산소를 공급하여 연소 효율을 높이는 장치로 과급기를 설치하면 엔진의 중량이 약간 증가하고 출력은 중량 증가분에 비해 큰 폭으로 상승한다.

★★★
59 지게차의 타이어 트레드에 대한 설명으로 틀린 것은?

① 타이어의 공기압이 높으면 가장자리보다 중앙부의 마모가 크다.
② 트레드가 마모되면 구동력과 선회력이 저하된다.
③ 트레드가 마모되면 열의 발산이 불량하게 된다.
④ 트레드가 마모되면 지면과 접촉 면적이 크게 됨으로써 마찰력이 증대되어 제동성능은 좋아진다.

해설 트레드가 마모된 타이어는 마른 노면에서는 더 좋은 제동성능을 보이지만, 젖은 노면에서는 수막현상을 일으켜 제동성능이 크게 떨어지므로 반드시 교체해야 한다.

★★★★★
60 건설기계관리법상 건설기계사업에 해당하는 것이 아닌 것은?

① 건설기계매매업 ② 건설기계제작업
③ 건설기계대여업 ④ 건설기계정비업

해설 건설기계관리법상의 건설기계사업은 건설기계대여업, 건설기계정비업, 건설기계매매업, 건설기계해체재활용업을 말한다.

정답 49.① 50.④ 51.④ 52.① 53.④ 54.④ 55.④ 56.② 57.② 58.③ 59.④ 60.②

2019 기출분석문제

01 도로교통법상 어린이와 유아는 몇 살 미만의 사람을 말하는가?

① 12세 – 6세 ② 13세 – 7세
③ 13세 – 6세 ④ 12세 – 7세

해설 도로교통법상 어린이는 13세 미만인 사람을, 영유아는 6세 미만인 사람을 말한다.

02 지게차로 화물을 운반할 때 마스트를 몇 도 정도 기울여야 하는가?

① 3° ② 6°
③ 10° ④ 12°

해설 운반 중 마스트를 뒤로 약 6° 정도 경사시킨다.

03 건설기계대여업의 등록을 하려는 자는 국토교통부령이 정하는 서류를 첨부하여 어디에 등록신청서를 제출하여야 하는가?

① 국토교통부장관 ② 도지사
③ 시장, 군수 또는 구청장 ④ 고용노동부장관

해설 건설기계대여업의 등록을 하려는 자는 건설기계대여업등록신청서에 국토교통부령이 정하는 서류를 첨부하여 시장 · 군수 또는 구청장에게 제출하여야 한다(건설기계관리법 시행령 제13조).

★★★
04 지게차의 카운터 웨이트 기능에 대한 설명으로 옳은 것은?

① 작업 시 안정성을 주고 장비의 밸런스를 잡아 준다.
② 접지면적을 높여 준다.
③ 접지압을 높여 준다.
④ 더욱 무거운 중량을 들 수 있도록 임의로 조절해 준다.

해설 평형추(카운터 웨이트)는 지게차 맨 뒤쪽에 설치되어 차체 앞쪽에 화물을 실었을 때 쏠리는 것을 방지한다.

★
05 직류발전기와 비교한 교류발전기의 특징으로 틀린 것은?

① 전류조정기만 있으면 된다.
② 브러시의 수명이 길다.
③ 소형이며 경량이다.
④ 저속 시에도 충전이 가능하다.

해설 **교류발전기의 특징**
저속에서 충전이 가능, 전압조정기만 필요함, 소형 경량, 브러시 수명이 길, 출력이 크고 고속회전에 잘 견딤

★★
06 다음의 기호가 의미하는 것은?

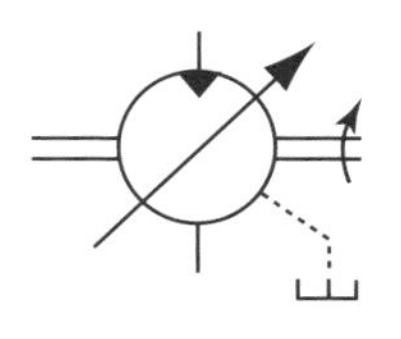

① 유압모터 ② 유압 펌프
③ 공기압 모터 ④ 요동 모터

★★★
07 디젤기관에서 연료라인에 공기가 혼입되었을 때의 현상으로 맞는 것은?

① 분사압력이 높아진다.
② 디젤 노크가 일어난다.
③ 연료 분사 량이 많아진다.
④ 기관 부조 현상이 발생된다.

해설 연료라인에 공기가 혼입되면 연료가 불규칙하게 공급되어 부조가 발생한다.

08 건설기계장비가 시동되지 않아 시동장치를 점검하려고 한다. 적절하지 않은 것은?

① 시동전동기의 손상 및 파손 여부 점검
② 축전지의 단선 및 접촉상태 점검
③ 발전기의 성능 점검
④ 마그넷 스위치 점검

해설 발전기는 축전지 충전장치이다.

★★★★
09 지게차의 조종 레버에 대한 설명으로 옳지 않은 것은?

① 리프트 레버를 당기면 포크가 올라간다.
② 틸트 레버를 밀면 마스트가 앞으로 기울어진다.
③ 틸트 레버를 놓으면 자동으로 중립 위치로 복원된다.
④ 리프트 레버를 놓으면 자동으로 중립 위치로 복원되지 않는다.

해설 리프트 레버를 놓으면 자동으로 중립 위치로 복원된다.

★★★★★
10 화물을 적재하고 주행할 때 포크와 지면과의 간격으로 가장 적합한 것은?

① 지면에 밀착 ② 20~30cm
③ 50~55cm ④ 60~75cm

해설 화물을 적재하고 주행할 경우에는 포크와 지면의 간격이 너무 낮거나 높지 않도록 20~30cm를 유지한다.

정답 01.③ 02.② 03.③ 04.① 05.① 06.① 07.④ 08.③ 09.④ 10.②

★★★★

11 지게차에서 리프트 실린더의 상승력이 부족한 원인과 거리가 먼 것은?

① 리프트 실린더에서 유압유 누출
② 오일필터의 막힘
③ 틸트로크 밸브의 밀착 불량
④ 유압 펌프의 불량

해설 기관이 정지했을 때 틸트로크 밸브가 유압회로를 차단하여 틸트 레버를 밀어도 마스트가 경사되지 않게 한다.

★

12 수공구 작업 시 옳지 않은 행동은?

① 펀치 작업 시 문드러진 펀치 날은 연마하여 사용한다.
② 줄 작업 시 줄의 손잡이가 줄 자루에 정확하고 단순하게 끼워져 있는지 확인한다.
③ 정 작업 시에는 작업복 및 보호안경을 착용한다.
④ 스패너 사용 시 스패너로 볼트를 죌 때는 앞으로 당기고 풀 때는 뒤로 민다.

해설 스패너를 죄고 풀 때는 항상 앞으로 당긴다. 몸 쪽으로 당길 때 힘이 걸리도록 한다.

13 지게차가 커브를 돌 때 장비의 회전을 원활히 하는 장치는?

① 차동기어장치 ② 유니버설 조인트
③ 변속기 ④ 최종 구동기어

해설 차동기어장치는 차량의 좌우 바퀴 회전수 변화를 가능하게 하여 요철이 심한 길이나 도로를 선회할 때 무리 없이 회전할 수 있게 한다.

14 지게차 운전 중 다음과 같은 경고등이 점등되었다. 경고등의 명칭은?

① 배터리 경고등 ② 에어크리너 경고등
③ 차량방전 경고등 ④ 연료 없음 경고등

15 건설기계의 조종 중 고의로 인명피해를 입힌 경우 처분으로 옳은 것은?

① 면허효력정지 15일 ② 면허효력정지 30일
③ 면허효력정지 45일 ④ 면허취소

해설 **건설기계의 조종 중 고의로 인명피해를 입힌 때** : 면허취소

★★

16 건설기계조종사 면허가 취소되거나 효력정지 처분을 받은 후에도 건설기계를 계속하여 조종한 자에 대한 벌칙은?

① 50만 원 이하의 벌금
② 100만 원 이하의 벌금
③ 1년 이하의 징역 또는 1천만 원 이하의 벌금
④ 2년 이하의 징역 또는 2천만 원 이하의 벌금

해설 건설기계조종사 면허가 취소되거나 건설기계조종사면허의 효력정지처분을 받은 후에도 건설기계를 계속하여 조종한 자는 1년 이하의 징역 또는 1천만 원 이하의 벌금에 처한다(건설기계관리법 제41조).

★★

17 건설기계의 등록이 말소된 경우 등록번호표와 봉인을 떼어낸 후 며칠 이내에 시 · 도지사에게 반납해야 하는가?

① 5일 이내 ② 10일 이내
③ 15일 이내 ④ 20일 이내

해설 등록된 건설기계의 소유자는 건설기계의 등록이 말소된 경우에는 10일 이내에 등록번호표의 봉인을 떼어낸 후 그 등록번호표를 국토교통부령으로 정하는 바에 따라 시 · 도지사에게 반납하여야 한다(건설기계관리법 제9조).

18 지게차에 화물을 적재하고 주행할 때의 주의사항이다. 바르지 못한 것은?

① 경사진 길을 내려갈 때는 브레이크를 자주 밟게 되어 베이퍼 록이 발생하므로 변속레버를 중립에 두고 내려간다.
② 적재한 화물로 인해 전방시야가 확보되지 않은 경우에는 후진으로 천천히 진행하거나 유도자의 도움을 받는다.
③ 경사진 곳에서 화물을 운반할 때는 오르막에서는 전진으로 내리막에서는 후진으로 운행한다.
④ 적재물이 백레스트에 완전히 닿도록 한 후 운행한다.

해설 경사진 곳을 주행할 때 베이퍼 록을 방지하는 가장 좋은 방법은 엔진브레이크를 사용하는 것이다.

★★★

19 다음 중 유압모터의 장점이 될 수 없는 것은?

① 공기와 먼지 등이 침투하여도 성능에는 영향을 주지 않는다.
② 소형 경량으로서 큰 출력을 낼 수 있다.
③ 속도나 방향 제어가 용이하다.
④ 무단변속이 용이하다.

해설 **유압모터의 장점**

- 무단변속이 용이하다.
- 소형, 경량으로서 큰 출력을 낼 수 있다.
- 속도나 방향 제어가 용이하다.
- 자동 원격조작이 가능하다

유압모터의 단점

- 작동유가 누출되면 작업 성능에 지장이 있다.
- 작동유의 점도변화로 유압모터의 사용에 제약이 따를 수 있다.
- 작동유에 먼지나 공기가 침입하지 않도록 특히 보수에 신경 써야 한다.

정답 11.③ 12.④ 13.① 14.② 15.④ 16.③ 17.② 18.① 19.①

20 다음은 지게차의 어느 부분을 설명한 것인가?

> • 마스트와 프레임 사이에 설치된다.
> • 마스트를 전경 또는 후경시키는 작용을 한다.
> • 레버를 밀면 마스트가 앞으로 기울고, 당기면 마스트가 뒤로 기울어진다.

① 틸트 실린더　② 리프트 실린더
③ 마스트 실린더　④ 슬라이딩 실린더

해설 리프트 실린더는 포크를 상승 · 하강시키는 작용을 하며 틸트 실린더는 마스트를 전경 또는 후경시키는 작용을 한다.

★
21 교차로에서의 좌회전 방법으로 가장 적절한 것은?

① 운전자 편리한 대로 운전한다.
② 교차로 중심 바깥쪽으로 서행한다.
③ 교차로 중심 안쪽으로 서행한다.
④ 앞차의 주행방향으로 따라가면 된다.

해설 모든 차의 운전자는 교차로에서 좌회전을 하려는 경우에는 미리 도로의 중앙선을 따라 서행하면서 교차로의 중심 안쪽을 이용하여 좌회전하여야 한다. 다만 시 · 도경찰청장이 교차로의 상황에 따라 특히 필요하다고 인정하여 지정한 곳에서는 교차로의 중심 바깥쪽을 통과할 수 있다(도로교통법 제25조).

★★★★★
22 도로교통법상 가장 우선하는 신호체계는?

① 운전자의 수신호　② 안전표지의 지시사항
③ 신호기의 신호　④ 경찰공무원의 수신호

해설 도로를 통행하는 보행자, 차마 또는 노면전차의 운전자는 교통안전시설이 표시하는 신호 또는 지시와 교통정리를 하는 경찰공무원 또는 경찰보조자(이하 "경찰공무원 등"이라 한다)의 신호 또는 지시가 서로 다른 경우에는 경찰공무원 등의 신호 또는 지시에 따라야 한다(도로교통법 제5조제2항).

23 안전보호구 선택 시 유의사항이 아닌 것은?

① 작업하는 데 방해가 되지 않아야 한다.
② 착용이 용이하고 사용자에게 편리해야 한다.
③ 식별하기 쉽도록 제작되었다면 품질이 다소 떨어져도 무방하다.
④ 보호구 검정에 합격하고 보호성능이 보장되어야 한다.

해설 안전보호구는 위험요인으로부터 작업자를 완벽하게 방호할 수 있을 정도의 최상의 품질로 제작되어야 하고 그러한 제품을 사용해야 한다.

24 다음 표지판이 나타내는 의미는?

① 차 중량 제한　② 차폭 제한
③ 차 높이 제한　④ 차간거리 확보

★
25 오토기관에 비해 디젤기관의 장점이 아닌 것은?

① 화재의 위험이 적다.
② 열효율이 높다.
③ 가속성이 좋고 운전이 정숙하다.
④ 연료 소비율이 낮다.

해설 디젤기관은 가솔린기관에 비하여 열효율이 높고 연료 소비율이 적다. 연료의 인화점이 높아 그 취급이나 저장에 위험이 적고 대형기관의 제작을 가능하게 한다.

★★★
26 지게차를 주차할 때 취급사항으로 틀린 것은?

① 포크를 지면에 완전히 내린다.
② 기관을 정지한 후 주차 브레이크를 작동시킨다.
③ 시동을 끈 후 시동스위치의 키는 그대로 둔다.
④ 포크의 선단이 지면에 닿도록 마스트를 전방으로 적절히 경사시킨다.

해설 지게차를 주차시킬 때 기관이 완전히 정지된 것을 확인한 후 시동스위치 키를 빼내 안전한 장소에 보관한다.

27 다음 괄호 안에 들어갈 알맞은 말은?

> 일반적으로 건설기계에 설치되는 좌 · 우 전조등은 (　　)로 연결된 복선식 구성이다.

① 직렬　② 병렬
③ 직렬 후 병렬　④ 병렬 후 직렬

해설 전조등은 좌 · 우에 1개씩 설치되어 있어야 하고, 일반적으로 건설기계에 설치되는 좌 · 우 전조등은 병렬로 연결된 복선식 구성이다.

28 디젤기관에서 연소실 내의 공기를 가열하여 기동이 쉽도록 하는 장치는?

① 연료장치　② 예열장치
③ 감압장치　④ 점화장치

해설 디젤기관은 압축착화방식이므로 한랭상태에서는 경유가 잘 착화하지 못해 시동이 어려우므로 예열장치가 흡입 다기관이나 연소실 내의 공기를 미리 가열하여 기동이 쉽도록 한다.

★★★
29 지게차 운전방법으로 옳지 않은 것은?

① 지게차는 완충 스프링이 없으므로 노면이 좋지 않을 때는 저속으로 운행하여야 한다.
② 창고 출입 시 출입문의 크기를 알기 위해서 팔을 밖으로 내밀고 운전한다.
③ 틸트는 적재물이 백레스트에 완전히 닿도록 한 후 운행한다.
④ 주행 방향을 바꿀 때에는 완전 정지 또는 저속에서 운행한다.

해설 지게차에 짐을 싣고 창고나 공장을 출입할 때는 팔이나 몸을 차체 밖으로 내밀지 않는다.

정답 20.① 21.③ 22.④ 23.③ 24.① 25.③ 26.③ 27.② 28.② 29.②

★★★
30 경사진 지역에서 지게차 운전방법으로 옳지 않은 것은?

① 경사지를 오르거나 내려올 때는 급회전을 금해야 한다.
② 운반물을 적재하여 경사지를 주행할 때는 짐이 언덕 위로 향하도록 한다.
③ 운반물을 적재하여 경사지를 주행할 때는 짐이 언덕 아래로 향하도록 한다.
④ 화물을 적재하고 경사지를 내려갈 때는 후진으로 운행해야 한다.

해설 경사지에서는 저속기어로 변속하여 기어 브레이크를 사용하는 것이 좋고, 적재물이 앞으로 쏟아지지 않게 하기 위해서는 화물을 위쪽으로 가게 한 후 주행해야 한다. 또한 후진으로 내려오는 것이 좋다.

31 유압장치에서 고압 소용량, 저압 대용량 펌프를 조합 운전할 때, 작동압이 규정 압력 이상으로 상승 시 동력 절감을 하기 위해 사용하는 밸브는?

① 감압 밸브 ② 릴리프 밸브
③ 시퀀스 밸브 ④ 무부하 밸브

해설 무부하(언로드) 밸브는 유압회로의 압력이 설정 압력에 도달했을 때 유압펌프로부터 전체 유량을 작동유 탱크로 복귀시키는 밸브이다.

★
32 다음 엔진오일 중 오일점도가 가장 낮은 것은?

① SAE #40 ② SAE #10
③ SAE #20 ④ SAE #30

해설 SAE(미국 자동차기술협회) 번호가 클수록 점도가 높고, 번호가 작을수록 점도가 낮은 오일이다.

★★★★
33 엔진식 지게차의 일반적인 조향 방식은?

① 앞바퀴 조향방식이다.
② 뒷바퀴 조향방식이다.
③ 허리꺾기 조향방식이다.
④ 작업조건에 따라 가변적이다.

해설 지게차는 앞바퀴에 하중이 실리게 되어 앞바퀴 조향을 하게 되면 효율이 떨어지고 연료소모가 많아질 수 있으므로 뒷바퀴로 조향한다.

★★★
34 작업장에서 작업복을 착용하는 가장 주된 이유는?

① 작업장의 질서를 확립시키기 위해서이다.
② 작업 능률을 올리기 위해서이다.
③ 재해로부터 작업자의 몸을 보호하기 위해서이다.
④ 작업자의 복장 통일을 위해서이다.

해설 작업복은 작업장에서 일을 할 때 방해가 되지 않는 편한 옷차림을 위한 목적도 있지만 작업자의 안전을 보호하기 위한 목적이 더욱 근본적인 것이다.

35 조명 스위치가 실내에 있으면 안 되는 곳은?

① 공구 보관소 ② 카바이드 보관소
③ 건설기계 장비 차고 ④ 기계류 저장소

해설 카바이드 저장소는 가스가 발생하기 때문에 실내에 조명 스위치나 화기가 있으면 위험하다.

36 지게차의 유압 브레이크와 브레이크 페달은 어떤 원리를 이용한 것인가?

① 랙크 피니언 원리, 베르누이의 정리
② 랙크 피니언 원리, 애커먼 장토식 원리
③ 지렛대 원리, 애커먼 장토식 원리
④ 파스칼 원리, 지렛대 원리

해설 파스칼의 원리란 밀폐된 용기 내에 액체를 가득 채우고 그 용기에 힘을 가하면 그 내부 압력은 용기의 각 면에 수직으로 작용하며 용기 내의 어느 곳이든지 똑같은 압력으로 작용한다는 원리로, 유압 브레이크의 기본이 되는 원리이다. 브레이크 페달은 지렛대 원리를 이용한다.

★
37 일반적으로 오일탱크의 구성품이 아닌 것은?

① 스트레이너 ② 배플
③ 드레인 플러그 ④ 압력조절기

해설 오일탱크는 작동유의 적정 유량을 저장하고, 적정 유온을 유지하며 작동유의 기포 발생 및 제거 역할을 한다. 주입구, 흡입구와 리턴구, 유면계, 배플, 스트레이너, 드레인플러그 등의 부속장치가 있다.

★
38 자연발화가 일어나기 쉬운 조건이 아닌 것은?

① 표면적이 넓다. ② 주위 온도가 높다.
③ 발열량이 크다. ④ 열전도율이 크다.

해설 열전도율은 작아야 한다.

39 동력전달장치 중 재해가 가장 많이 일어날 수 있는 것은?

① 기어 ② 차축
③ 벨트 ④ 커플링

해설 벨트(belt), 풀리(pully)는 회전부가 기관 외부에 노출되어 있기 때문에 점검 · 정비 중에 사고발생률이 높다.

★
40 라디에이터(Radiator)에 대한 설명으로 틀린 것은?

① 라디에이터의 재료 대부분은 알루미늄 합금이 사용된다.
② 단위면적당 방열량이 커야 한다.
③ 냉각 효율을 높이기 위해 방열 핀이 설치된다.
④ 공기 흐름 저항이 커야 냉각 효율이 높다.

해설 **라디에이터 구비조건**
• 공기 흐름 저항이 적을 것
• 냉각수 흐름 저항이 적을 것
• 단위면적당 방열량이 클 것
• 가볍고 작으며 강도가 클 것

정답 30.③ 31.④ 32.② 33.② 34.③ 35.② 36.④ 37.④ 38.④ 39.③ 40.④

★

41 **건설기계를 등록할 때 필요한 서류가 아닌 것은?**

① 건설기계제작증 ② 수입면장
③ 매수증서 ④ 건설기계검사증 등본원부

해설 **건설기계 등록 시 필요한 서류**(건설기계관리법 시행령 제3조)
건설기계의 출처를 증명하는 서류(건설기계제작증, 수입면장 등 수입 사실을 증명하는 서류, 매수증서), 건설기계의 소유자임을 증명하는 서류, 건설기계제원표, 보험 또는 공제의 가입을 증명하는 서류

★★

42 **다음 지게차 중 특수건설기계인 것은?**

① 트럭형 지게차 ② 카운터 밸런스형 지게차
③ 사이드형 지게차 ④ 스트래들형 지게차

해설 **특수건설기계의 지정**
도로보수트럭, 노면파쇄기, 노면측정장비, 콘크리트 믹서트레일러, 아스팔트 콘크리트재생기, 수목이식기, 터널용 고소작업차, 트럭지게차

43 **건설기계의 점검 및 작업 시 지켜야 할 사항으로 가장 거리가 먼 것은?**

① 엔진과 같은 중량물을 탈착할 때에는 반드시 밑에서 잡아주도록 한다.
② 유압계통을 점검하기 전에 작동유가 식었는지를 확인한다.
③ 주행 시 가능하면 평탄면을 이용하도록 하고 운전석을 떠날 때는 기관을 정지한다.
④ 엔진 가동 시에는 소화기를 비치하도록 한다.

해설 무게가 나가는 중량물에 대한 작업이 이루어질 때는 중량물의 밑을 지나가거나 밑에서 받쳐주는 행위를 해서는 절대로 안 된다. 중량물이 낙하하여 큰 사고로 이어질 수 있기 때문이다.

★★

44 **벨트 작업에 대한 설명으로 옳지 않은 것은?**

① 벨트 교환 시 회전을 완전히 멈춘 상태에서 한다.
② 벨트의 회전을 정지시킬 때 손으로 잡는다.
③ 벨트에는 적당한 장력을 유지하도록 한다.
④ 고무벨트에는 기름이 묻지 않도록 한다.

해설 벨트 회전을 정지할 때 손을 사용하는 것은 매우 위험한 일로, 벨트의 마찰에 의한 화상이나 벨트 가드에 손이 끼이게 되어 상해를 입을 수 있다.

45 **연소에 필요한 공기를 실린더로 흡입할 때, 먼지 등의 불순물을 여과하여 피스톤 등의 마모를 방지하는 역할을 하는 장치는?**

① 과급기(super charger)
② 에어 클리너(air cleaner)
③ 냉각장치(cooling system)
④ 플라이휠(fly wheel)

해설 공기청정기(air cleaner)는 흡입공기의 먼지 등을 여과하는 작용 이외에 흡기소음을 감소시키며 역화가 발생할 때 불길을 저지하는 기능을 한다.

★★

46 **유압에너지의 저장, 충격 흡수 등에 이용되는 것은?**

① 오일 냉각기 ② 축압기
③ 스트레이너 ④ 펌프

해설 축압기(accumulator)는 유압펌프에서 발생한 유압을 저장하고 맥동을 소멸시키는 장치로 압력보상, 에너지 축적, 유압회로의 보호, 맥동감쇠, 충격압력 흡수, 일정 압력 유지 등의 기능을 한다.

47 **〈보기〉에서 작업자의 올바른 안전 자세로 모두 짝지어진 것은?**

보기
a. 자신의 안전과 타인의 안전을 고려한다.
b. 작업에 임해서는 아무런 생각 없이 작업한다.
c. 작업장 환경 조성을 위해 노력한다.
d. 작업 안전 사항을 준수한다.

① a, b, c ② a, c, d
③ a, b, d ④ a, b, c, d

해설 작업자는 안전수칙을 준수하고, 작업요령에 주의하면서 작업하도록 한다.

48 **디젤기관의 예열장치에서 코일형 예열플러그와 비교한 실드형 예열플러그의 설명 중 틀린 것은?**

① 발열량이 크고 열용량도 크다.
② 예열플러그들 사이의 회로는 병렬로 결선되어 있다.
③ 기계적 강도 및 가스에 의한 부식에 약하다.
④ 예열플러그 하나가 단선되어도 나머지는 작동된다.

해설 ③ 코일형 예열플러그

★★★

49 **타이어의 트레드에 대한 설명으로 틀린 것은?**

① 트레드가 마모되면 구동력과 선회능력이 저하된다.
② 트레드가 마모되면 지면과 접촉 면적이 크게 됨으로써 마찰력이 증대되어 제동성능은 좋아진다.
③ 타이어의 공기압이 높으면 트레드의 양단부보다 중앙부의 마모가 크다.
④ 트레드가 마모되면 열의 발산이 불량하게 된다.

해설 트레드가 마모되면 타이어 마찰을 증대시켜 주던 요철부분이 없어지게 되므로 미끄러질 위험이 많아 제동성능이 떨어진다.

50 **시동전동기 취급 시 주의사항으로 틀린 것은?**

① 기관이 시동된 상태에서 시동스위치를 켜서는 안 된다.
② 전선 굵기는 규정 이하의 것을 사용하면 안 된다.
③ 시동전동기의 회전속도가 규정 이하이면 오랜 시간 연속 회전시켜도 시동이 되지 않으므로 회전속도에 유의해야 한다.
④ 시동전동기의 연속 사용시간은 60초 정도로 한다.

해설 기동(시동)전동기의 연속 사용시간은 10초 정도로 하고, 불가피한 경우라도 손상 방지를 위하여 최대 연속 사용시간은 30초 이내로 제한해야 한다.

정답 41.④ 42.① 43.① 44.② 45.② 46.② 47.② 48.③ 49.② 50.④

★

51 다음 중 유압회로에서 속도제어회로가 아닌 것은?

① 미터 인 회로 ② 블리드 오프 회로
③ 미터 아웃 회로 ④ 블리드 온 회로

해설 유압회로의 속도제어회로에는 미터 인 회로, 미터 아웃 회로, 블리드 오프 회로가 있다.

★★

52 안전기준을 초과하는 화물의 적재허가를 받은 자는 그 길이 또는 그 폭의 양 끝에 몇 cm 이상의 빨간 헝겊으로 된 표지를 달아야 하는가?

① 너비 15cm, 길이 30cm ② 너비 20cm, 길이 40cm
③ 너비 30cm, 길이 50cm ④ 너비 60cm, 길이 90cm

해설 안전기준을 넘는 화물의 적재허가를 받은 사람은 그 길이 또는 폭의 양끝에 너비 30cm, 길이 50cm 이상의 빨간 헝겊으로 된 표지를 달아야 한다. 다만 밤에 운행하는 경우에는 반사체로 된 표지를 달아야 한다(도로교통법 시행규칙 제26조).

★★

53 건설기계의 구조변경이 가능한 경우는?

① 건설기계의 기종변경
② 적재함의 용량증가를 위한 구조변경
③ 수상작업용 건설기계의 선체의 형식변경
④ 육상작업용 건설기계 규격의 증가

해설 **건설기계의 구조변경이 가능한 경우**(건설기계관리법 시행규칙 제42조)
- 원동기 및 전동기의 형식변경
- 동력전달장치의 형식변경
- 제동장치, 주행장치, 유압장치, 조종장치, 조향장치, 작업장치의 형식변경
- 건설기계의 길이 · 너비 · 높이 등의 변경
- 수상작업용 건설기계의 선체의 형식변경
- 타워크레인 설치기초 및 전기장치의 형식변경

구조변경이 불가능한 경우
- 건설기계의 기종변경
- 육상작업용 건설기계 규격의 증가 또는 적재함의 용량 증가를 위한 구조변경

★★

54 유압유의 구비조건이 아닌 것은?

① 비압축성일 것
② 온도에 의한 점도 변화가 적을 것
③ 방청 및 방식성이 있을 것
④ 체적 탄성계수가 크고 밀도가 높을 것

해설 **유압 작동유의 구비조건**
- 비압축성일 것
- 내열성이 크고 거품이 적을 것
- 점도지수가 높을 것
- 방청 및 방식성이 있을 것
- 체적 탄성계수가 크고 밀도가 작을 것

55 지게차 주행 시 주의해야 할 사항으로 틀린 것은?

① 짐을 싣고 주행할 때는 절대로 속도를 내서는 안 된다.
② 노면의 상태에 충분한 주의를 하여야 한다.
③ 적하 장치에 사람을 태워서는 안 된다.
④ 포크의 끝을 밖으로 경사지게 한다.

해설 지게차 주행 시 포크는 지면에서 20~30cm 정도 올린 다음 마스트가 뒤로 4° 정도 기울게 하여 이동한다.

★

56 지게차의 스프링 장치에 대한 설명으로 맞는 것은?

① 텐덤 드라이브 장치이다. ② 코일스프링 장치이다.
③ 판스프링 장치이다. ④ 스프링 장치가 없다.

해설 지게차에는 현가스프링이 없어 주로 저압 타이어를 사용한다.

★

57 클러치식 지게차 동력 전달 순서는?

① 엔진 → 클러치 → 변속기 → 종감속 기어 및 차동장치 → 앞 구동축 → 차륜
② 엔진 → 변속기 → 클러치 → 종감속 기어 및 차동장치 → 앞 구동축 → 차륜
③ 엔진 → 클러치 → 종감속 기어 및 차동장치 → 변속기 → 앞 구동축 → 차륜
④ 엔진 → 변속기 → 클러치 → 앞 구동축 → 종감속 기어 및 차동장치 → 차륜

해설 **클러치식 지게차 동력전달순서**
엔진 → 클러치 → 변속기 → 종감속 기어 및 차동장치 → 앞 구동축 → 차륜

58 다음 중 안전사고가 일어나는 가장 큰 원인은?

① 열악한 작업환경 ② 작업자의 미숙
③ 불안전한 작업 지시 ④ 불가항력

해설 **안전사고 발생의 원인**
개인의 불안전한 행위 88%, 불안전한 환경 10%, 불가항력 2%

★★

59 유압유에 점도가 서로 다른 2종류의 오일을 혼합하였을 경우에 대한 설명으로 맞는 것은?

① 오일 첨가제의 좋은 부분만 작동하므로 오히려 더욱 좋다.
② 점도가 달라지나 사용에는 전혀 지장이 없다.
③ 혼합은 권장 사항이며 사용에는 전혀 지장이 없다.
④ 열화현상을 촉진한다.

해설 점도가 다른 두 오일을 혼합하게 되면 전체적인 작동유의 점도가 불량하게 되어 과열의 원인이 된다.

★

60 기어 펌프에 대한 설명으로 틀린 것은?

① 소형이며 구조가 간단하다.
② 플런저 펌프에 비해 흡입력이 나쁘다.
③ 플런저 펌프에 비해 효율이 낮다.
④ 초고압에는 사용이 곤란하다.

해설 **기어 펌프의 특징**
- 구조가 간단하고 흡입 성능이 우수하다.
- 다루기 쉽고 가격이 저렴하다.
- 플런저 펌프(피스톤 펌프)에 비해 효율은 떨어진다.
- 오일의 오염에 비교적 강한 편이다.
- 가변 용량형으로 만들기가 곤란하다.

정답 51.④ 52.③ 53.③ 54.④ 55.④ 56.④ 57.① 58.② 59.④ 60.②

2018 기출분석문제

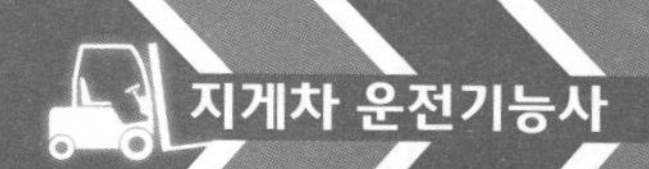

★★★
01 지게차의 마스트를 앞 또는 뒤로 기울도록 자동시키는 것은?

① 포크 ② 틸트 레버
③ 마스트 ④ 리프트 레버

해설 틸트 레버
- 마스트 앞으로 기울어짐(민다)
- 마스트 뒤로 기울어짐(당긴다)

02 지게차 운전 시 주의사항으로 가장 거리가 먼 것은?

① 화물을 실어 전방이 안 보이면 후진으로 주행한다.
② 후진 시에는 경광등, 후진경고등, 경적 등을 사용한다.
③ 경사길에서 내려올 때는 후진으로 진행한다.
④ 동승자를 태우고 교통상황을 확인하며 주행한다.

해설 지게차 주행 시 사람을 태우고 작업하거나 운행하면 안 된다.

★
03 응급구호표지의 바탕색으로 옳은 것은?

① 흰색 ② 노랑
③ 주황 ④ 녹색

해설 응급구호표지의 바탕은 녹색, 관련 부호 및 그림은 흰색을 사용한다.

04 안전관리상 보안경을 사용해야 하는 작업과 가장 거리가 먼 것은?

① 장비 밑에서 정비작업을 할 때
② 산소 결핍 발생이 쉬운 장소에서 작업을 할 때
③ 철분, 모래 등이 날리는 작업을 할 때
④ 전기용접 및 가스용접 작업을 할 때

해설 산소 결핍 발생이 쉬운 장소에서 작업할 경우에는 산소탱크와 산소마스크 등의 기구를 이용하여 작업한다.

★★★★
05 건설기계의 등록을 말소할 수 있는 사유에 해당하지 않는 것은?

① 건설기계를 폐기한 경우
② 건설기계를 수출하는 경우
③ 건설기계를 장기간 운행하지 않게 된 경우
④ 건설기계를 교육 · 연구 목적으로 사용하는 경우

해설 건설기계를 장기간 운행하지 않게 된 경우는 말소 사유에 해당하지 않는다.

★★
06 건설기계의 구조 변경 범위에 속하지 않는 것은?

① 건설기계의 길이, 너비, 높이 변경
② 적재함의 용량 증가를 위한 변경
③ 조종장치의 형식변경
④ 수상작업용 건설기계 선체의 형식변경

해설 건설기계의 기종변경, 육상작업용 건설기계 규격의 증가, 적재함의 용량증가를 위한 구조변경의 경우에는 건설기계관리법 시행규칙에서 규정해 놓은 구조변경이 불가하다(건설기계관리법 시행규칙 제42조 참조).

07 유압기계의 장점이 아닌 것은?

① 속도제어가 용이하다.
② 에너지 축적이 가능하다.
③ 유압장치는 점검이 간단하다.
④ 힘의 전달 및 증폭이 용이하다.

★★★
08 다음 중 유압모터 종류에 속하는 것은?

① 플런저 모터 ② 보올 모터
③ 터빈 모터 ④ 디젤 모터

해설 유압모터는 유압에너지를 이용하여 연속적으로 회전운동을 시키는 장치로 기어모터, 플런저 모터(회전피스톤형), 베인 펌프 등으로 구분한다.

★★★★
09 건설기계를 검사유효기간 만료 후에 계속 운행하고자 할 때는 어느 검사를 받아야 하는가?

① 신규등록검사 ② 계속검사
③ 수시검사 ④ 정기검사

해설 정기검사
건설공사용 건설기계로서 3년의 범위에서 국토교통부령으로 정하는 검사유효 기간이 끝난 후에 계속하여 운행하려는 경우에 실시하는 검사와 「대기환경보전법」 제62조 및 「소음 · 진동관리법」 제37조에 따른 운행차의 정기검사(건설기계관리법 제13조제1항)

★
10 수공구 작업 시 옳지 않은 행동은?

① 펀치 작업 시 문드러진 펀치 날은 연마하여 사용한다.
② 줄 작업 시 줄의 손잡이가 줄 자루에 정확하고 단순하게 끼워져 있는지 확인한다.
③ 정 작업 시에는 작업복 및 보호안경을 착용한다.
④ 스패너 사용 시 스패너로 볼트를 죌 때는 앞으로 당기고 풀 때는 뒤로 민다.

해설 스패너를 죄고 풀 때는 항상 앞으로 당기며 몸 쪽으로 당길 때 힘이 걸리도록 한다.

정답 01.② 02.④ 03.④ 04.② 05.③ 06.② 07.③ 08.① 09.④ 10.④

11 지게차에 부하가 걸릴 때 토크 컨버터의 터빈 속도는 어떻게 되는가?

① 일정하다. ② 관계없다.
③ 빨라진다. ④ 느려진다.

해설 장비에 부하가 걸리면 변속기 입력축의 터빈에 하중이 작용하므로 속도가 느려진다.

12 타이어에서 트레드 패턴과 관계없는 것은?

① 제동력 ② 구동력 및 견인력
③ 편평률 ④ 타이어의 배수효과

해설 트레드의 패턴은 편평률과는 관계가 없다.
트레드 : 노면과 접촉되는 부분으로 내부의 카커스와 브레이커를 보호하기 위해 내마모성이 큰 고무층으로 되어 있고 노면과 미끄러짐을 방지하고 방열을 위한 홈(트레드 패턴)이 파져 있다.

★★
13 토크변환기가 설치된 지게차의 기동 요령은?

① 브레이크 페달을 밟고 저 · 고속레버를 저속위치로 한다.
② 클러치 페달을 조작할 필요 없이 가속페달을 서서히 밟는다.
③ 클러치 페달에서 서서히 발을 떼면서 가속페달을 밟는다.
④ 클러치 페달을 밟고 저 · 고속 레버를 저속위치로 한다.

해설 토크변환기(converter)는 엔진의 회전력(토크)을 2~3배로 강하게 하는 역할과 클러치 기능을 한다.

14 건설기계에 사용되는 12볼트(V), 80암페어(A) 축전지 2개를 병렬로 연결하면 전압과 전류는 어떻게 변하는가?

① 24볼트(V), 160암페어(A)가 된다.
② 12볼트(V), 80암페어(A)가 된다.
③ 24볼트(V), 80암페어(A)가 된다.
④ 12볼트(V), 160암페어(A)가 된다.

해설 병렬로 연결하면 용량은 개수만큼 증가하지만 전압은 1개일 때와 같다.

15 기관의 속도에 따라 자동적으로 분사시기를 조정하여 운전을 안정되게 하는 것은?

① 타이머 ② 노즐
③ 과급기 ④ 디콤프

해설 타이머(분사시기 조정기)는 디젤기관의 분사펌프를 구성하는 기계요소로 기관의 회전속도 및 부하에 따라 연료의 분사시기를 조절하여 엔진동작이 조화롭게 이루어지도록 한다.

16 건설기계조종사 결격사유에 해당하지 않는 것은?

① 18세 미만인 사람
② 정신질환자 또는 간질환자(뇌전증환자)
③ 마약 또는 알코올중독자
④ 파산자로서 복권되지 않은 자

★★★★
17 건설기계조종사 면허를 받지 아니하고 건설기계를 조종한 자에게 부과하는 벌금으로 옳은 것은?

① 100만 원 이하 ② 300만 원 이하
③ 500만 원 이하 ④ 1,000만 원 이하

해설 건설기계조종사 면허를 받지 아니하고 건설기계를 조종한 자는 1년 이하의 징역 또는 1천만 원 이하의 벌금에 처한다(건설기계관리법 제41조).

★★★
18 벨트를 풀리(pully)에 걸 때는 어떤 상태에서 걸어야 하는가?

① 저속으로 회전시키면서 건다.
② 중속으로 회전시키면서 건다.
③ 고속으로 회전시키면서 건다.
④ 회전을 중지시킨 후 건다.

해설 벨트를 풀리에 걸 때는 완전히 회전이 정지된 상태에서 하는 것이 철칙이다. 회전운동이 있는 동안은 속도 크기에 상관없이 안전사고가 발생할 수 있다.

19 기계의 회전부분(기어, 벨트, 체인)에 덮개를 설치하는 이유는?

① 좋은 품질의 제품을 얻기 위해
② 회전부분의 속도를 높이기 위해
③ 제품의 제작과정을 숨기기 위해
④ 회전부분과 신체의 접촉을 방지하기 위해

해설 **방호덮개**
- 가공물, 공구 등의 낙하 비래에 의한 위험을 방지하기 위한 것
- 위험 부위에 인체의 접촉 또는 접근을 방지하기 위한 것

20 유압오일 내에 기포(거품)가 형성되는 이유로 가장 적합한 것은?

① 오일 속의 수분혼입 ② 오일의 열화
③ 오일 속의 공기혼입 ④ 오일의 누설

해설 혼입된 공기가 오일 내에서 기포를 형성하게 되는데 이 기포를 그대로 방치하게 되면 공동현상(캐비테이션)에 의해 유압기기의 표면을 훼손시키거나 국부적인 고압 또는 소음을 발생시키게 된다.

21 다음 중 지게차 후경각은?

① 16~18° 정도의 범위이다. ② 7~9° 정도의 범위이다.
③ 13~15° 정도의 범위이다. ④ 10~12° 정도의 범위이다.

22 기계식 변속기가 설치된 지게차에서 클러치판의 비틀림 코일 스프링의 역할은?

① 클러치판이 더욱 세게 부착되게 한다.
② 클러치 작동 시 충격을 흡수한다.
③ 클러치의 회전력을 증가시킨다.
④ 클러치 압력판의 마멸을 방지한다.

해설 클러치가 갑자기 작동할 때 축에 충격을 주게 되는데, 중간에 완충할 수 있는 장치가 없다면 변속기어나 기타 동력전달장치에 충격을 주게 되고 승차감이 좋지 않게 된다. 따라서 이를 방지하기 위해 비틀림 코일스프링을 설치한다.

정답 11.④ 12.③ 13.② 14.④ 15.① 16.④ 17.④ 18.④ 19.④ 20.③ 21.④ 22.②

23 지게차 유니버설 조인트의 등속조인트 종류가 아닌 것은?

① 제파 조인트 ② 이중 십자 조인트
③ 더블 오프셋 조인트 ④ 훅형

해설 **등속조인트의 종류**
제파 조인트, 이중 십자 조인트, 더블 오프셋 조인트, 벨 타입 조인트 등

★
24 지게차의 일상 점검사항이 아닌 것은?

① 토크 컨버터의 오일 점검
② 타이어 손상 및 공기압 점검
③ 틸트 실린더 오일 누유 상태
④ 작동유의 양

해설 토크 컨버터의 오일점검은 특수 정비사항이다.

★★
25 냉각장치에서 냉각수의 비등점을 올리기 위한 것으로 맞는 것은?

① 진공식 캡 ② 압력식 캡
③ 라디에이터 ④ 물재킷

해설 냉각장치 내의 비등점을 높이고 냉각 범위를 넓히기 위하여 압력식 캡을 사용한다.

26 다음 중 습식 공기청정기에 대한 설명으로 틀린 것은?

① 청정효율은 공기량이 증가할수록 높아지며 회전속도가 빠르면 효율이 좋고 낮으면 저하된다.
② 흡입공기는 오일로 적셔진 여과망을 통과시켜 여과시킨다.
③ 공기청정기 케이스 밑에는 일정한 양의 오일이 들어 있다.
④ 공기청정기는 일정기간 사용 후 무조건 신품으로 교환한다.

해설 습식 공기청정기는 세척유로 세척하여 사용한다.

27 기어식 유압펌프의 특징이 아닌 것은?

① 구조가 간단하다.
② 유압 작동유의 오염에 비교적 강한 편이다.
③ 플런저 펌프에 비해 효율이 떨어진다.
④ 가변 용량형 펌프로 적당하다.

해설 가변 용량형 펌프는 플런저 펌프가 가장 적당하다.

28 산업공장에서 재해의 발생을 적게 하기 위한 방법 중 틀린 것은?

① 폐기물은 정해진 위치에 모아둔다.
② 공구는 소정의 장소에 보관한다.
③ 소화기 근처에 물건을 적재한다.
④ 통로나 창문 등에 물건을 세워 놓아서는 안 된다.

해설 소화기는 유사시에 즉시 사용해야 하는 물건이기 때문에 주변에 물건을 적재해 놓지 않아야 필요시 방해 받지 않고 사용할 수 있다.

29 세척작업 중 알칼리 또는 산성 세척유가 눈에 들어갔을 경우에 응급처치로 가장 먼저 조치하여야 하는 것은?

① 산성 세척유가 눈에 들어가면 병원으로 후송하여 알칼리성으로 중화시킨다.
② 알칼리성 세척유가 눈에 들어가면 붕산수를 구입하여 중화시킨다.
③ 눈을 크게 뜨고 바람 부는 쪽을 향해 눈물을 흘린다.
④ 먼저 수돗물로 씻어낸다.

해설 중화작업은 가해지는 물질에 의해 오히려 해를 입을 수 있으므로 함부로 하지 말아야 한다. 가장 먼저 조치해야 하는 것은 흐르는 물에 눈을 씻어내는 것이다.

30 야간에 자동차를 도로에 정차 또는 주차하였을 때 켜야 하는 등화로 가장 적절한 것은?

① 전조등을 켜야 한다.
② 방향지시등을 켜야 한다.
③ 실내등을 켜야 한다.
④ 미등 및 차폭등을 켜야 한다.

해설 **차의 운전자가 밤에 도로에서 정차하거나 주차할 때 켜야 하는 등화의 종류**
• 자동차(이륜자동차는 제외) : 자동차안전기준에서 정하는 미등 및 차폭등
• 이륜자동차 및 원동기장치자전거 : 미등(후부 반사기를 포함)

★★★
31 건설기계조종사 면허증의 반납 사유에 해당하지 않는 것은?

① 면허가 취소된 때
② 면허의 효력이 정지된 때
③ 건설기계 조종을 하지 않을 때
④ 면허증의 재교부를 받은 후 잃어버린 면허증을 발견한 때

★★★★
32 다음 중 화재의 분류가 옳게 된 것은?

① A급 화재－일반 가연물화재
② B급 화재－금속화재
③ C급 화재－유류화재
④ D급 화재－전기화재

해설 • **A급 화재** : 일반화재, 연소 후 재를 남김, 나무, 종이, 섬유 등의 가연물 화재가 속함
• **B급 화재** : 유류화재, 기름, 타르, 페인트, 가스 등에 난 불이며, 재가 남지 않음
• **C급 화재** : 전기화재, 전기 설비 등에서 발생하는 화재, 수변전 설비, 전선로의 화재가 속함

★★
33 건설기계에 사용되는 유압펌프의 종류가 아닌 것은?

① 베인 펌프 ② 플런저 펌프
③ 포막 펌프 ④ 기어 펌프

해설 유압펌프는 기관이나 전동기의 기계적 에너지를 받아 유압에너지로 변환시키는 장치이며, 유압탱크 내의 오일을 흡입 · 가압하여 작동자에 유압유를 공급한다. 기어식, 플런저식, 베인식 등이 있다.

정답 23.④ 24.① 25.② 26.④ 27.④ 28.③ 29.④ 30.④ 31.③ 32.① 33.③

34 작업 전 지게차의 워밍업 운전 및 점검사항으로 틀린 것은?

① 틸트 레버를 사용하여 전 행정으로 전후 경사운동 2~3회 정도 실시한다.
② 리프트 레버를 사용하여 상승, 하강 운동을 전 행정으로 2~3회 정도 실시한다.
③ 시동 후 작동유의 유온을 정상 범위 내에 도달하도록 고속으로 전 후진 주행을 2~3회 정도 실시한다.
④ 엔진 작동 후 5분간 저속 운전을 실시한다.

해설 워밍업은 차가운 엔진을 정상범위의 온도에 도달하게 하기 위한 과정으로, 차가운 엔진을 고속으로 회전시키면 엔진에 손상을 입게 된다.

35 지게차 체크 밸브는 어디에 속하는가?

① 압력제어 밸브 ② 속도제어 밸브
③ 방향제어 밸브 ④ 유량제어 밸브

해설 체크 밸브는 유압의 흐름을 한 방향으로 통과시켜 역방향의 흐름을 막는 밸브이다.

★★★★
36 지게차로 화물취급 작업 시 준수해야 할 사항으로 틀린 것은?

① 화물 앞에서 일단 정지해야 한다.
② 화물의 근처에 왔을 때에는 가속 페달을 살짝 밟는다.
③ 파렛트에 실려 있는 물체의 안전한 적재 여부를 확인한다.
④ 지게차를 화물 쪽으로 반듯하게 향하고 포크가 파렛트를 마찰하지 않도록 주의한다.

해설 **지게차 화물취급 방법**
- 포크는 화물의 받침대 속에 정확히 들어갈 수 있도록 조작한다.
- 운반물을 적재하여 경사지를 주행할 때는 짐이 언덕 위로 향하도록 한다.
- 운반 중 마스트를 뒤로 약 4~6° 정도 경사시킨다.
- 마스트를 서서히 앞으로 기울인 후 포크가 지면에 평행이 되도록 작동시키면서 싣고자 하는 화물에 저속으로 접근한다.

★
37 디젤기관의 감압장치 설명으로 맞는 것은?

① 크랭킹을 원활히 해준다. ② 냉각팬을 원활히 회전시킨다.
③ 흡 · 배기 효율을 높인다. ④ 엔진 압축압력을 높인다.

해설 **감압장치**
크랭킹할 때 흡입밸브나 배기밸브를 캠축의 운동과는 관계없이 강제로 열어 실린더 내의 압축압력을 낮춤으로써 엔진의 기동을 도와주며 디젤 엔진의 작동을 정지시킬 수도 있는 장치

★★
38 유압유에 점도가 서로 다른 2종류의 오일을 혼합하였을 경우에 대한 설명으로 맞는 것은?

① 오일 첨가제의 좋은 부분만 작동하므로 오히려 더욱 좋다.
② 점도가 달라지나 사용에는 전혀 지장이 없다.
③ 혼합은 권장 사항이며, 사용에는 전혀 지장이 없다.
④ 열화 현상을 촉진시킨다.

해설 점도가 다른 두 오일을 혼합하게 되면 전체적인 작동유의 점도가 불량하게 되어 과열의 원인이 된다.

★★
39 지게차의 운전을 종료했을 때 취해야 할 안전사항이 아닌 것은?

① 각종 레버는 중립에 둔다.
② 연료를 빼낸다.
③ 주차브레이크를 작동시킨다.
④ 전원 스위치를 차단시킨다.

해설 **지게차의 운전을 종료했을 때 취해야 할 안전사항**
- 모든 조종장치를 기본 위치에 둔다.
- 스위치를 차단시킨다.
- 변속장치는 중립에 둔다.

★★★
40 건설기계를 운전하여 교차로 전방 20m 지점에 이르렀을 때 황색 등화로 바뀌었을 경우 운전자의 조치방법은?

① 일시정지하여 안전을 확인하고 진행한다.
② 정지할 조치를 취하여 정지선에 정지한다.
③ 그대로 계속 진행한다.
④ 주위의 교통에 주의하면서 진행한다.

해설 교차로에 진입하기 전 황색 또는 적색 등화 신호를 받았을 때에는 정지해야 한다.

★★
41 승차인원 · 적재중량에 관하여 안전기준을 넘어서 운행하고자 하는 경우 누구에게 허가를 받아야 하는가?

① 출발지를 관할하는 경찰서장
② 시 · 도지사
③ 절대 운행불가
④ 국토교통부장관

해설 모든 차의 운전자는 승차인원 · 적재중량 및 적재용량에 관하여 대통령령으로 정하는 운행상의 안전기준을 넘어서 승차시키거나 적재한 상태로 운전하여서는 안 된다. 다만 출발지를 관할하는 경찰서장의 허가를 받은 경우에는 그러하지 않다(도로교통법 제39조제1항).

42 체인이나 벨트, 풀리 등에서 일어나는 사고로 기계의 운동 부분 사이에 신체가 끼는 사고는?

① 협착 ② 접촉
③ 충격 ④ 얽힘

해설 산업 안전사고에는 감전, 화재, 폭발, 추락, 기계설비 사고 등이 있으며 기계 장치에 손물림, 벨트 장치에 손물림, 절단기 및 굽힘 기계에 손끼임 등은 협착에 의한 사고이다.

★★
43 유압 도면기호에서 압력스위치를 나타내는 것은?

①
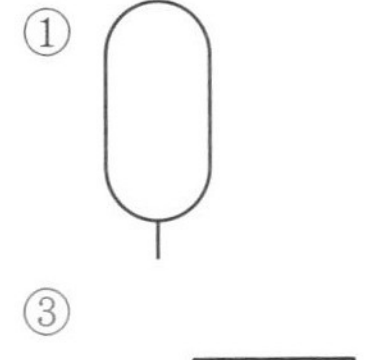
②
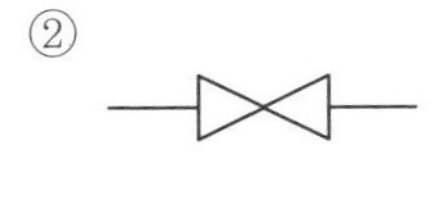
③
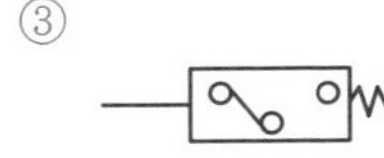
④

해설 ① 어큐뮬레이터 기호 ② 스톱밸브 기호
③ 압력스위치 기호 ④ 유압압력계 기호

정답 34.③ 35.③ 36.② 37.① 38.④ 39.② 40.② 41.① 42.① 43.③

44 지게차를 전후진 방향으로 서서히 화물에 접근시키거나 빠른 유압 작동으로 신속히 화물을 상승 또는 적재시킬 때 사용하는 것은?

① 인칭조절 페달 ② 액셀러레이터 페달
③ 디셀레이터 페달 ④ 브레이크 페달

해설 지게차에서 인칭페달은 차량을 전후진시키면서 빠른 하역작업을 하게 하여 작업 능력을 향상시키고 브레이크 마모를 줄여준다.

★★★
45 지게차 작업장치의 동력전달기구가 아닌 것은?

① 트랜치 호 ② 틸트 실린더
③ 리프트 실린더 ④ 유압펌프

해설 트렌치 호는 기중기 작업장치로, 도랑파기작업 등에 쓰인다.

46 압력제어밸브 중 상시 닫혀 있다가 일정조건이 되면 열려서 작동하는 밸브가 아닌 것은?

① 릴리프 밸브 ② 리듀싱 밸브
③ 시퀀스 밸브 ④ 언로더 밸브

해설 시퀀스 밸브는 2개 이상의 분기회로가 있는 회로에서 작동 순서를 회로의 압력 등으로 제어하는 밸브이다.

★★★
47 작업장에서 작업복을 착용하는 가장 주된 이유는?

① 작업장의 질서를 확립시키기 위해서이다.
② 작업 능률을 올리기 위해서이다.
③ 재해로부터 작업자의 몸을 보호하기 위해서이다.
④ 작업자의 복장 통일을 위해서이다.

해설 작업복은 작업장에서 일할 때 방해되지 않는 편한 옷차림을 위한 목적도 있지만 작업자의 안전을 보호하는 것이 근본적인 목적이다.

★
48 도로교통법상 차마의 통행을 구분하기 위한 중앙선에 대한 설명으로 옳은 것은?

① 백색 실선 또는 황색 점선으로 되어 있다.
② 백색 실선 또는 백색 점선으로 되어 있다.
③ 황색 실선 또는 황색 점선으로 되어 있다.
④ 황색 실선 또는 백색 점선으로 되어 있다.

해설 중앙선이란 차마의 통행 방향을 명확하게 구분하기 위해 도로에 황색 실선이나 황색 점선 등의 안전표지로 표시한 선 또는 중앙분리대나 울타리 등으로 설치한 시설물을 말한다(도로교통법 제2조제5호).

★★★
49 지게차 운전방법으로 옳지 않은 것은?

① 지게차는 완충 스프링이 없으므로 노면이 좋지 않을 때는 저속으로 운행하여야 한다.
② 창고 출입 시 출입문의 크기를 알기 위해서 팔을 밖으로 내밀고 운전한다.
③ 틸트는 적재물이 백레스트에 완전히 닿도록 한 후 운행한다.
④ 주행 방향을 바꿀 때에는 완전 정지 또는 저속에서 운행한다.

해설 지게차에 짐을 싣고 창고나 공장을 출입할 때는 팔이나 몸을 차체 밖으로 내밀지 않는다.

50 지게차의 체인 장력 조정법으로 틀린 것은?

① 좌우 체인이 동시에 평행한가를 확인한다.
② 포크를 지상에 조금 올린 후 조정한다.
③ 손으로 체인을 눌러보아 양쪽이 다르면 조정 너트로 조정한다.
④ 조정 후 로크 너트를 풀어둔다.

해설 체인의 장력을 조정한 후에는 반드시 로크 너트를 고정시켜야 한다.

★
51 직류 발전기와 비교한 교류 발전기의 특징으로 틀린 것은?

① 전류조정기만 있으면 된다.
② 브러시의 수명이 길다.
③ 소형이며 경량이다.
④ 저속 시에도 충전이 가능하다.

해설 **교류 발전기의 특징**
- 저속에서 충전이 가능하다.
- 전압조정기만 필요하다(컷아웃 릴레이나 전류제한기 불필요).
- 소형 경량이다.
- 브러시 수명이 길다.
- 출력이 크고 고속회전에 잘 견딘다.

★
52 오토기관에 비해 디젤기관의 장점이 아닌 것은?

① 화재의 위험이 적다.
② 열효율이 높다.
③ 가속성이 좋고 운전이 정숙하다.
④ 연료 소비율이 낮다.

해설 디젤기관은 가솔린기관에 비하여 열효율이 높고 연료 소비율이 적은 장점이 있다. 또한 연료의 인화점이 높아 그 취급이나 저장에 위험이 적고 대형기관의 제작을 가능하게 한다.

53 지게차의 리프트 체인에 주유하는 가장 적합한 오일은?

① 자동변속기 오일 ② 작동유
③ 엔진오일 ④ 솔벤트

해설 리프트 체인은 포크의 좌우 수평 높이 조정 및 리프트 실린더와 함께 포크의 상하작용을 도와주는 작업장치로, 엔진오일을 주유한다.

정답 44.① 45.① 46.③ 47.③ 48.③ 49.② 50.④ 51.① 52.③ 53.③

54 지게차 작업장치의 포크가 한쪽으로 기울어지는 가장 큰 원인은?

① 한쪽 체인(chain)이 늘어짐
② 한쪽 롤러(side roller)가 마모
③ 한쪽 실린더(cylinder)의 작동유가 부족
④ 한쪽 리프트 실린더(lift cylinder)가 마모

★★★★★

55 순차작동 밸브라고도 하며, 각 유압 실린더를 일정한 순서로 순차 작동시키고자 할 때 사용하는 것은?

① 릴리프 밸브 ② 감압 밸브
③ 시퀀스 밸브 ④ 언로드 밸브

해설 시퀀스 밸브는 2개 이상의 분기회로가 있는 회로에서 작동 순서를 회로의 압력 등으로 제어하는 밸브이다.

★

56 지게차의 틸트 실린더에서 사용하는 유압 실린더의 형식으로 옳은 것은?

① 단동식 ② 스프링식
③ 복동식 ④ 왕복식

해설 지게차의 틸트 실린더는 복동식 실린더를 사용한다.

★

57 기관의 오일펌프 유압이 낮아지는 원인이 아닌 것은?

① 윤활유 점도가 너무 높을 때
② 베어링의 오일 간극이 클 때
③ 윤활유의 양이 부족할 때
④ 오일 스트레이너가 막힐 때

해설 윤활유의 점도가 높으면 유압이 올라갈 수 있다.

★

58 자연발화가 일어나기 쉬운 조건이 아닌 것은?

① 표면적이 넓다. ② 주위 온도가 높다.
③ 발열량이 크다. ④ 열전도율이 크다.

해설 열전도율은 작아야 자연발화가 일어나기 쉽다.

★

59 라디에이터(Radiator)에 대한 설명으로 틀린 것은?

① 라디에이터의 재료 대부분은 알루미늄 합금이 사용된다.
② 단위면적당 방열량이 커야 한다.
③ 냉각 효율을 높이기 위해 방열핀이 설치된다.
④ 공기 흐름 저항이 커야 냉각 효율이 높다.

해설 라디에이터 구비조건
- 공기 흐름 저항이 적을 것
- 냉각수 흐름 저항이 적을 것
- 단위면적당 방열량이 클 것
- 가볍고 작으며 강도가 클 것

60 다음 중 도로명판이 아닌 것은?

①

②

③

④

해설 ③은 일반용 건물번호판이다.

정답 54.① 55.③ 56.③ 57.① 58.④ 59.④ 60.③

★★★★★

01 **2개 이상의 분기회로를 갖는 회로 내에서 작동순서를 회로의 압력 등에 의하여 제어하는 밸브는?**

① 체크 밸브 ② 시퀀스 밸브
③ 한계 밸브 ④ 서보 밸브

해설 유압제어 밸브에는 릴리프 밸브, 감압 밸브, 시퀀스 밸브, 카운터 밸런스 밸브, 언로드 밸브 등이 있다. 시퀀스 밸브는 2개 이상의 분기회로가 있는 회로에서 작동순서를 회로의 압력 등으로 제어하는 밸브이다.

02 **교통사고 사상자 발생 시 조치 순서는?**

① 증인확보 – 정차 – 사상자 구호
② 즉시 정차 – 신고 – 위해방지
③ 즉시 정차 – 위해방지 – 신고
④ 즉시 정차 – 사상자 구호 – 신고

해설 **사고발생 시의 조치**(도로교통법 제54조)
① 차의 운전 등 교통으로 인하여 사람을 사상하거나 물건을 손괴(이하 "교통사고")한 경우에는 그 차의 운전자나 그 밖의 승무원(이하 "운전자 등")은 즉시 정차하여 다음 각 호의 조치를 하여야 한다.
1. 사상자를 구호하는 등 필요한 조치
2. 피해자에게 인적 사항(성명, 전화번호, 주소 등) 제공
② 제1항의 경우 그 차의 운전자 등은 경찰공무원이 현장에 있을 때에는 그 경찰공무원에게, 경찰공무원이 현장에 없을 때에는 가장 가까운 국가경찰관서(지구대, 파출소 및 출장소를 포함)에 지체 없이 신고하여야 한다.

03 **유압유의 주요 기능이 아닌 것은?**

① 필요한 요소 사이를 밀봉한다.
② 동력을 전달한다.
③ 움직이는 기계요소를 마모시킨다.
④ 열을 흡수한다.

해설 **유압유의 기능**
- 동력 전달
- 마찰열 흡수
- 움직이는 기계 요소 윤활
- 필요한 기계 요소 사이를 밀봉

★★★

04 **지게차의 마스트를 앞뒤로 기울이는 작동은 무엇으로 조작하는가?**

① 틸트 레버 ② 포크
③ 리프트 레버 ④ 변속 레버

해설 지게차의 마스트는 틸트 레버로 조작한다.

★★★

05 **유압모터의 특징 중 가장 거리가 먼 것은?**

① 무단변속이 가능하다.
② 속도나 방향의 제어가 용이하다.
③ 작동유의 점도변화에 의하여 유압모터의 사용에 제약이 있다.
④ 작동유가 인화되기 어렵다.

해설 유압모터의 장단점

장 점	단 점
• 무단변속 용이 • 소형, 경량으로 대 출력 가능 • 변속, 역전제어 용이 • 속도, 방향제어 용이	• 유압유 점도변화에 민감해 사용상 제약이 있음 • 유압유가 인화하기 쉬움 • 유압유에 먼지, 공기가 혼입되면 성능 저하

06 **유압펌프 중 가장 고압이며 고효율인 것은?**

① 베인 펌프 ② 플런저 펌프
③ 2단 베인 펌프 ④ 기어 펌프

해설 플런저 펌프의 장단점

장 점	단 점
• 가변용량 가능(배출량의 변화 범위가 넓음) • 체적효율이 가장 높음(고압에서 누설이 적음) • 비교적 수명이 길	• 흡입성능이 나쁨 • 소음이 크고 회전속도가 낮은 편임 • 구조가 복잡하고, 가격이 비쌈

07 **지게차로 흔들리는 화물을 운송하는 방법으로 옳지 않은 것은?**

① 흔들리는 화물을 사람이 직접 잡고 운반한다.
② 제한속도를 유지하여 주행한다.
③ 주행방향을 바꿀 때는 완전히 정지하거나 저속에서 운행한다.
④ 중량 이상의 물건을 싣지 않는다.

해설 지게차 운행 시에 사람이 직접 포크나 화물 위로 올라가서는 안 된다.

★★

08 **유압회로의 압력을 점검하는 위치로 가장 적당한 것은?**

① 실린더에서 유압오일 탱크 사이
② 유압오일 탱크에서 유압펌프 사이
③ 유압오일 탱크에서 직접 점검
④ 유압펌프에서 컨트롤 밸브 사이

해설 유압펌프와 컨트롤 밸브(제어 밸브) 사이에 존재하는 릴리프 밸브는 회로 내의 오일 압력을 제어하는 기능을 한다. 따라서 유압회로의 압력을 점검하기 위해서는 릴리프 밸브를 활용한다.

정답 01.② 02.④ 03.③ 04.① 05.④ 06.② 07.① 08.④

09 화재에 대한 설명으로 옳지 않은 것은?

① 연소의 3요소는 가연물, 점화원, 공기이다.
② B급 화재는 유류 등의 화재로 포말 소화기를 이용한다.
③ D급 화재는 전자기기로 인한 화재이다.
④ 화재란 사람의 의도에 반하거나 고의에 의해 발생하는 연소현상이다.

해설 D급 화재는 마그네슘, 티타늄, 지르코늄, 나트륨, 칼륨 등의 가연성 금속화재이다.

★★★★
10 건설기계의 정기검사를 받지 않고 신청기간 만료일부터 30일 이내일 경우 과태료는?

① 1만 원 ② 2만 원
③ 3만 원 ④ 5만 원

해설 정기검사를 받지 않은 경우 과태료 2만 원을 부과하며 신청기간 만료일부터 30일을 초과하는 경우 3일 초과 시마다 1만 원을 가산한다(건설기계관리법 시행령 별표3).

정기검사를 받지 아니하고 신청기간 만료일부터 30일 이내인 경우의 과태료가 '2만 원'에서 '10만 원'으로 변경되었습니다(2022.08.22.개정). 개정 전후 내용을 반드시 알아두세요!!!!

11 출입구가 제한되어 있거나 높은 곳에 있는 물건을 운반하기에 적합한 작업장치는?

① 하이 마스트 ② 3단 마스트
③ 힌지드 포크 ④ 사이트 시프트

해설 3단 마스트는 천정이 높은 장소와 출입구가 제한되어 있는 장소에서 적재 · 적하 작업을 하는 데 이용한다.

12 라디에이터를 다운 플로우 형식과 크로스 플로우 형식으로 나누는 기준은?

① 냉각수 흐름 방향 ② 냉각수 온도
③ 공기 유입 유무 ④ 라디에이터 크기

해설 다운 플로우는 냉각수가 아래로 흐르고, 크로스 플로우는 냉각수가 옆으로 흐른다.

★
13 도로교통법상 1차로의 의미로 적절한 것은?

① 좌, 우로부터 첫 번째 차로
② 중앙선으로부터 첫 번째 차로
③ 우측 차로 끝에서 3번째 차로
④ 좌측 차로 끝에서 2번째 차로

해설 차로의 순위는 도로의 중앙선 쪽에 있는 차로부터 1차로로 한다. 다만 일방 통행 도로에서는 도로의 왼쪽부터 1차로로 한다(도로교통법 시행규칙 제16조제3항).

14 지게차가 무부하 상태에서 최저속도, 최소회전할 때 가장 바깥 부분이 그리는 원의 반경은?

① 최소 선회반경 ② 최소 회전반경
③ 최저 지상고 ④ 윤간거리

해설 최소 회전반경은 무부하 상태에서 지게차의 최저속도로 최소회전을 할 때 지게차의 가장 바깥부분이 그리는 원의 반경을 말한다.

★★★
15 건설기계관리법규에서 건설기계조종사 면허의 취소처분 기준이 아닌 것은?

① 건설기계 조종 중 고의로 1명에게 경상을 입힌 때
② 건설기계 조종 중 고의 또는 과실로 가스공급시설의 기능에 장애를 입혀 가스의 공급을 방해한 때
③ 거짓 그 밖의 부정한 방법으로 건설기계조종사의 면허를 받은 때
④ 건설기계조종사 면허의 효력정지기간 중 건설기계를 조종한 때

해설 건설기계의 조종 중 고의 또는 과실로 가스공급시설을 손괴하거나 가스공급시설의 기능에 장애를 입혀 가스의 공급을 방해한 경우에는 면허효력정지 180일이다.

★★
16 건설기계조종사의 적성검사에 대한 설명으로 옳은 것은?

① 60세까지만 적성검사를 받는다.
② 적성검사를 받지 않으면 운전면허를 받을 수 없다.
③ 두 눈의 시력이 각각 0.5 이상이어야 한다.
④ 언어변별력이 90% 이상이어야 한다.

해설 **건설기계조종사의 적성검사 기준**(건설기계관리법 시행규칙 제76조)
1. 두 눈을 동시에 뜨고 잰 시력이 0.7 이상이고 두 눈의 시력이 각각 0.3 이상일 것
2. 55dB(보청기를 사용하는 사람은 40dB)의 소리를 들을 수 있고, 언어분별력이 80% 이상일 것
3. 시각은 150° 이상일 것
4. 정신질환자 또는 뇌전증환자, 마약 · 대마 · 향정신성의약품 또는 알코올중독자가 아닐 것

17 지게차 작업 전 점검사항으로 모두 옳은 것은?

㉠ 포크의 균열상태	㉡ 타이어의 공기압
㉢ 림의 변형	㉣ 조향장치 작동

① ㉠, ㉡ ② ㉠, ㉣
③ ㉠, ㉡, ㉢ ④ ㉢, ㉣

해설 조향장치의 작동 여부는 작업 중 점검사항이다.

★★★
18 벨트를 풀리에 걸 때 가장 올바른 방법은?

① 회전을 정지시킨 상태에서 한다.
② 저속으로 회전하는 상태에서 한다.
③ 중속으로 회전하는 상태에서 한다.
④ 고속으로 회전하는 상태에서 한다.

해설 벨트를 풀리에 걸 때는 완전히 회전이 정지된 상태에서 하는 것이 철칙이다. 회전운동이 있는 동안은 속도 크기에 상관없이 안전사고가 발생할 수 있다.

정답 09.③ 10.② 11.② 12.① 13.② 14.② 15.② 16.② 17.③ 18.①

★
19 지게차의 등록번호표에 기재하는 사항이 아닌 것은?

① 등록관청 ② 기종
③ 용도 ④ 등록일시

해설 건설기계등록번호표에는 등록관청, 용도, 기종 및 등록번호를 표시하여야 한다(건설기계관리법 시행규칙 제13조).

★
20 안전상 장갑을 끼고 작업할 경우 위험성이 높은 작업은?

① 판금 작업 ② 용접 작업
③ 해머 작업 ④ 줄 작업

해설 **면장갑 착용 금지 작업**
선반 작업, 드릴 작업, 목공기계 작업, 그라인더 작업, 해머 작업, 기타 정밀기계 작업 등

21 보안경을 착용해야 하는 작업과 가장 거리가 먼 것은?

① 연삭 작업 시 ② 건설기계 운전 시
③ 전기용접 작업 시 ④ 그라인더 작업 시

해설 보안경은 날아오는 물체에 의한 위험 또는 위험물, 유해 광선에 의한 시력 장애를 방지하기 위한 것이다.

22 연삭 작업에 대한 설명으로 옳지 않은 것은?

① 분진의 흡입을 막기 위해 마스크를 착용한다.
② 연삭숫돌에 충격을 주지 않아야 한다.
③ 연삭숫돌과 받침대 간격은 30mm 이내로 유지한다.
④ 연삭숫돌 설치 후 약 3분 정도 공회전하여 안전한지 살핀다.

해설 연삭숫돌과 받침대 간격은 3mm 이내로 유지해야 한다.

★★
23 건설기계의 개조 범위에 속하지 않는 것은?

① 건설기계의 길이, 너비, 높이 변경
② 적재함의 용량 증가를 위한 변경
③ 조종장치의 형식변경
④ 수상작업용 건설기계 선체의 형식변경

해설 **구조변경 범위**(건설기계관리법 시행규칙 제42조)
주요 구조의 변경 및 개조의 범위는 다음 각호와 같다. 다만 건설기계의 기종변경, 육상작업용 건설기계 규격의 증가 또는 적재함의 용량 증가를 위한 구조변경은 이를 할 수 없다.
1. 원동기 및 전동기의 형식변경
2. 동력전달장치의 형식변경
3. 제동장치의 형식변경
4. 주행장치의 형식변경
5. 유압장치의 형식변경
6. 조종장치의 형식변경
7. 조향장치의 형식변경
8. 작업장치의 형식변경(단, 가공작업을 수반하지 아니하고 작업장치를 선택 부착하는 경우에는 작업장치의 형식변경으로 보지 아니함)
9. 건설기계의 길이 · 너비 · 높이 등의 변경
10. 수상작업용 건설기계의 선체의 형식변경
11. 타워크레인 설치기초 및 전기장치의 형식변경

★★★★
24 점검주기에 따른 건설기계 검사로 옳은 것은?

① 구조변경검사 ② 운행검사
③ 정기검사 ④ 신규등록검사

해설 ③ 정기검사 : 건설공사용 건설기계로서 3년의 범위에서 국토교통부령으로 정하는 검사유효기간이 끝난 후에 계속해서 운행하려는 경우에 실시하는 검사와 대기환경보전법 및 소음 · 진동관리법에 따른 운행차의 정기검사
① 구조변경검사 : 건설기계의 주요 구조를 변경하거나 개조한 경우 실시하는 검사
④ 신규등록검사 : 건설기계를 신규로 등록할 때 실시하는 검사

25 방향지시등의 전류를 일정한 주기로 단속, 점멸하는 장치는?

① 배터리 ② 플래셔 유닛
③ 스위치 ④ 릴레이

해설 플래셔 유닛은 방향지시등에 흐르는 전류를 일정 주기로 단속, 점멸하여 자동차의 주행 방향을 알리는 장치이다.

★★
26 지게차의 구성요소가 아닌 것은?

① 마스트 ② 암
③ 리프트 실린더 ④ 밸런스 웨이트

해설 암은 굴착기의 작업장치 중 하나로 붐과 버킷 사이의 연결부위를 말한다.

★★★★★
27 평탄한 노면에서 지게차를 운전하여 하역작업을 할 때 올바른 방법이 아닌 것은?

① 파렛트에 실은 짐이 안정되고 확실하게 실려 있는가를 확인한다.
② 포크를 삽입하고자 하는 곳과 평행하게 한다.
③ 불안전한 적재의 경우에는 빠르게 작업을 진행시킨다.
④ 화물 앞에서 정지한 후 마스트가 수직이 되도록 기울여야 한다.

해설 불안전한 적재와 안전조치 없는 작업의 강행은 사고 발생의 원인이다.

★★★
28 지게차 유압유 온도 상승의 원인에 해당하지 않는 것은?

① 작동유의 점도가 너무 높을 때
② 유압유가 부족할 때
③ 유량이 과다할 때
④ 오일 냉각기의 냉각핀이 손상되었을 때

해설 **유압유 온도가 상승하는 원인**
- 기관의 온도가 낮아 오일의 점도가 높음
- 윤활회로의 일부가 막힘(특히 오일 필터가 막히면 유압상승의 원인이 됨)
- 유압조절밸브 스프링의 장력 과다, 고착
- 오일 쿨러(냉각기) 불량
- 고속운행과 연속된 과부하 작업
- 유압유가 부족함

정답 19.④ 20.③ 21.② 22.③ 23.② 24.③ 25.② 26.② 27.③ 28.③

29 축전지 충전에 대한 설명으로 옳지 않은 것은?

① 표준용량－축전지 용량의 10%
② 최소용량－축전지 용량의 5%
③ 최대용량－축전지 용량의 30%
④ 급속용량－축전지 용량의 50%

해설 **정전류 충전 시 충전 전류**
- 최대용량 : 축전지 용량의 20%
- 표준용량 : 축전지 용량의 10%
- 최소용량 : 축전지 용량의 5%

30 에어클리너가 막혔을 때 배기가스의 색깔과 출력은?

① 배기가스의 색깔은 검은색이고 출력은 감소한다.
② 배기가스의 색깔은 검은색이고 출력은 무관하다.
③ 배기가스의 색깔은 흰색이고 출력은 무관하다.
④ 배기가스의 색깔은 흰색이고 출력은 증가한다.

해설 에어클리너(공기청정기)가 막히면 공기흡입량이 줄어들어 엔진의 출력이 저하되고, 농후한 혼합비로 인한 불완전연소로 검은색 배기가스가 배출된다.

★★★
31 유압회로에서 오일을 한쪽 방향으로만 흐르게 하는 밸브는?

① 릴리프 밸브 ② 파일럿 밸브
③ 체크 밸브 ④ 시퀀스 밸브

해설 체크 밸브는 유압의 흐름을 한 방향으로 통과시켜 역방향의 흐름을 막는 밸브이다.

★★
32 유압실린더 등이 중력에 의한 자유낙하를 방지하기 위해 배압을 유지하는 압력제어 밸브는?

① 감압 밸브 ② 체크 밸브
③ 릴리프 밸브 ④ 카운터 밸런스 밸브

해설 카운터 밸런스 밸브는 유압회로 내의 오일 압력을 제어하는 압력제어 밸브의 일종으로, 윈치나 유압실린더 등의 자유낙하를 방지하기 위하여 배압을 유지하는 제어밸브이다.

★★★
33 지게차로 미끄러지기 쉽거나 떨어트리기 쉬운 물건을 운반할 때 적합한 것은?

① 하이 마스트 ② 사이드 시프트 마스트
③ 로드 스태빌라이저 ④ 3단 마스트

해설 로드 스태빌라이저는 평탄하지 않은 노면이나 경사지 등에서 깨지기 쉬운 화물이나 불안전한 화물의 낙하 방지를 위해 포크 상단에 상하로 작동 가능한 압력판을 부착한 것이다.

★
34 조종사를 보호하기 위한 지게차의 안전장치가 아닌 것은?

① 백레스트 ② 헤드가드
③ 안전벨트 ④ 아웃트리거

해설 백레스트는 포크의 화물 뒤쪽을 받쳐주는 부분이다.

★★
35 그림과 같은 실린더의 명칭은?

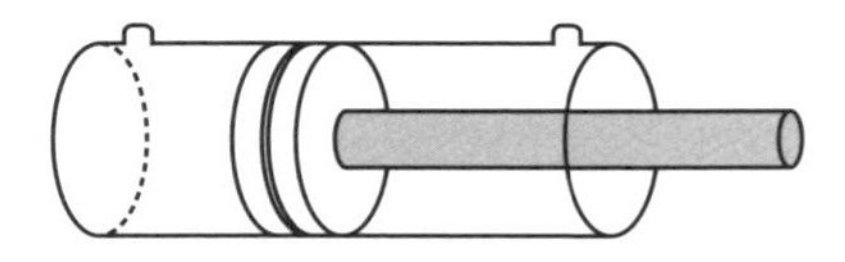

① 단동 실린더 ② 단동 다단실린더
③ 복동 실린더 ④ 복동 이중실린더

해설 **복동 실린더**
출력이 피스톤의 양쪽 방향 모두에서 발생하고 유압이 작동되는 반대쪽의 작동유는 작동유 탱크나 유압펌프로 되돌아간다. 유압 파이프나 호스 연결구가 2개이면 복동식이고, 1개이면 단동식이다.

36 렌치 중 볼트의 머리를 완전히 감싸고 너트를 꽉 조여 미끄러질 위험이 적은 것은?

① 복스 렌치 ② 오픈 렌치
③ 멍키 렌치 ④ 파이프 렌치

해설 **복스 렌치**(box wrench) : 오픈 렌치를 사용할 수 없는 오목한 부분의 볼트, 너트를 조이고 풀 때 사용한다. 볼트, 너트의 머리를 감쌀 수 있어 미끄러지지 않는다.

37 지게차의 하중을 지지해 주는 것은?

① 마스터 실린더 ② 구동 차축
③ 차동 장치 ④ 최종 구동장치

해설 구동 차축은 액슬 하우징 속에 종감속 기어 및 차동 장치와 연결되어 있다. 앞 액슬축은 하중지지와 구동 역할을 수행하고, 뒤 액슬축은 하중지지와 조향역할을 수행한다.

38 작업장 안전사항과 거리가 먼 것은?

① 연료통의 연료를 비우지 않고 용접을 해도 된다.
② 작업 종류 후 장비의 전원을 끈다.
③ 전원콘센트 및 스위치 등에 물을 뿌리지 않는다.
④ 운전 전 점검을 시행한다.

해설 용접 시 발생하는 불꽃에 의해 연료통 내부에서 화재가 발생할 수 있다.

★
39 라디에이터 보조탱크의 기능으로 옳지 않은 것은?

① 장기간 냉각수 보충이 필요하지 않다.
② 냉각수의 온도를 알맞게 유지시킨다.
③ 오버플로우가 발생하면 증기만 배출한다.
④ 냉각수의 부피가 팽창하는 것을 흡수한다.

해설 냉각수의 온도가 차가울 때는 수온조절기가 닫혀서 라디에이터 쪽으로 냉각수가 흐르지 못하게 하고 냉각수가 가열되면 점차 열리기 시작하여 정상온도가 되면 완전히 열려서 냉각수가 라디에이터로 순환된다. 따라서 냉각수의 온도를 유지하는 것은 수온조절기의 기능이다.

정답 29.③ 30.① 31.③ 32.④ 33.③ 34.① 35.③ 36.① 37.② 38.① 39.②

40 **정기검사 연기신청을 하였으나 불허통지를 받은 자는 언제까지 정기검사를 신청하여야 하는가?**

① 불허통지를 받은 날부터 5일 이내
② 불허통지를 받은 날부터 10일 이내
③ 정기검사신청기간 만료일부터 5일 이내
④ 정기검사신청기간 만료일부터 10일 이내

해설 검사 · 명령이행 기간 연장 불허통지를 받은 자는 정기검사등의 신청기간 만료일부터 10일 이내에 검사신청을 해야 한다(건설기계관리법 시행규칙 제31조의2).

★★
41 **건설기계 소유자의 주민등록번호나 성명, 국적의 변경사항이 있을 경우 그 사실이 발생한 날로부터 며칠 이내에 신고해야 하는가?**

① 10일 ② 15일
③ 20일 ④ 30일

해설 건설기계조종사는 성명, 주소, 주민등록번호 및 국적의 변경이 있는 경우에는 그 사실이 발생한 날부터 30일 이내에 기재사항변경신고서를 주소지를 관할하는 시 · 도지사에게 제출하여야 한다(건설기계관리법 시행규칙 제82조).

위 문제 관련 법 내용은 2016.07.20. 삭제되었습니다.

★★
42 **대형 지게차의 마스트를 기울일 때 갑자기 시동이 정지되면 어떤 밸브가 작동하여 그 상태를 유지하는가?**

① 틸트록 밸브 ② 스로틀 밸브
③ 리프트 밸브 ④ 틸트 밸브

해설 **틸트록 밸브** : 엔진 정지 시 틸트 실린더의 작동을 억제

43 **디젤기관의 연료분사노즐에서 섭동 면의 윤활은 무엇으로 하는가?**

① 윤활유 ② 연료
③ 그리스 ④ 기어오일

해설 디젤기관 연료장치는 연료가 윤활작용을 겸한다.

★
44 **클러치식 지게차 동력 전달 순서는?**

① 엔진 → 변속기 → 클러치 → 종감속기어 및 차동장치 → 앞구동축 → 차륜
② 엔진 → 클러치 → 변속기 → 종감속기어 및 차동장치 → 앞구동축 → 차륜
③ 엔진 → 클러치 → 종감속기어 및 차동장치 → 변속기 → 앞구동축 → 차륜
④ 엔진 → 변속기 → 클러치 → 앞구동축 → 종감속기어 및 차동장치 → 차륜

해설 **클러치식 지게차 동력 전달 순서**
엔진 → 클러치 → 변속기 → 종감속기어 및 차동장치 → 앞 구동축 → 차륜

45 **완전연소 시 배출되는 가스 중 가장 인체에 무해한 가스는?**

① CO ② CO_2
③ HC ④ NOx

해설 ① CO : 일산화탄소는 무색무취의 기체로 사람의 폐에 들어가면 혈액 속의 헤모글로빈과 결합하여 산소 운반을 방해해 사망에 이를 수 있다.
③ HC : 탄화수소는 이산화질소와 반응하여 광화스모그 현상을 일으킨다.
④ NOx : 질소산화물은 급성중독 시 폐수종을 일으켜 사망에 이를 수 있다.

46 **지게차의 유압탱크 유량을 점검하기 전 포크의 적절한 위치는?**

① 포크를 지면에 내려놓고 점검한다.
② 최대적재량의 하중으로 포크는 지상에서 떨어진 높이에서 점검한다.
③ 포크를 최대로 높여 점검한다.
④ 포크를 중간높이에 두고 점검한다.

해설 지게차의 유량점검을 위해서는 포크를 최하단부인 지면에 내려놓아야 한다. 포크를 최대한 높이거나 중간위치에 두게 되면 작동유가 유압 실린더 내에 잔류하기 때문에 정확한 유량점검이 불가능하다.

47 **다음 도로명판에 대한 설명으로 옳지 않은 것은?**

1←65 대명로23번길

① 대정로 시작점 부근에 설치된다.
② 대정로 종료지점에 설치된다.
③ 대정로는 총 650m이다.
④ 대정로 시작점에서 230m에 분기된 도로이다.

해설 제시된 도로명판은 대정로 종료지점에 설치된다.

48 **지게차 타이어에 적힌 것으로 [9.00-20-14PR]에서 20이 의미하는 것은?**

① 타이어의 폭 ② 타이어의 높이
③ 타이어의 내경 ④ 타이어의 외경

해설 순서대로 '타이어의 폭 – 타이어의 내경 – 플라이수'를 의미한다.

49 **지게차의 유니버셜 조인트 중 등속조인트는?**

① 이중 십자형 자재이음 ② 부등속 자재이음
③ 플렉시블 자재이음 ④ 슬립이음

해설 유니버셜 조인트 중 등속조인트는 이중 십자형 자재이음과 볼 자재이음이 있다.

50 **제동 유압장치의 작동원리는 어느 이론에 바탕을 둔 것인가?**

① 열역학 제1법칙 ② 보일의 법칙
③ 파스칼의 원리 ④ 가속도 법칙

해설 **파스칼의 원리** : 밀폐된 용기에 액체를 가득 채우고 힘을 가하면 그 내부의 압력은 용기의 모든 면에 수직으로 작용하며 동일한 압력으로 작용한다는 원리

정답 40.④ 41.④ 42.① 43.② 44.② 45.② 46.① 47.① 48.③ 49.① 50.③

51 지게차의 브레이크를 자주 사용해 마찰열의 축적으로 드럼과 라이닝이 과열되어 제동력이 낮아지는 현상은?

① 노킹 현상 ② 페이드 현상
③ 하이드로플래닝 현상 ④ 채팅 현상

해설 페이드 현상은 마찰열이 축적되어 마찰계수의 저하로 제동력이 감소되는 현상을 말한다.

52 전기자 철심을 두께 0.35~1.0mm의 얇은 철판을 각각 절연하여 겹쳐 만든 주된 이유는?

① 열 발산을 방지하기 위해
② 코일의 발열을 방지하기 위해
③ 맴돌이 전류를 감소시키기 위해
④ 자력선의 통과를 차단시키기 위해

해설 전기자 철심은 자력선을 원활하게 통과시키고 맴돌이 전류를 감소시키기 위해 0.35~1.00mm의 얇은 철판을 각각 절연하여 겹쳐 만들었다.

53 지게차의 주된 구동방식은?

① 앞바퀴 구동 ② 뒷바퀴 구동
③ 전후 구동 ④ 중간 차축 구동

해설 지게차 구조의 특징은 전륜(앞바퀴) 구동에 뒷바퀴(후륜) 조향방식이다.

★★★★★

54 지게차로 화물을 적재하고 주행할 때 포크와 지면과의 간격으로 가장 적합한 것은?

① 지면에 밀착 ② 20~30cm
③ 40~60cm ④ 높이는 관계없이 작업한다.

해설 화물을 적재하고 주행할 경우, 포크와 지면과의 간격이 너무 낮거나 너무 높지 않도록 20~30cm를 유지하는 것이 좋다. 너무 높으면 주행 안정성이 떨어진다.

55 기관에 사용되는 오일여과기에 대한 사항으로 틀린 것은?

① 여과기가 막히면 유압이 높아진다.
② 엘리먼트 청소는 압축공기를 사용한다.
③ 여과능력이 불량하면 부품의 마모가 빠르다.
④ 작업조건이 나쁘면 교환시기를 빨리한다.

해설 오일여과기의 엘리먼트는 여과지나 면사 등으로 구성되어 있어 청소를 통해 유지하기 보다는 기능 한계를 넘게 될 경우 교환해야 하는 소모성 부품이다. 압축공기로 청소하는 것은 건식 공기청정기이다.

56 가스관련법상 가스배관 주위를 굴착하고자 할 때 가스배관 주위 몇 m 이내를 인력으로 굴착하여야 하는가?

① 0.3 ② 0.5
③ 1 ④ 2

해설 도시가스배관 주위를 굴착하는 경우 도시가스배관의 좌우 1m 이내 부분은 인력으로 굴착할 것(도시가스사업법 시행규칙 별표16)

57 전기선로 주변에서 크레인, 지게차, 굴착기 등으로 작업 중 활선에 접촉하여 사고가 발생하였을 경우 조치 요령으로 가장 거리가 먼 것은?

① 발생개소, 정돈, 진척상태를 정확히 파악하여 조치한다.
② 이상상태 확대 및 재해 방지를 위한 조치, 강구 등의 응급조치를 한다.
③ 사고 당사자가 모든 상황을 처리한 후 상사인 안전담당자 및 작업관계자에게 통보한다.
④ 재해가 더 이상 확대되지 않도록 응급 상황에 대처한다.

해설 활선 접촉 사고는 큰 인명 및 재산 피해로 이어질 수 있으며 재해 구호 관련 전문가의 신속한 투입이 필요하다. 사고 당사자가 상황 파악 및 응급조치와 같은 대처를 하는 것은 당연하지만 모든 상황을 처리하는 것은 피해를 확대시킬 가능성이 크다.

58 디젤기관에서 타이머의 역할로 가장 적합한 것은?

① 분사량 조절 ② 자동변속 단(저속~고속)조절
③ 연료 분사시기 조절 ④ 기관속도 조절

해설 타이머는 디젤기관의 분사펌프를 구성하는 기계요소로 기관의 회전속도 및 부하에 따라 연료의 분사시기를 조절하여 엔진동작이 조화롭게 이루어지도록 한다.

★

59 운전 중 갑자기 계기판에 충전 경고등(빨간불)이 점등되었다. 그 현상으로 맞는 것은?

① 정상적으로 충전이 되고 있음을 나타낸다.
② 충전이 되지 않고 있음을 나타낸다.
③ 충전계통에 이상이 없음을 나타낸다.
④ 주기적으로 점등되었다가 소등되는 것이다.

해설 충전 경고등은 정상적으로 충전과정이 이루어지지 않을 때 점등되게 되어 있다. 즉, 충전계통에 문제점이 발생했다는 경고등이다.

60 클러치가 연결된 상태에서 기어변속을 하면 일어나는 현상은?

① 기어에서 소리가 나고 기어가 상한다.
② 변속레버가 마모된다.
③ 클러치 디스크가 마멸된다.
④ 변속이 원활하다.

해설 클러치가 연결된 상태에서 기어변속을 하게 되면 본래 기관에 소리가 나고, 맞물려 돌아가는 기어를 무리하게 바꾸게 되므로 기어가 상하게 된다.

정답 51.② 52.③ 53.① 54.② 55.② 56.③ 57.③ 58.③ 59.② 60.①

2016 기출분석문제

01 기관에서 크랭크축을 회전시켜 엔진을 가동시키는 장치는?

① 시동장치 ② 예열장치
③ 점화장치 ④ 충전장치

02 엔진오일에 대한 설명으로 맞는 것은?

① 엔진을 시동한 상태에서 점검한다.
② 겨울보다 여름에는 점도가 높은 오일을 사용한다.
③ 엔진오일에는 거품이 많이 들어있는 것이 좋다.
④ 엔진오일 순환상태는 오일레벨 게이지로 확인한다.

해설
- **겨울철용 엔진오일** : 기온이 낮아서 낮은 점도의 오일이 필요하다. 점도가 높은 오일을 사용하면 크랭크축의 회전저항이 커져 기동이 어렵다.
- **여름철용 엔진오일** : 기온이 높으므로 기관오일의 점도가 높아야 한다.

03 다음 중 교차로에서 금지된 것은?

① 좌회전 ② 앞지르기
③ 우회전 ④ 서행 또는 일시정지

해설 **앞지르기 금지장소**
- 교차로, 터널 안, 다리 위
- 도로의 구부러진 곳, 비탈길의 고갯마루 부근 또는 가파른 비탈길의 내리막 등 시·도경찰청장이 도로에서의 위험을 방지하고 교통의 안전과 원활한 소통을 확보하기 위하여 필요하다고 인정하는 곳으로서 안전표지로 지정한 곳

★★
04 지게차의 구성부품이 아닌 것은?

① 리프트 실린더 ② 버킷
③ 마스트 ④ 포크

해설 버킷은 굴착기, 로더 등에서 토사 등을 굴착하기 위해 절삭날을 부착한 것이다.

★
05 지게차 포크의 수직면으로부터 포크 위에 놓인 화물의 무게중심까지의 거리는?

① 자유인상 높이 ② 하중중심
③ 최대인상 높이 ④ 마스트 최대 높이

해설 하중중심(Load center)은 포크의 수직면으로부터 화물의 무게중심까지의 거리이다.

★
06 측압을 받지 않는 스커트부의 일부를 절단하여 중량과 피스톤 슬랩을 경감시켜 스커트부와 실린더 벽과의 마찰 면적을 줄여주는 피스톤은?

① 오프셋 피스톤(Off-set Piston)
② 솔리드 피스톤(Solid Piston)
③ 슬리퍼 피스톤(Slipper Piston)
④ 스플릿 피스톤(Split Piston)

해설 ① 피스톤핀의 위치를 중심으로부터 편심하여 상사점에서 경사변화시기를 늦어지게 한 피스톤
② 스커트부에 홈이 없고 스커트부는 상, 중, 하의 지름이 동일한 통으로 된 피스톤
④ 측압이 작은 쪽의 스커트 상부에 세로로 홈을 두어 스커트부로 열이 전달되는 것을 제한한 구조의 피스톤

★★★
07 디젤기관 연료여과기에 설치된 오버플로우 밸브(overflow valve)의 기능이 아닌 것은?

① 여과기 각 부분 보호 ② 연료공급 펌프 소음 발생 억제
③ 운전 중 공기배출 작용 ④ 인젝터의 연료분사 시기 제어

해설 **오버플로우 밸브의 기능**
- 여과기 각 부분을 보호
- 여과기의 성능을 향상시킴
- 운전 중 공기빼기 작용을 함
- 연료공급펌프의 소음 발생 억제
- 공급펌프와 분사펌프 내의 연료 균형 유지

08 건설기계에 사용되는 저압 타이어의 호칭 치수 표시는?

① 타이어의 외경 – 타이어의 폭 – 플라이 수
② 타이어의 폭 – 타이어의 내경 – 플라이 수
③ 타이어의 폭 – 림의 지름 – 플라이 수
④ 타이어의 내경 – 타이어의 폭 – 플라이 수

해설 저압 타이어의 호칭 및 치수는 타이어 폭–타이어 내경–플라이 수(PR)로 표시되며 단위는 인치이다.

★
09 먼지가 많이 발생하는 건설기계 작업장에서 사용하는 마스크로 가장 적합한 것은?

① 산소 마스크 ② 가스 마스크
③ 방독 마스크 ④ 방진 마스크

해설 방진 마스크는 먼지가 많은 곳에서 사용하는 보호구로 여과 효율이 좋고 흡배기 저항이 낮아야 하며 중량이 가볍고 시야가 넓어야 한다. 또한 안면 밀착성이 좋고 피부 접촉 부위의 고무 질이 좋아야 한다.

★★★★★
10 건설기계가 받지 않아도 되는 검사는?

① 정기검사 ② 수시검사
③ 예비검사 ④ 신규등록검사

해설 **건설기계검사** : 신규등록검사, 정기검사, 구조변경검사, 수시검사 등

정답 01.① 02.② 03.② 04.② 05.② 06.③ 07.④ 08.② 09.④ 10.③

11

12V 축전지에 3Ω, 4Ω, 5Ω의 저항을 직렬로 연결하였을 때 전류는 얼마인가?

① 1A ② 2A
③ 3A ④ 4A

해설 전류(I) = $\frac{전압(V)}{저항(R)}$ 이므로 $\frac{12}{3+4+5}$ = 1(A)이다.

12

감전의 위험이 많은 작업현장에서 보호구로 가장 적절한 것은?

① 보안경 ② 구급용품
③ 로프 ④ 보호장갑

해설 감전을 방지하기 위해서 절연체로 만들어진 보호장갑을 착용한다.

13

안전보건표지의 종류와 형태에서 그림의 표지로 맞는 것은?

① 보행금지 ② 몸균형 상실 경고
③ 안전복 착용 ④ 방독 마스크 착용

해설 금지신호의 경우 사선이 그려져 있어야 하며 경고표시는 삼각형 모양의 표지를 사용한다. 원 내부 그림은 안전복 착용을 지시하는 것임을 쉽게 알 수 있다.

보행금지	몸균형 상실 경고	방독 마스크 착용

14

다음 중 전조등 회로의 구성으로 맞는 것은?

① 전조등 회로는 직렬로 연결되어 있다.
② 전조등 회로는 퓨즈와 병렬로 연결되어 있다.
③ 전조등 회로는 직렬과 병렬로 연결되어 있다.
④ 전조등 회로 전압은 5V 이하이다.

해설 전조등은 좌 · 우에 1개씩 설치되어 있어야 하고, 일반적으로 건설기계에 설치되는 좌 · 우 전조등은 병렬로 연결된 복선식 구성이다.

15

기관에 사용되는 윤활유의 성질 중 가장 중요한 것은?

① 온도 ② 점도
③ 습도 ④ 건도

해설 윤활유의 작용은 실린더 내 기밀 유지작용, 냉각작용, 열전도 작용, 응력 분산작용, 충격 완화작용, 부식 방지작용, 마찰 감소 및 마멸 방지작용, 청정작용이다. 이와 같은 윤활유의 작용이 원활하게 이루어지려면 윤활유의 점도가 적당해야 하며 온도에 따른 점성 변화가 작게 유지되어야 한다.

16

다음 기초번호판에 대한 설명으로 옳지 않은 것은?

종로
Jong-ro
2345

① 도로명과 건물번호를 나타낸다.
② 도로의 시작 지점에서 끝 지점 방향으로 기초번호가 부여된다.
③ 표지판이 위치한 도로는 종로이다.
④ 건물이 없는 도로에 설치된다.

해설 ① 도로명과 기초번호를 나타낸다.

17

전기회로의 안전사항으로 설명이 잘못된 것은?

① 전기장치는 반드시 접지하여야 한다.
② 전선의 접속은 접촉저항을 크게 하는 것이 좋다.
③ 퓨즈는 용량이 맞는 것을 끼워야 한다.
④ 모든 계기 사용 시 최대 측정범위를 초과하지 않도록 해야 한다.

해설 접촉저항(contact resistance)이 없거나 적을수록 전류의 흐름이 원활하다.

18

브레이크를 밟았을 때 차가 한쪽 방향으로 쏠리는 원인으로 가장 거리가 먼 것은?

① 브레이크 오일회로에 공기 혼입
② 타이어의 좌우 공기압이 틀릴 때
③ 드럼 슈에 그리스나 오일이 묻었을 때
④ 드럼의 변형

해설 **브레이크 쏠림현상 원인**

- 라이닝 간극 조정 불량
- 좌우 타이어 공기압 불균일 및 전륜 정렬 불량
- 휠 실린더 작동 불량
- 브레이크 드럼 변형 및 쇽 업소버 작동 불량

19

지게차 운전 중 아래와 같은 경고등이 점등되었다. 경고등의 명칭은?

① 연료 게이지 ② 엔진 회전수 게이지
③ 미션 온도 게이지 ④ 냉각수 온도 게이지

해설 냉각수 온도 게이지를 나타낸다.

정답 11.① 12.④ 13.③ 14.② 15.② 16.① 17.② 18.① 19.④

★

20 지게차를 작업용도에 따라 분류할 때 원추형 화물을 조이거나 회전시켜 운반 또는 적재하는 데 적합한 것은?

① 힌지 버킷 ② 힌지 포크
③ 로테이팅 클램프 ④ 로드 스태빌라이저

해설 로테이팅 클램프는 수평으로 잡아 주는 구조물이 달려 있어 양쪽에서 화물을 조일 수 있다. 로테이팅 클램프를 사용하면 화물을 수평으로 조이거나 회전시킬 수 있다.

21 지게차의 적재방법으로 틀린 것은?

① 포크로 물건을 찌르거나 물건을 끌어서 올리지 않는다.
② 화물이 무거우면 사람이나 중량물로 밸런스 웨이트를 삼는다.
③ 화물을 올릴 때는 포크를 수평으로 한다.
④ 화물을 올릴 때는 가속페달을 밟는 동시에 레버 조작을 한다.

해설 정해진 용량과 크기 이상의 화물을 실을 경우 안전상 매우 위험하며, 장비에 무리를 초래해 고장을 촉진한다.

★

22 기어 펌프의 특징이 아닌 것은?

① 구조가 간단하다. ② 고장이 많다.
③ 가격이 저렴하다. ④ 효율이 낮다.

해설 기어 펌프의 특징
- 소형이고 경량이다.
- 구조가 간단하여 고장이 적다.
- 고속 회전이 가능하고 가격이 저렴하다.
- 부하 변동 및 회전 변동이 큰 가혹한 조건에도 사용이 가능하다.
- 흡입력이 좋아 탱크에 가압을 하지 않아도 다른 것에 비하여 펌프질이 잘 된다.
- 수명이 짧고 소음 및 진동이 크다.
- 초고압이 곤란하다.
- 플런저 펌프에 비해 효율이 낮다.

23 유압 실린더 중 피스톤의 양쪽에 유압유를 교대로 공급하여 양방향의 운동을 유압으로 작동시키는 형식은?

① 단동식 ② 복동식
③ 다동식 ④ 편동식

해설 유압 파이프나 호스 연결구가 2개이면 복동식이고, 1개이면 단동식이다.

★★★★

24 성능이 불량하거나 사고가 빈발하는 건설기계의 성능을 점검하기 위하여 국토교통부장관 또는 시 · 도지사의 명령에 따라 수시로 실시하는 검사는?

① 신규등록검사 ② 정기검사
③ 수시검사 ④ 구조변경검사

해설 **건설기계의 검사**(건설기계관리법 제13조제1항)
1. 신규등록검사 : 건설기계를 신규로 등록할 때 실시하는 검사
2. 정기검사 : 건설공사용 건설기계로서 3년의 범위 내에서 국토교통부령으로 정하는 검사유효기간이 끝난 후에 계속하여 운행하려는 경우에 실시하는 검사와 「대기환경보전법」 제62조 및 「소음 · 진동관리법」 제37조에 따른 운행차의 정기검사
3. 구조변경검사 : 건설기계의 주요 구조를 변경하거나 개조한 경우 실시하는 검사
4. 수시검사 : 성능이 불량하거나 사고가 자주 발생하는 건설기계의 안전성 등을 점검하기 위하여 수시로 실시하는 검사와 건설기계소유자의 신청을 받아 실시하는 검사

★★★

25 도로교통법상 서행 또는 일시정지할 장소로 지정된 곳은?

① 안전지대 우측
② 가파른 비탈길의 내리막
③ 좌우를 확인할 수 있는 교차로
④ 교량 위를 통행할 때

해설 **서행 또는 일시정지할 장소**(도로교통법 제31조)
1. 교통정리를 하고 있지 아니하는 교차로
2. 도로가 구부러진 부근
3. 비탈길의 고갯마루 부근
4. 가파른 비탈길의 내리막
5. 시 · 도경찰청장이 도로에서의 위험을 방지하고 교통의 안전과 원활한 소통을 확보하기 위해 필요하다고 인정하여 안전표지로 지정한 곳

26 다음 중 드라이버 사용방법으로 틀린 것은?

① 날 끝 홈의 폭과 깊이가 같은 것을 사용한다.
② 전기작업 시 자루는 모두 금속으로 되어 있는 것을 사용한다.
③ 날 끝이 수평이어야 하며 둥글거나 빠진 것은 사용하지 않는다.
④ 작은 공작물이라도 한손으로 잡지 않고 바이스 등으로 고정하고 사용한다.

해설 전기작업 시 절연된 자루(손잡이)를 사용한다.

★★

27 산업재해의 통상적인 분류 중 통계적 분류를 설명한 것으로 틀린 것은?

① 사망 – 업무로 인해서 목숨을 잃게 되는 경우
② 중상해 – 부상으로 인하여 30일 이상의 노동 상실을 가져온 상해 정도
③ 경상해 – 부상으로 1일 이상 7일 이하의 노동 상실을 가져온 상해 정도
④ 무상해 사고 – 응급처치 이하의 상처로 작업에 종사하면서 치료를 받는 상해 정도

해설 **중상해** : 부상으로 8일 이상의 노동 상실을 가져온 상해 정도

★

28 도로교통법상 차마의 통행을 구분하기 위한 중앙선에 대한 설명으로 옳은 것은?

① 백색 및 회색의 실선 및 점선으로 되어 있다.
② 백색의 실선 및 점선으로 되어 있다.
③ 황색의 실선 또는 황색 점선으로 되어 있다.
④ 황색 및 백색의 실선 및 점선으로 되어 있다.

해설 중앙선이란 차마의 통행 방향을 명확하게 구분하기 위하여 도로에 황색 실선이나 황색 점선 등의 안전표지로 표시한 선 또는 중앙분리대나 울타리 등으로 설치한 시설물을 말한다. 다만 가변차로가 설치된 경우에는 신호기가 지시하는 진행방향의 가장 왼쪽에 있는 황색 점선을 말한다(도로교통법 제2조제5호).

정답 20.③ 21.② 22.② 23.② 24.③ 25.② 26.② 27.② 28.③

★★
29 디젤기관에 과급기를 부착하는 주된 목적은?

① 출력의 증대 ② 냉각효율의 증대
③ 배기의 정화 ④ 윤활성의 증대

해설 과급기는 흡기 다기관을 통해 각 실린더의 흡입 밸브가 열릴 때마다 신선한 공기가 다량으로 들어갈 수 있도록 해주는 장치로, 실린더의 흡입 효율이 좋아져 출력이 증대된다.

★
30 아세틸렌 용접기의 방호장치는?

① 덮개 ② 안전기
③ 스위치 ④ 밸브

해설 아세틸렌 용접장치 또는 가스집합 용접장치의 방호장치 : 안전기

31 수동변속기가 설치된 건설기계에서 클러치가 미끄러지는 원인과 가장 거리가 먼 것은?

① 클러치 페달 자유간극 과소 ② 압력판의 마멸
③ 클러치판의 오일 부착 ④ 클러치판의 런아웃 과다

해설 동력전달장치의 하나인 클러치는 기관과 변속기 사이에 부착되며 기관의 동력을 차단하거나 연결하는 역할을 한다. 클러치 면이 마멸되거나 오일과 같은 이물질이 붙을 경우, 클러치 페달의 자유간극이 작거나 클러치 압력판 스프링이 손상된 경우, 릴리스 레버의 조정이 불량하면 클러치가 미끄러지게 된다.

★
32 라디에이터의 구비조건이 아닌 것은?

① 단위면적당 방열량이 커야 한다.
② 공기 흐름 저항이 커야 한다.
③ 냉각수 흐름 저항이 적어야 한다.
④ 가볍고 작으며, 강도가 커야 한다.

해설 공기의 유동 저항이 적어야 한다.

★★★
33 작업할 때 안전성 및 균형을 잡아주기 위해 지게차 장비 뒤쪽에 설치되어 있는 것은?

① 변속기 ② 기관
③ 클러치 ④ 카운터 웨이트

해설 카운터 웨이트(평형추)는 지게차 맨 뒤쪽에 설치되어 차체 앞쪽에 화물을 실었을 때 쏠리는 것을 방지하는 역할을 한다.

★★★★★
34 지게차로 화물을 운반할 때 포크의 높이는 얼마 정도가 안전하고 적합한가?

① 가능하면 포크를 최대한 높게 유지한다.
② 지면으로부터 20~30cm 정도 높이를 유지한다.
③ 지면으로부터 60~80cm 정도 높이를 유지한다.
④ 지면과 가까이 붙어서 가볍게 접촉할 정도의 높이를 유지한다.

해설 화물을 높이 들어 올리면 떨어트릴 위험이 있으므로 주행 시 포크와 지면과의 간격은 20~30cm를 유지하도록 한다.

★★★★
35 지게차의 조종 레버에 대한 설명으로 틀린 것은?

① 전후진 레버를 앞으로 밀면 후진이 된다.
② 틸트 레버를 뒤로 당기면 마스트는 뒤로 기운다.
③ 리프트 레버를 앞으로 밀면 포크가 내려간다.
④ 전후진 레버를 뒤로 당기면 후진이 된다.

해설 전후진 레버를 앞으로 밀면 전진하고, 뒤로 당기면 후진한다.

36 차의 신호에 대한 설명 중 틀린 것은?

① 신호는 그 행위가 끝날 때까지 하여야 한다.
② 신호의 시기 및 방법은 운전자가 편리한 대로 한다.
③ 방향전환, 횡단, 유턴, 서행, 정지 또는 후진 시 신호를 하여야 한다.
④ 진로 변경 시에는 손이나 등화로서 할 수 있다.

해설 ② 신호를 하는 시기와 방법은 대통령령으로 정한다(도로교통법 제38조).

★★
37 지게차의 운전을 종료했을 때 취해야 할 안전사항이 아닌 것은?

① 각종 레버는 중립에 둔다.
② 연료를 빼낸다.
③ 주차 브레이크를 작동시킨다.
④ 전원 스위치를 차단시킨다.

해설 지게차의 운전을 종료했을 때 취해야 할 안전사항
- 모든 조종장치를 기본 위치에 둔다.
- 스위치를 차단시킨다.
- 변속장치는 중립에 둔다.

38 수동식 변속기가 장착된 장비에서 클러치 페달에 유격을 두는 이유는?

① 클러치 용량을 크게 하기 위해
② 클러치의 미끄럼을 방지하기 위해
③ 엔진 출력을 증가시키기 위해
④ 제동 성능을 증가시키기 위해

해설 클러치 페달의 자유간극(유격)이 작으면 클러치가 미끄러져 출발 또는 주행 중 가속했을 때 기관의 회전속도는 증가하지만 출발이 잘 안 되거나 주행속도가 증속되지 않는다.

39 건설기계관리법상 건설기계형식이 의미하는 것은?

① 건설기계의 구조
② 건설기계의 규격
③ 건설기계의 구조 · 규격
④ 건설기계의 구조 · 규격 및 성능

해설 건설기계형식이란 건설기계의 구조 · 규격 및 성능 등에 관하여 일정하게 정한 것을 말한다(건설기계관리법 제2조제9호).

정답 29.① 30.② 31.④ 32.② 33.④ 34.② 35.① 36.② 37.② 38.② 39.④

40 **화재 시 소화원리에 대한 설명으로 틀린 것은?**

① 기화소화법은 가연물을 기화시키는 것이다.
② 냉각소화법은 열원을 발화온도 이하로 냉각하는 것이다.
③ 질식소화법은 가연물에 산소공급을 차단하는 것이다.
④ 제거소화법은 가연물을 제거하는 것이다.

해설 연소가 이루어지려면 태워야 할 물질, 즉 가연물이 있어야 하고 가연물에 불을 붙일 점화원이 있어야 하며 연소 시 산소를 공급할 공기가 있어야 한다. 이때 가연물, 점화원, 공기를 연소의 3요소라 일컫는다. 소화 작업의 기본 요소는 연소의 3요소를 차단하는 것이다.

★★
41 **건설기계조종사의 적성검사 기준으로 가장 거리가 먼 것은?**

① 두 눈을 동시에 뜨고 잰 시력이 0.7 이상이고, 두 눈의 시력이 각각 0.3 이상일 것
② 시각은 150° 이상일 것
③ 언어분별력이 80% 이상일 것
④ 교정시력의 경우는 시력이 2.0 이상일 것

해설 **건설기계조종사의 적성검사 기준**(건설기계관리법 시행규칙 제76조)
1. 두 눈을 동시에 뜨고 잰 시력(교정시력 포함)이 0.7 이상이고 두 눈의 시력이 각각 0.3 이상일 것
2. 55dB(보청기를 사용하는 사람은 40dB)의 소리를 들을 수 있고, 언어분별력이 80% 이상일 것
3. 시각은 150° 이상일 것
4. 정신질환자 또는 뇌전증환자, 마약 · 대마 · 향정신성의약품 또는 알코올 중독자가 아닐 것

42 **유압장치의 기호 회로도에 사용되는 유압기호의 표시방법으로 적합하지 않은 것은?**

① 기호에는 흐름의 방향을 표시한다.
② 각 기기의 기호는 정상상태 또는 중립상태를 표시한다.
③ 기호는 어떠한 경우에도 회전하여서는 안 된다.
④ 기호에는 각 기기의 구조나 작용 압력을 표시하지 않는다.

해설 **유압기호의 표시방법**
- 기호에는 흐름의 방향을 표시한다.
- 각 기기의 기호는 정상상태 혹은 중립상태를 표시한다.
- 오해의 위험이 없을 때는 기호를 뒤집거나 회전할 수 있다.
- 기호에는 각 기기의 구조나 작용 압력을 표시하지 않는다.
- 기호가 없어도 정확히 이해할 수 있을 때는 드레인 관로는 생략할 수 있다.

★
43 **지게차의 일상 점검사항이 아닌 것은?**

① 토크 컨버터의 오일 점검
② 타이어 손상 및 공기압 점검
③ 틸트 실린더의 오일 누유 상태
④ 작동유의 양

해설 토크 컨버터는 유체클러치에서 오일에 의해 엔진의 동력을 변속기로 전달하는 장치이다. 토크 컨버터의 오일점검은 특수 정비사항이다.

★★
44 **유압펌프의 종류에 포함되지 않는 것은?**

① 기어 펌프 ② 진공 펌프
③ 베인 펌프 ④ 플런저 펌프

해설 유압펌프는 기관이나 전동기의 기계적 에너지를 받아 유압에너지로 변환시키는 장치이며 유압탱크 내의 오일을 흡입 가압하여 작동자(액추에이터)에 유압유를 공급한다. 기어식, 플런저식, 베인식 등이 있다.

45 **사고 원인으로서 작업자의 불안전한 행위는?**

① 안전 조치의 불이행 ② 작업장 환경 불량
③ 물적 위험상태 ④ 기계의 결함상태

★★
46 **건설기계조종사 면허가 취소되거나 효력정지처분을 받은 후에도 건설기계를 계속하여 조종한 자에 대한 벌칙은?**

① 50만 원 이하의 벌금
② 100만 원 이하의 벌금
③ 1년 이하의 징역 또는 1천만 원 이하의 벌금
④ 2년 이하의 징역 또는 2천만 원 이하의 벌금

해설 건설기계조종사 면허가 취소되거나 건설기계조종사 면허의 효력정지처분을 받은 후에도 건설기계를 계속하여 조종한 자는 1년 이하의 징역 또는 1천만 원 이하의 벌금에 처한다(건설기계관리법 제41조).

★★★★★
47 **순차 작동 밸브라고도 하며, 각 유압 실린더를 일정한 순서로 순차 작동시키고자 할 때 사용하는 것은?**

① 릴리프 밸브 ② 감압 밸브
③ 시퀀스 밸브 ④ 언로드 밸브

해설 시퀀스 밸브는 2개 이상의 분기회로가 있는 회로에서 작동 순서를 회로의 압력 등으로 제어하는 밸브이다.

★★★
48 **축압기의 용도로 적합하지 않은 것은?**

① 충격 흡수 ② 압력 보상
③ 유량 분배 및 제어 ④ 유압에너지의 저장

해설 **축압기**(어큐뮬레이터)
유압펌프에서 발생한 유압을 저장하고 맥동을 소멸시키는 장치로 압력보상, 에너지 축적, 유압회로의 보호, 맥동감쇠, 충격압력 흡수, 일정압력 유지 등의 기능을 한다.

★★
49 **압력스위치를 나타내는 것은?**

①
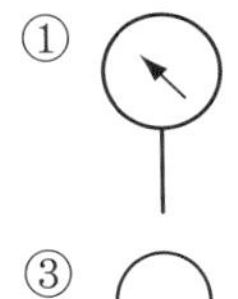
②
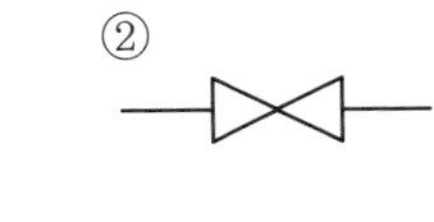
③
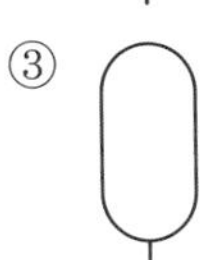
④
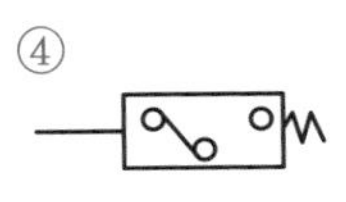

해설 ① 압력계, ② 스톱밸브, ③ 어큐뮬레이터

정답 40.① 41.④ 42.③ 43.① 44.② 45.① 46.③ 47.③ 48.③ 49.④

★★★
50 건설기계조종사 면허의 반납 사유로 틀린 것은?

① 면허가 취소된 때
② 면허의 효력이 정지된 때
③ 면허증의 재교부를 받은 후 분실된 면허증을 발견한 때
④ 주소를 이전했을 때

해설 건설기계조종사 면허를 받은 자가 면허가 취소된 때, 면허의 효력이 정지된 때, 면허증 재교부를 받은 후 잃어버린 면허증을 발견한 때에는 그 사유가 발생한 날부터 10일 이내에 시장 · 군수 또는 구청장에게 면허증을 반납하여야 한다(건설기계관리법 시행규칙 제80조).

★
51 유류화재 시 소화방법으로 부적절한 것은?

① 모래를 뿌린다. ② 다량의 물을 부어 끈다.
③ ABC소화기를 사용한다. ④ B급 화재 소화기를 사용한다.

해설 유류화재 시 물을 부을 경우 기름이 물에 뜨면서 화재가 확산될 수 있으므로 모래나 ABC소화기, B급 화재 전용소화기를 이용하여 진압해야 한다.

★★
52 지게차로 적재작업을 할 때 유의사항으로 틀린 것은?

① 운반하려고 하는 화물 가까이 가면 속도를 줄인다.
② 화물 앞에서는 일단 정지한다.
③ 화물이 무너지거나 파손 등의 위험성 여부를 확인한다.
④ 화물을 높이 들어 올려 아랫부분을 확인하며 천천히 출발한다.

해설 화물적재 시 포크를 지면으로부터 20~30cm 정도 들고 천천히 주행한다.

53 다음에서 설명하는 지게차의 작업장치는?

> L자형으로 2개이며, 핑거 보드에 체결되어 화물을 받쳐 드는 부분이다.

① 마스트 ② 백레스트
③ 평형추 ④ 포크

해설 ① 마스트 : 백레스트가 가이드 롤러(리프트 롤러)를 통하여 상하 미끄럼 운동을 할 수 있는 레일
② 백레스트 : 포크의 화물 뒤쪽을 받쳐주는 부분
③ 평형추(카운터 웨이트) : 지게차 맨 뒤쪽에 설치되어 차체 앞쪽에 화물을 실었을 때 쏠리는 것을 방지

★
54 지게차의 틸트 실린더에서 사용하는 유압 실린더의 형식으로 옳은 것은?

① 단동식 ② 스프링식
③ 복동식 ④ 왕복식

해설 지게차의 틸트 실린더는 복동식이다.

★
55 조종사를 보호하기 위한 지게차의 안전장치가 아닌 것은?

① 백레스트 ② 헤드가드
③ 안전띠 ④ 아웃트리거

해설 **지게차 안전장치** : 안전벨트, 헤드가드, 아웃트리거 등

56 유압장치에 사용되는 오일 실(seal)의 종류 중 O-링이 갖추어야 할 조건은?

① 체결력이 작을 것 ② 압축변형이 적을 것
③ 작동 시 마모가 클 것 ④ 오일의 입 · 출입이 가능할 것

해설 O-링은 탄성이 양호하고 압축변형이 적어야 한다.

57 지게차 조향장치에서 유압 조향 실린더 작동기와 벨크랭크 사이에 설치되는 것은?

① 타이로드 ② 피트먼 암
③ 조향 암 ④ 드래그링크

해설 **드래그링크**
• 일체차축방식 조향기구에서 피트먼 암과 너클 암(제3암)을 연결하는 로드
• 피트먼 암을 중심으로 원호운동을 함

58 다음 중 석탄, 소금, 비료, 모래 등 흘러내리기 쉬운 화물 운반용으로 가장 적합한 것은?

① 힌지 버킷 ② 로테이팅 클램프 마스트
③ 스키드 포크 ④ 로드 스태빌라이저

해설 힌지 포크는 원목이나 파이프 등의 화물의 운반 · 적재용이고, 힌지 버킷은 석탄, 소금, 모래, 비료 등 흘러내리기 쉬운 화물의 운반용이다.

59 지하차도 교차로 표지로 옳은 것은?

①
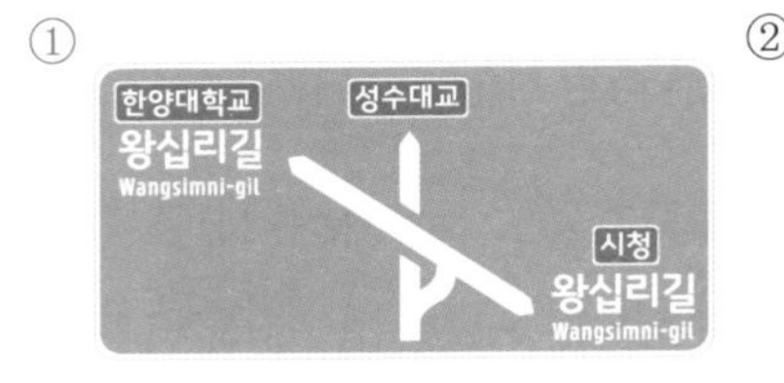

②
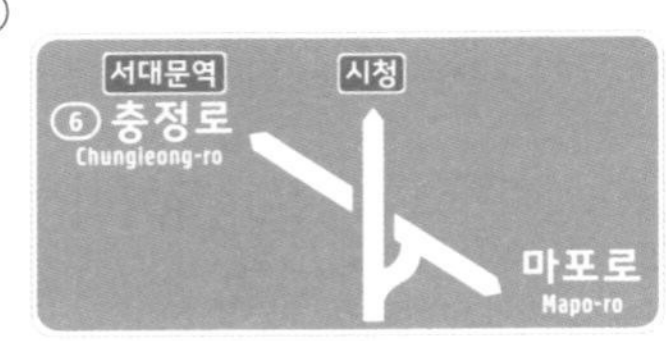

③ 충정로역 서소문공원 중림로 Jungnim-ro 만리재로 Malljae-ro

④

해설 ① 3방향 도로명 표지(지하차도 교차로)
② 3방향 도로명 표지(고가차도 교차로)
③ 3방향 도로명 표지(K자형 교차로)
④ 다지형 교차로 도로명 표지

★★★
60 깨지기 쉬운 화물이나 불안전한 화물의 낙하를 방지하기 위하여 포크 상단에 상하 작동할 수 있는 압력판을 부착한 지게차는?

① 하이 마스트 ② 사이드 스프트 마스트
③ 로드 스태빌라이저 ④ 3단 마스트

해설 로드 스태빌라이저란 평탄하지 않은 노면이나 경사지 등에서 깨지기 쉬운 화물이나 불안전한 화물의 낙하 방지를 위해 포크 상단에 상하로 작동 가능한 압력판을 부착한 것이다.

정답 50.④ 51.② 52.④ 53.④ 54.③ 55.① 56.② 57.④ 58.① 59.① 60.③

2015 기출분석문제

01 커먼레일 디젤기관의 공기유량센서(AFS)로 많이 사용되는 방식은?

① 칼만 와류 방식　② 열막 방식
③ 맵센서 방식　④ 베인 방식

해설 공기유량센서(AFS)는 열막 방식을 사용한다.

02 6기통 기관이 4기통 기관보다 좋은 점이 아닌 것은?

① 가속이 원활하고 신속하다.
② 저속회전이 용이하고 출력이 높다.
③ 기관 진동이 적다.
④ 구조가 간단하여 제작비가 싸다.

해설 6기통 기관은 가속이 원활하고 신속하며 저속회전이 용이하고 출력이 높다. 또한 기관 진동이 적다는 장점이 있다. 반면, Y자 형태의 블록을 사용하게 되므로 구조가 복잡하여 제작비가 비싼 단점이 있다.

★
03 측압을 받지 않는 스커트부의 일부를 절단하여 중량과 피스톤 슬랩을 경감시켜 스커트부와 실린더 벽과의 마찰 면적을 줄여주는 피스톤은?

① 오프셋 피스톤(Off-set Piston)
② 솔리드 피스톤(Solid Piston)
③ 슬리퍼 피스톤(Slipper Piston)
④ 스플릿 피스톤(Split Piston)

해설 ① 피스톤핀의 위치를 중심으로부터 편심하여 상사점에서 경사변화시기를 늦어지게 한 피스톤
② 스커트부에 홈이 없고 스커트부는 상, 중, 하의 지름이 동일한 통으로 된 피스톤
④ 측압이 작은 쪽의 스커트 상부에 세로로 홈을 두어 스커트부로 열이 전달되는 것을 제한한 구조의 피스톤

04 왕복형 엔진에서 상사점과 하사점까지의 거리는?

① 사이클　② 과급
③ 행정　④ 소기

해설 행정(stroke)은 상사점에서 하사점까지의 피스톤의 움직임이나 그 길이를 말한다.

05 수랭식 기관의 과열 원인이 아닌 것은?

① 냉각수 부족
② 송풍기 고장
③ 구동벨트 장력이 작거나 파손
④ 라디에이터 코어가 막혔을 때

해설 수랭식 기관의 과열 원인으로 냉각수량 부족, 냉각팬 파손, 구동벨트 장력이 작거나 파손, 수온조절기가 닫힌 채 고장, 라디에이터 코어 파손 등이 있다. 송풍기는 공랭식과 관련이 있다.

★★
06 지게차의 적재화물이 크고 현저하게 시계를 방해할 때 운전자의 운전방법으로 틀린 것은?

① 후진으로 주행한다.
② 필요시 경적을 울리면서 서행을 한다.
③ 적재물을 높이 들고 주행한다.
④ 유도자를 붙여 차를 유도한다.

해설 적재물을 높이 들면 떨어트릴 수 있고 균형을 맞추기가 어려워서 위험하다.

★★★★★
07 지게차로 화물을 운반할 때 포크의 높이는 얼마 정도가 안전하고 적합한가?

① 높이에는 관계없이 편리하게 한다.
② 지상 20~30cm 정도 높이를 유지한다.
③ 지상 50~80cm 정도 높이를 유지한다.
④ 지상 100cm 이상 높이를 유지한다.

해설 지게차의 적재와 하역 시 포크에 파렛트를 확실하게 집어넣고, 20~30cm 들고 이동한다. 하역 시에는 마스트를 수직으로 한다.

★★
08 유압장치에서 작동 및 움직임이 있는 곳의 연결관으로 적합한 것은?

① 플렉시블 호스　② 구리 파이프
③ 강 파이프　④ PVC 호스

해설 플렉시블 호스는 구부러지기 쉬운 호스로 내구성이 강하고 작동 및 움직임이 있는 곳에 사용하기 적합하다.

★★★★★
09 평탄한 노면에서 지게차를 운전하여 하역작업 시 올바른 방법이 아닌 것은?

① 파렛트에 실은 화물이 안정되고 확실하게 실려 있는가를 확인한다.
② 포크를 삽입하고자 하는 곳과 평행하게 한다.
③ 불안전하게 적재한 경우에는 빠르게 작업을 진행한다.
④ 화물 앞에서 정지한 후 마스트가 수직이 되도록 기울여야 한다.

해설 불안정한 적재와 안전조치 없는 작업의 강행은 사고 발생의 원인이다.

정답 01.② 02.④ 03.③ 04.③ 05.② 06.③ 07.② 08.① 09.③

10 시동을 걸 때 점검해야 할 사항으로 맞지 않는 것은?

① 윤활계통의 공기빼기가 잘 되었는지 확인한다.
② 라디에이터 캡을 열고 냉각수가 채워져 있는지 확인한다.
③ 오일레벨 게이지로 점검하여 윤활유가 정상적인지 확인한다.
④ 배터리 충전이 정상적으로 되어 있는지 확인한다.

해설 윤활계통은 기관이 정지되어 윤활유가 크랭크실 내에 안착되어 있을 때 정확히 측정할 수 있기 때문에 운전 전에 점검해야 할 사항으로 적절하다.

11 시동전동기에서 발생한 회전력을 엔진 플라이 휠의 링 기어로 전달하여 크랭크축을 구동해 차량을 시동상태로 만들 때의 스위치는?

① ACC ② ON
③ START ④ LOCK

★★★
12 지게차의 카운터 웨이트 기능에 대한 설명으로 옳은 것은?

① 작업 시 안정성을 주고 장비의 밸런스를 잡아 준다.
② 접지면적을 높여준다.
③ 접지압을 높여준다.
④ 더욱 무거운 중량을 들 수 있도록 임의로 조절해 준다.

해설 평형추(카운터 웨이트)는 지게차 맨 뒤쪽에 설치되어 차체 앞쪽에 화물을 실었을 때 쏠리는 것을 방지한다.

13 지게차의 조향핸들에서 바퀴까지의 조작력 전달순서로 다음 중 가장 적합한 것은?

① 핸들 → 피트먼 암 → 드래그링크 → 조향기어 → 타이로드 → 조향암 → 바퀴
② 핸들 → 드래그링크 → 조향기어 → 피트먼 암 → 타이로드 → 조향암 → 바퀴
③ 핸들 → 조향암 → 조향기어 → 드래그링크 → 피트먼 암 → 타이로드 → 바퀴
④ 핸들 → 조향기어 → 피트먼 암 → 드래그링크 → 타이로드 → 조향암 → 바퀴

★
14 축전지를 사용하게 되면 서서히 방전이 되기 시작해 일정 전압 이하로 방전될 경우 방전을 멈추는데 이때의 전압을 무엇이라 하는가?

① 방전전압 ② 방전종지전압
③ 충전전압 ④ 방전완료전압

해설 축전지를 사용하는 경우 단자 전압이 0으로 되기까지 방전시키지 않고, 어느 한도의 전압까지 강하하면 방전을 멈추게 한다. 일반적으로는 정상 전압의 90% 정도에 설정한다. 이러한 사용 방법에 의해서 전지의 수명을 길게 한다.

15 납산 축전지를 충전기로 충전할 때 전해액의 온도가 상승하면 위험한 상황이 될 수 있다. 최대 몇 ℃를 넘지 않도록 하여야 하는가?

① 5℃ ② 10℃
③ 25℃ ④ 45℃

해설 충전 중 전해액의 온도는 45℃ 이상으로 상승시켜서는 안 된다.

★
16 타이어식 건설기계에서 앞바퀴 정렬의 역할과 거리가 먼 것은?

① 브레이크의 수명을 길게 한다.
② 타이어 마모를 최소로 한다.
③ 방향 안정성을 준다.
④ 조향핸들의 조작을 작은 힘으로 쉽게 할 수 있다.

해설 차량의 앞바퀴를 위에서 내려다보면 바퀴 중심선 사이의 거리가 앞쪽이 뒤쪽보다 약간 좁게 되어 있는데 이를 토인이라 한다. 토인은 앞바퀴 사이드 슬립과 타이어 마멸을 방지하며 캠버, 조향 링키지 마멸 및 주행 저항과 구동력의 반력에 의한 토아웃을 방지하여 주행 안정성을 높인다. 그리고 앞바퀴를 평행하게 회전시켜 조향핸들 조작도 용이하게 해준다.

★
17 동력전달장치에서 클러치판은 어떤 축의 스플라인에 끼워져 있는가?

① 추진축 ② 차동기어장치
③ 크랭크축 ④ 변속기 입력축

해설 클러치판은 변속기 입력축의 스플라인에 끼워져 있어 변속을 위해 동력을 단속해 주는 역할을 한다.

18 토크 컨버터의 3대 구성요소가 아닌 것은?

① 오버런닝 클러치 ② 스테이터
③ 펌프 ④ 터빈

해설 토크 컨버터는 유체클러치를 개량하여 유체클러치보다 회전력의 변화를 크게 한 것이다. 펌프, 터빈, 스테이터는 토크 컨버터의 3대 구성요소로 크랭크축에 펌프를, 변속기 입력 축에 터빈을 두고 있으며, 오일의 흐름 방향을 바꿔주는 스테이터가 변속기 케이스에 일방향 클러치를 통해 부착되어 있다.

★
19 타이어식 건설기계에서 조향바퀴의 토인을 조정하는 곳은?

① 핸들 ② 타이로드
③ 웜 기어 ④ 드래그링크

해설 토인은 조향바퀴의 사이드 슬립과 타이어의 마멸을 방지하고 앞바퀴를 평행하게 회전시키기 위한 것으로, 지게차의 토인은 타이로드 길이로 조정한다.

정답 10.① 11.③ 12.① 13.④ 14.② 15.④ 16.① 17.④ 18.① 19.②

★

20 브레이크 파이프 내에 베이퍼 록이 발생하는 원인과 가장 거리가 먼 것은?

① 드럼의 과열 ② 지나친 브레이크 조작
③ 잔압의 저하 ④ 라이닝과 드럼의 간극 과대

해설 **베이퍼 록의 원인**
- 긴 내리막길에서 풋 브레이크를 과도하게 사용했을 때
- 브레이크 드럼과 라이닝의 끌림에 의한 가열
- 마스터 실린더, 브레이크 슈 리턴 스프링 파손에 의한 잔압 저하
- 브레이크 오일 열화에 의한 비점의 저하, 오일이 불량할 때

★★★★

21 지게차에서 리프트 실린더의 상승력이 부족한 원인과 거리가 먼 것은?

① 리프트 실린더에서 유압유 누출
② 오일 필터의 막힘
③ 틸트록 밸브의 밀착 불량
④ 유압펌프의 불량

해설 틸트록 장치는 기관이 정지했을 때 틸트록 밸브가 유압회로를 차단하여 틸트 레버를 밀어도 마스트가 경사되지 않게 한다.

★★★

22 지게차를 주차할 때 취급사항으로 틀린 것은?

① 포크를 지면에 완전히 내린다.
② 기관을 정지한 후 주차 브레이크를 작동시킨다.
③ 시동을 끈 후 시동스위치의 키는 그대로 둔다.
④ 포크의 선단이 지면에 닿도록 마스트를 전방으로 적절히 경사시킨다.

해설 지게차를 주차시킬 때는 핸드 브레이크 레버를 뒤로 당기고 시프트 레버는 중립에 놓으며 포크는 바닥에 내려놓는다. 또한 기관이 완전히 정지된 것을 확인한 후 시동스위치 키를 빼내 안전한 장소에 보관한다.

★★★

23 지게차 작업장치의 종류에 속하지 않는 것은?

① 하이 마스트 ② 리퍼
③ 사이드 클램프 ④ 힌지 버킷

해설 **지게차 작업장치의 종류**
하이 마스트, 사이드 시프트 마스트, 프리리프트 마스트, 트리플 스테이지 마스트, 로드 스태빌라이저, 로테이팅 클램프 마스트, 힌지 포크 · 버킷 등

★★★★

24 지게차 조종 레버에 대한 설명으로 옳지 않은 것은?

① 리프트 레버를 당기면 포크가 올라간다.
② 틸트 레버를 밀면 마스트가 앞으로 기울어진다.
③ 틸트 레버를 놓으면 자동으로 중립 위치로 복원된다.
④ 리프트 레버를 놓으면 자동으로 중립 위치로 복원되지 않는다.

해설 리프트 레버를 놓으면 자동으로 중립 위치로 복원된다.

25 지게차 운행에 따른 안전수칙으로 틀린 것은?

① 화물이 커서 앞을 가릴 때는 후진으로 주행한다.
② 경사지에서 화물을 싣고 내려갈 때는 후진으로 내려간다.
③ 화물을 내릴 때 포크는 뒤로 기울인 상태에서 내린다.
④ 사람을 포크에 태우고 상하조작을 해서는 안된다.

해설 포크는 핑거 보드에 체결되어 화물을 받쳐 드는 부분으로 L자형 구조물 2개로 이루어져 있다. 포크의 끝은 항상 안쪽으로 경사지게 하여 화물을 안정적으로 받쳐 들 수 있도록 해야 한다.

26 지게차의 리프트 실린더 작동회로에 사용되는 플로우 레귤레이터(슬로우 리턴 밸브)의 역할은?

① 포크의 하강속도를 조절하여 포크가 천천히 내려오도록 한다.
② 포크 상승 시 작동유의 압력을 높여준다.
③ 짐을 하강시킬 때 신속하게 내려오도록 한다.
④ 포크가 상승하다가 리프트 실린더 중간에서 정지 시 실린더 내부누유를 방지한다.

해설 지게차의 리프트 실린더 작동회로에 사용되는 플로우 레귤레이터(슬로우 리턴 밸브)는 포크를 천천히 하강하도록 작용한다.

★★

27 대형 지게차의 마스트를 기울일 때 갑자기 시동이 정지되면 어떤 밸브가 작동하여 그 상태를 유지하는가?

① 틸트록 밸브 ② 스로틀 밸브
③ 리프트 밸브 ④ 틸트 밸브

해설 틸트록 밸브는 엔진 정지 시 틸트 실린더의 작동을 억제한다.

★★

28 지게차를 운행할 때 주의사항으로 틀린 것은?

① 급유 중은 물론 운전 중에도 화기를 가까이 하지 않는다.
② 적재 시 급제동을 하지 않는다.
③ 내리막길에서는 브레이크를 밟으면서 서서히 주행한다.
④ 적재 시에는 최고속도로 주행한다.

해설 **지게차의 운행 방법**
- 주행방향을 바꿀 때에는 완전 정지 또는 저속에서 운행한다.
- 급선회, 급가속, 급제동은 피하고 내리막길에서는 저속으로 운행한다.
- 중량물을 운반 중인 경우에는 반드시 제한속도를 유지한다.
- 화물을 적재하고 주행할 경우, 포크와 지면과의 간격이 너무 낮거나 너무 높지 않도록 20~30cm를 유지하는 것이 좋다. 너무 높으면 주행 안정성이 떨어진다.
- 중량물을 운반 중인 경우에는 반드시 제한속도를 유지한다.

29 다음 중 베인 펌프의 구성요소에 해당하지 않는 것은?

① 회전자(로터) ② 케이싱
③ 베인(날개) ④ 피스톤

해설 베인 펌프는 회전하는 로터가 들어 있는 케이싱 속에 여러 날개가 설치되어 회전에 의해 유체를 흡입 · 토출하는 펌프이다.

정답 20.④ 21.③ 22.③ 23.② 24.④ 25.③ 26.① 27.① 28.④ 29.④

★★★★★
30 유압 작동유의 점도가 너무 높을 때 발생되는 현상으로 맞는 것은?

① 동력 손실의 증가 ② 내부 누설의 증가
③ 펌프 효율의 증가 ④ 마찰 마모 감소

해설 유압유의 점도가 높을 경우 유압이 높아지며 관내의 마찰 손실에 의해 동력 손실이 유발될 수 있으며 열이 발생할 수 있고, 이에 의해 소음이나 공동현상이 발생할 수 있다.

★★★★
31 유압회로에 흐르는 압력이 설정된 압력 이상으로 되는 것을 방지하기 위한 밸브는?

① 감압 밸브 ② 릴리프 밸브
③ 시퀀스 밸브 ④ 카운터 밸런스 밸브

해설 유압제어 밸브에는 릴리프 밸브, 감압 밸브, 시퀀스 밸브, 카운터 밸런스 밸브, 언로드 밸브 등이 있다. 릴리프 밸브는 회로 압력을 일정하게 하거나 최고 압력을 규제하여 각부 기기를 보호한다. 감압 밸브는 유압회로에서 분기 회로의 압력을 주회로의 압력보다 저압으로 사용하고자 할 때 쓴다.

32 유압 작동유의 중요 역할이 아닌 것은?

① 일을 흡수한다. ② 부식을 방지한다.
③ 습동부를 윤활시킨다. ④ 압력에너지를 이송한다.

해설 **유압유의 기능**
- 동력 전달
- 마찰열 흡수
- 움직이는 기계요소 윤활
- 필요한 기계요소 사이를 밀봉

★
33 유압라인에서 압력에 영향을 주는 요소로 가장 관계가 적은 것은?

① 유체의 흐름 양 ② 유체의 점도
③ 관로 직경의 크기 ④ 관로의 좌 · 우 방향

해설 압력은 유체의 힘에 비례하고 면적에는 반비례한다. 따라서 힘에 영향을 주는 점도나 유량이 클 경우나 관로 직경의 크기가 좁을수록 압력은 높아진다.

★★
34 유압 작동유의 구비조건으로 맞는 것은?

① 내마모성이 작을 것 ② 압축성이 좋을 것
③ 인화점이 낮을 것 ④ 점도지수가 높을 것

해설 **유압 작동유의 구비조건**
- 비압축성일 것
- 내열성이 크고 거품이 적을 것
- 점도지수가 높을 것

★
35 유압모터에서 소음과 진동이 발생할 때의 원인이 아닌 것은?

① 내부 부품의 파손 ② 작동유 속에 공기의 혼입
③ 체결 볼트의 이완 ④ 펌프의 최고 회전속도 저하

해설 유압모터의 내부 부품이 파손되거나 체결을 위한 볼트가 이완되었을 경우, 작동유에 공기가 흡입되었을 경우에 소음과 진동이 발생할 수 있다.

36 베인 펌프의 특징 중 맞지 않는 것은?

① 수명이 짧다. ② 진동과 소음이 적다.
③ 정비와 관리가 용이하다. ④ 고속회전이 가능하다.

해설 **베인 펌프의 특징**

장 점	• 소음과 진동이 적음 • 정비와 관리가 용이 • 고속회전 가능 • 유압탱크에 가압을 가하지 않아도 펌프질 가능	• 로크가 안정 • 수명은 보통
단 점	• 최고압력 및 흡입 성능이 낮음 • 구조가 약간 복잡함	

★★★
37 축압기의 용도로 적합하지 않은 것은?

① 유압에너지의 저장 ② 충격 흡수
③ 유량 분배 및 제어 ④ 압력 보상

해설 **축압기의 기능**
압력 보상, 에너지 축적, 유압회로 보호, 체적변화 보상, 맥동 감쇠, 충격압력 흡수 및 일정 압력 유지

★
38 다음 중 건설기계관리법에 의한 건설기계가 아닌 것은?

① 불도저 ② 덤프트럭
③ 아스팔트피니셔 ④ 트레일러

해설 **건설기계의 범위**(건설기계관리법 시행령 별표1)
불도저, 굴착기, 로더, 지게차, 스크레이퍼, 덤프트럭, 기중기, 모터그레이더, 롤러, 노상안정기, 콘크리트뱃칭플랜트, 콘크리트피니셔, 콘크리트살포기, 콘크리트믹서트럭, 콘크리트펌프, 아스팔트믹싱플랜트, 아스팔트피니셔, 아스팔트살포기, 골재살포기, 쇄석기, 공기압축기, 천공기, 항타 및 항발기, 자갈채취기, 준설선, 특수건설기계, 타워크레인

★★
39 등록건설기계의 기종별 표시방법으로 옳은 것은?

① 01-불도저 ② 02-모터그레이더
③ 03-지게차 ④ 04-덤프트럭

해설 ② 08 : 모터그레이더
③ 04 : 지게차
④ 06 : 덤프트럭

★★★
40 항타기는 부득이한 경우를 제외하고 가스배관의 수평거리를 최소한 몇 m 이상 이격하여 설치해야 하는가?

① 4m ② 6m
③ 2m ④ 10m

해설 항타기는 부득이한 경우를 제외하고 가스배관의 수평거리를 최소한 2m 이상 이격하여 설치해야 한다.

정답 30.① 31.② 32.① 33.④ 34.④ 35.④ 36.① 37.③ 38.④ 39.① 40.③

★★★★★
41 최고속도의 100분의 20을 줄인 속도로 운행하여야 할 경우는?

① 노면이 얼어붙은 경우
② 폭우, 폭설, 안개 등으로 가시거리가 100m 이내인 경우
③ 눈이 20mm 이상 쌓인 경우
④ 비가 내려 노면이 젖어 있는 경우

해설 **자동차 등의 속도**(도로교통법 시행규칙 제19조)
1. 최고속도의 100분의 20을 줄인 속도로 운행하여야 하는 경우
 가. 비가 내려 노면이 젖어 있는 경우
 나. 눈이 20mm 미만 쌓인 경우
2. 최고속도의 100분의 50을 줄인 속도로 운행하여야 하는 경우
 가. 폭우·폭설·안개 등으로 가시거리가 100m 이내인 경우
 나. 노면이 얼어 붙은 경우
 다. 눈이 20mm 이상 쌓인 경우

★★★
42 건설기계를 운전하여 교차로 전방 20m 지점에 이르렀을 때 황색 등화로 바뀌었을 경우 운전자의 조치방법은?

① 일시정지하여 안전을 확인하고 진행한다.
② 정지할 조치를 취하여 정지선에 정지한다.
③ 그대로 계속 진행한다.
④ 주위의 교통에 주의하면서 진행한다.

해설 황색 등화 시 차마는 정지선이 있거나 횡단보도가 있을 때에는 그 직전이나 교차로의 직전에 정지하여야 하며, 이미 교차로에 차마의 일부라도 진입한 경우에는 신속히 교차로 밖으로 진행하여야 한다(도로교통법 시행규칙 별표2).

★★★★
43 건설기계조종사 면허를 받지 아니하고 건설기계를 운행하면 어떻게 되는가? (단, 소형 건설기계 제외)

① 1개월 이내에 면허를 발급받으면 처벌받지 않는다.
② 도로에서 운행하지만 않는다면 처벌받지 않는다.
③ 사고만 일으키지 않는다면 처벌받지 않는다.
④ 1년 이하의 징역 또는 1천만 원 이하의 벌금에 처한다.

해설 건설기계조종사 면허를 받지 아니하고 건설기계를 조종한 자는 1년 이하의 징역 또는 1천만 원 이하의 벌금에 처한다(건설기계관리법 제41조).

★
44 다음 중 1종 대형면허를 취득할 수 있는 경우는?

① 두 눈을 동시에 뜨고 잰 시력이 0.8 미만이고, 두 눈의 시력이 각각 0.5 미만인 경우
② 55데시벨(보청기를 사용하는 사람은 40데시벨)의 소리를 들을 수 있는 경우
③ 붉은색·녹색 및 노란색을 구별할 수 없는 경우
④ 19세 미만이거나 자동차(이륜자동차는 제외)의 운전경험이 1년 미만인 사람

해설 제1종 운전면허 중 대형면허 또는 특수면허를 취득하려는 경우에는 55데시벨(보청기를 사용하는 사람은 40데시벨)의 소리를 들을 수 있어야 한다(도로교통법 시행령 제45조제1항제3호).

★ 기출변형
45 차로에 대한 설명으로 옳지 않은 것은?

① 차로의 설치는 시·도경찰청장이 한다.
② 비포장도로에는 차로를 설치할 수 없다.
③ 일방통행도로에서는 도로 우측부터 1차로이다.
④ 차로를 설치할 경우 도로의 중앙선으로부터 1차로로 한다.

해설 일방통행도로에서는 도로의 왼쪽부터 1차로로 한다.

"지방경찰청장"이 "시·도경찰청장"으로 변경되었습니다(2020.12.22.개정).

★★★★★
46 건설기계조종사의 면허취소 사유에 해당하는 것은?

① 과실로 인하여 1명을 사망하게 하였을 때
② 면허정지 처분을 받은 자가 그 기간 중에 건설기계를 조종한 때
③ 과실로 인하여 10명에게 경상을 입힌 때
④ 건설기계로 1천만 원 이상의 재산피해를 냈을 때

해설 면허정지 처분을 받은 자가 그 정지기간 중에 건설기계를 조종한 경우 면허가 취소된다.

★★★★
47 건설기계의 검사유효기간이 끝난 후 받아야 하는 검사는?

① 수시검사 ② 신규등록검사
③ 정기검사 ④ 구조변경검사

해설 **정기검사** : 건설공사용 건설기계로서 3년의 범위에서 국토교통부령으로 정하는 검사유효기간이 끝난 후에 계속하여 운행하려는 경우에 실시하는 검사와 운행차의 정기검사(건설기계관리법 제13조제1항)

48 건설기계조종사 면허를 발급하는 자는?

① 대통령 ② 시장·군수 또는 구청장
③ 경찰서장 ④ 국토교통부장관

해설 건설기계를 조종하려는 사람은 시장·군수 또는 구청장에게 건설기계조종사 면허를 받아야 한다(건설기계관리법 제26조).

49 도시가스 제조사업소에서 정압기지의 경계까지 이르는 배관은?

① 본관 ② 공급관
③ 사용자 공급관 ④ 내관

해설 본관이란 가스도매사업의 경우에는 도시가스 제조사업소(액화천연가스의 인수기지를 포함)의 부지 경계에서 정압기지의 경계까지 이르는 배관을 말한다. 다만 밸브기지 안의 배관은 제외한다(도시가스사업법 시행규칙 제2조제1항제2호).

50 다음 중 개인용 수공구가 아닌 것은?

① 해머 ② 정
③ 스패너 ④ 롤러기

해설 **개인용 수공구** : 펀치 및 정, 스패너 및 렌치, 해머 등

정답 41.④ 42.② 43.④ 44.② 45.③ 46.② 47.③ 48.② 49.① 50.④

★★
51 다음 중 산업재해의 원인이 다른 것은?

① 작업현장의 조명상태 ② 기계의 배치 상태
③ 기계 운전 미숙 ④ 복장의 불량

해설 재해의 원인

인적 원인	관리상 원인	작업지식 부족, 작업 미숙, 작업 방법 불량 등
	생리적인 원인	체력 부족, 신체적 결함, 피로, 수면 부족, 질병 등
	심리적인 원인	정신력 부족, 무기력, 부주의, 경솔, 불만 등
환경적 원인		시설물의 불량, 공구의 불량, 작업장의 환경 불량, 복장의 불량 등

★★
52 건설기계의 조종 중 고의 또는 과실로 가스공급시설을 손괴할 경우 조종사 면허의 처분기준은?

① 면허효력정지 10일 ② 면허효력정지 15일
③ 면허효력정지 180일 ④ 면허효력정지 25일

해설 건설기계의 조종 중 고의 또는 과실로 가스공급시설을 손괴하거나 가스공급시설의 기능에 장애를 입혀 가스의 공급을 방해한 경우에는 면허효력정지 180일이다(건설기계관리법 시행규칙 별표22).

★★★★★
53 스패너 작업 시 유의할 사항으로 틀린 것은?

① 스패너의 입이 너트의 치수에 맞는 것을 사용해야 한다.
② 스패너의 자루에 파이프를 이어서 사용해서는 안 된다.
③ 스패너와 너트 사이에는 쐐기를 넣고 사용하는 것이 편리하다.
④ 너트에 스패너를 깊이 물리도록 하여 조금씩 앞으로 당기는 식으로 풀고 조인다.

해설 스패너는 스패너의 입이 너트의 치수와 꼭 맞는 것을 사용해야 한다. 스패너와 너트 사이에 쐐기와 같은 보조물을 삽입하여 사용하면 스패너가 갑자기 겉돌면서 안전사고를 일으킬 위험성이 있다.

★★★★★
54 작업장의 안전수칙 중 틀린 것은?

① 공구는 오래 사용하기 위하여 기름을 묻혀서 사용한다.
② 작업복과 안전장구는 반드시 착용한다.
③ 각종 기계를 불필요하게 공회전시키지 않는다.
④ 기계의 청소나 손질은 운전을 정지시킨 후 실시한다.

해설 수공구는 사용 후 미끄러지는 것을 방지하기 위해 기름 성분은 면 걸레로 깨끗이 닦아 두어야 하며 수분을 피해 녹슬지 않도록 해야 한다.

55 감전되거나 전기화상을 입을 위험이 있는 곳에서 작업 시 작업자가 착용해야 할 것은?

① 보호구 ② 구명구
③ 구명조끼 ④ 비상벨

해설 감전이나 전기화상의 위험이 있는 곳에서는 보호구를 착용해야 한다.

★★★★
56 B급 화재에 대한 설명으로 옳은 것은?

① 전기화재 ② 일반화재
③ 유류화재 ④ 금속화재

해설 B급 화재 – 유류화재

57 내부가 보이지 않는 병 속에 들어있는 약품을 냄새로 알아보고자 할 때 안전상 가장 적합한 방법은?

① 종이로 적셔서 알아본다.
② 손바람을 이용하여 확인한다.
③ 내용물을 조금 쏟아서 확인한다.
④ 숟가락으로 약간 떠내어 냄새를 직접 맡아본다.

해설 안전한 방법으로 병 속에 들어있는 약품을 냄새로 알아보고자 할 때에는 손바람을 이용하여 확인하는 것이 좋다.

★
58 특고압 전선로 부근에서 건설기계를 이용한 작업방법 중 틀린 것은?

① 지상 감시자를 배치하고 감시하도록 한다.
② 작업을 시작하기 전에 관할 시설 관리자에게 연락하여 도움을 요청한다.
③ 붐이 전선에 접촉만 하지 않으면 상관없다.
④ 작업 전 고압전선의 전압을 확인하고, 안전거리를 파악한다.

해설 전선로 부근에서 작업할 때는 감전에 대한 대비를 철저히 해야 한다. 고압 전선 부근에서는 직접 접촉하지 않아도 감전사고가 일어날 수 있으므로 주의해야 한다.

★
59 다음 중 작업상 안전에 관한 내용으로 맞지 않는 것은?

① 무거운 물건을 여러 사람이 들어 옮길 때는 각자 걸리는 힘이 균일하도록 노력한다.
② 담당자가 아니어도 필요한 경우라면 관련 부품을 취급해도 된다.
③ 해머를 사용할 때는 미끄러울 수 있으므로 면장갑을 사용하지 않는다.
④ 연삭 작업 시 반드시 보안경을 착용한다.

해설 취급 담당자가 아니라면 관련 부품을 취급하지 않는 것이 원칙이다.

60 재해 발생 시의 조치 순서로 알맞은 것은?

① 긴급 처리 → 재해 조사 → 원인 강구 → 대책 수립 및 실시 계획 → 실시 → 평가
② 긴급 처리 → 원인 강구 → 재해 조사 → 대책 수립 및 실시 계획 → 실시 → 평가
③ 재해 조사 → 긴급 처리 → 원인 강구 → 실시 → 대책 수립 및 실시 계획 → 평가
④ 재해 조사 → 긴급 처리 → 원인 강구 → 대책 수립 및 실시 계획 → 실시 → 평가

해설 재해 발생 시의 조치
긴급 처리 → 재해 조사 → 원인 강구 → 대책 수립 및 실시 계획 → 실시 → 평가

정답 51.③ 52.③ 53.③ 54.① 55.① 56.③ 57.② 58.③ 59.② 60.①

2014 기출분석문제

01 커먼 레일 디젤기관의 공기유량센서(AFS)에 대한 설명 중 맞지 않는 것은?

① EGR 피드백 제어기능을 주로 한다.
② 열막 방식을 사용한다.
③ 연료량 제어기능을 주로 한다.
④ 스모그 제한 부스터 압력 제어용으로 사용한다.

해설 공기유량센서(AFS)는 스로틀 바디에 설치되어 에어클리너로 흡입되는 공기량을 계측하여 신호로 변환시켜 ECU로 보내는 기능을 한다. 커먼 레일 디젤기관에서는 연료량 제어기능보다는 주로 배기가스 재순환 제어기능에 사용된다.

02 변속기의 필요성과 관계가 없는 것은?

① 시동 시 장비를 무부하 상태로 한다.
② 기관의 회전력을 증대시킨다.
③ 장비의 후진 시 필요하다.
④ 환향을 빠르게 한다.

해설 변속기의 필요성
- 엔진과 액슬축 사이에서 회전력을 증대시키기 위해
- 엔진 시동 시 무부하 상태(중립)로 두기 위해
- 건설기계의 후진을 위해

★
03 엔진오일이 많이 소비되는 원인이 아닌 것은?

① 피스톤링의 마모가 심할 때
② 실린더의 마모가 심할 때
③ 기관의 압축압력이 높을 때
④ 밸브 가이드의 마모가 심할 때

해설 완벽하게 정비된 엔진이라면 윤활유가 잘 줄어들지 않는다. 그러나 여러 원인에 의해 윤활유가 기관 내에서 타서 없어지거나 어딘가에 틈이 생겨 새어 나가게 되면 윤활유는 줄어들게 된다. 즉, 윤활유 소비의 원인은 연소와 누설이다. 피스톤링, 실린더가 마모되면 윤활유가 연소실 내로 들어가 타게 되며, 밸브 가이드가 마모되면 윤활유가 누출된다.

04 아래의 경고등이 점등되는 경우는?

① 냉각수의 온도가 너무 높을 때
② 엔진오일이 부족하여 유압이 낮을 때
③ 브레이크액이 부족할 때
④ 연료가 부족할 때

해설 그림의 경고등은 엔진오일 압력 경고등으로 오일이 부족하거나 오일필터가 막혔을 때, 오일회로가 막혔을 때 점등된다.

05 클러치 디스크의 편 마멸, 변형, 파손 등의 방지를 위해 설치하는 스프링은?

① 쿠션 스프링 ② 댐퍼 스프링
③ 편심 스프링 ④ 압력 스프링

해설 쿠션 스프링은 클러치가 연결되었을 때, 충격을 흡수하며 약간 압축된다. 클러치의 비틀림, 편 마모 등을 방지한다.

06 토크 컨버터의 최대 회전력을 무엇이라 하는가?

① 회전력 ② 토크 변환비
③ 종 감속비 ④ 변속 기어비

해설 토크 변환비는 토크 컨버터의 최대 회전력을 말한다.

★
07 배기가스 색깔에 대한 설명으로 옳지 않은 것은?

① 흰색이면 엔진오일이 함께 연소되고 있는 상황이다.
② 검은색이면 엔진에서 불완전 연소가 일어나고 있는 상황이다.
③ 머플러에 물이나 습기가 있는 경우, 흰색 연기가 나오면 온도차에 의한 현상이 아니라 엔진에 문제가 있는 상황이다.
④ 무색투명하면 정상이라 할 수 있다.

해설 머플러에 물이나 습기가 있는 경우, 흰색 연기가 나오면 온도차에 의한 현상이므로 엔진과는 무관하다.

08 디젤기관의 흡입행정에서 들어오는 것은?

① 공기 ② 연료
③ 혼합기 ④ 엔진오일

해설

가솔린기관	디젤기관
• 휘발유를 연료로 하는 기관 • 공기와 연료의 혼합기를 흡입, 압축하여 전기적인 불꽃으로 점화	• 경유를 연료로 하는 기관 • 공기만을 흡입, 압축한 후 연료를 분사시켜 압축열에 의해서 착화

09 피스톤링의 역할이 아닌 것은?

① 열전도작용(냉각작용) ② 기밀유지작용(밀봉작용)
③ 오일(윤활유)제어작용 ④ 균형작용

해설 피스톤링은 압축링과 오일링 두 가지로 이루어져 있으며 실린더벽과 피스톤 사이의 기밀을 유지하여 엔진 효율의 손실을 막는다. 실린더 벽에 윤활하고 남은 과잉의 기관 오일을 긁어내려 실린더 벽의 유막을 조절하는 역할을 하며, 실린더 벽과 피스톤 사이의 열전도 작용을 통해 냉각에도 도움을 준다.

정답 01.③ 02.④ 03.③ 04.② 05.① 06.② 07.③ 08.① 09.④

★

10 측압을 받지 않는 스커트부의 일부를 절단하여 중량과 피스톤 슬랩을 경감시켜 스커트부와 실린더 벽과의 마찰 면적을 줄여주는 피스톤은?

① 오프셋 피스톤(Off-set Piston)
② 솔리드 피스톤(Solid Piston)
③ 슬리퍼 피스톤(Slipper Piston)
④ 스플릿 피스톤(Split Piston)

해설 ① 피스톤핀의 위치를 중심으로부터 편심하여 상사점에서 경사변화시기를 늦어지게 한 피스톤
② 스커트부에 홈이 없고 스커트부는 상, 중, 하의 지름이 동일한 통으로 된 피스톤
④ 측압이 작은 쪽의 스커트 상부에 세로로 홈을 두어 스커트부로 열이 전달되는 것을 제한한 구조의 피스톤

★★

11 동일한 전지 2개를 직렬로 연결했을 때 옳은 것은?

① 전압 2배, 용량 2배　② 전압 그대로, 용량 2배
③ 전압 2배, 용량 그대로　④ 전압 그대로, 용량 그대로

해설 직렬로 연결하면 전압이 올라가고, 병렬로 연결하면 전류가 상승한다. 직렬연결 시 전압은 개수만큼 증가하지만 용량은 1개일 때와 같다. 병렬로 연결하면 용량은 개수만큼 증가하지만 전압은 1개일 때와 같다.

★

12 직류 발전기, 교류 발전기 모두 들어 있는 것은?

① 전류조정기　② 전압조정기
③ 저항조정기　④ 다이오드

해설 직류 발전기의 조정기에는 컷아웃 릴레이, 전압조정기, 전류조정기가 포함되어 있으며 교류 발전기에는 전압조정기만 포함되어 있다. 그러므로 공통으로 구성된 것은 전압조정기이다.

★★★

13 깨지기 쉬운 화물이나 불안전한 화물의 낙하를 방지하기 위하여 포크 상단에 상하 작동할 수 있는 압력판을 부착한 지게차는?

① 하이 마스트　② 사이드 스프트 마스트
③ 로드 스태빌라이저　④ 3단 마스트

해설 로드 스태빌라이저란 평탄하지 않은 노면이나 경사지 등에서 깨지기 쉬운 화물이나 불안전한 화물의 낙하 방지를 위해 포크 상단에 상하로 작동 가능한 압력판을 부착한 것이다.

★

14 건설기계에서 축전지의 가장 중요한 역할은?

① 주행 중 점화장치에 전류를 공급한다.
② 주행 중 등화장치에 전류를 공급한다.
③ 주행 중 발생하는 전기부하를 담당한다.
④ 기동장치의 전기적 부하를 담당한다.

해설 **축전지의 기능**
- 기동장치의 전기적 부하를 부담(가장 중요한 기능)
- 발전기가 고장일 경우 주행을 확보하기 위한 전원으로 작용
- 주행 상태에 따른 발전기의 출력과 부하와의 불균형을 조정
- 발전기의 여유 출력을 저장

★★

15 지게차의 구성부품이 아닌 것은?

① 리프트 실린더　② 버킷
③ 마스트 장치　④ 포크

해설 버킷은 굴착기, 로더 등에서 토사 등을 굴착하기 위해 절삭날을 부착한 것이다.

16 실드빔식 전조등에 대한 설명으로 맞지 않는 것은?

① 대기 조건에 따라 반사경이 흐려지지 않는다.
② 내부에 불활성 가스가 들어 있다.
③ 사용에 따른 광도의 변화가 적다.
④ 필라멘트를 갈아 끼울 수 있다.

해설 실드빔 전조등은 렌즈나 필라멘트를 교환하는 것이 불가능하다.

★

17 무한궤도식 건설기계에서 트랙의 구성품으로 맞는 것은?

① 슈, 조인트, 스프로킷, 핀, 슈볼트
② 스프로킷, 트랙롤러, 상부롤러, 아이들러
③ 슈, 스프로킷, 하부롤러, 상부롤러, 감속기
④ 슈, 슈볼트, 링크, 부싱, 핀

해설 무한궤도식의 트랙은 링크, 핀, 부싱, 슈 및 슈핀 등으로 구성되며 아이들러 상하부 롤러 스프로킷에 감겨져 있고 스프로킷에서 동력을 받아 구동된다.

18 지게차의 동력 전달 순서로 맞는 것은?

① 엔진 → 변속기 → 토크컨버터 → 종감속 기어 및 차동장치 → 최종 감속기 → 앞 구동축 → 차륜
② 엔진 → 변속기 → 토크컨버터 → 종감속 기어 및 차동장치 → 앞 구동축 → 최종 감속기 → 차륜
③ 엔진 → 토크컨버터 → 변속기 → 앞 구동축 → 종감속 기어 및 차동장치 → 최종 감속기 → 차륜
④ 엔진 → 토크컨버터 → 변속기 → 종감속 기어 및 차동장치 → 앞 구동축 → 최종 감속기 → 차륜

해설 **지게차 토크컨버터 형식 동력 전달 순서**
기관 → 토크컨버터 → 변속기 → 프로펠러축과 유니버설조인트 → 종감속 기어 및 차동장치 → 앞 구동축 → 최종 감속장치 → 차륜

★

19 지게차를 작업용도에 따라 분류할 때 원추형 화물을 조이거나 회전시켜 운반 또는 적재하는 데 적합한 것은?

① 힌지드 버킷　② 힌지드 포크
③ 로테이팅 클램프　④ 로드 스태빌라이저

해설 로테이팅 클램프는 수평으로 잡아 주는 구조물이 달려 있어 양쪽에서 화물을 조일 수 있다. 로테이팅 클램프를 사용하면 화물을 수평으로 조이거나 회전시킬 수 있다.

정답 10.③ 11.③ 12.② 13.③ 14.④ 15.② 16.④ 17.④ 18.④ 19.③

20 지게차는 유압실린더가 설치된 동력조향장치를 사용한다. 지게차의 구동 및 조향에 관한 설명으로 옳은 것은?

① 앞바퀴 구동, 뒷바퀴 조향
② 뒷바퀴 구동, 앞바퀴 조향
③ 앞바퀴 구동, 앞바퀴 조향
④ 뒷바퀴 구동, 뒷바퀴 조향

해설 지게차는 앞부분에 포크가 달려 있으므로 앞바퀴로 조향할 경우 적재 작업을 효율적으로 할 수 없다. 그러므로 뒷바퀴 조향을 채택한다.

21 지게차에서 틸트 장치의 역할은?

① 피니언기어 조정 ② 차체 수평 조정
③ 포크 상하 조정 ④ 마스트 경사 조정

해설 틸트 장치는 틸트 실린더를 통해 마스트의 경사각을 조정해 주는 장치이다. 포크의 상승과 하강은 리프트 장치(실린더)가 한다.

22 지게차의 조종 레버의 설명으로 틀린 것은?

① 로어링(lowering) ② 덤핑(dumping)
③ 리프팅(lifting) ④ 틸팅(tilting)

해설 지게차는 화물을 포크에 얹어 들어 올리고 내릴 수 있으며 이동을 위해 틸팅을 할 수 있도록 되어 있다. 덤핑 작업은 지게차에서 이루어지지 않는다.

★★★★★

23 지게차의 운행 방법으로 틀린 것은?

① 화물을 싣고 경사지를 내려갈 때도 후진으로 운행해서는 안 된다.
② 이동 시 집게는 지면으로부터 300mm의 높이를 유지한다.
③ 주차 시 집게는 바닥에 내려놓는다.
④ 급제동하지 말고, 균형을 잃게 할 수도 있는 급작스런 방향 전환도 삼가 한다.

해설 화물을 싣고 경사지를 내려갈 때에는 후진으로 운행하여야 한다.

★★★

24 지게차로 가파른 경사지에서 적재물을 운반할 때에는 어떤 방법이 좋겠는가?

① 적재물을 앞으로 하여 천천히 내려온다.
② 기어의 변속을 중립에 놓고 내려온다.
③ 기어의 변속을 저속상태로 놓고 후진으로 내려온다.
④ 지그재그로 회전하여 내려온다.

해설 경사지에서는 브레이크를 사용하는 것보다 저속 기어로 변속하여 기어 브레이크를 사용하는 것이 좋고, 적재물이 앞으로 쏟아지지 않게 하기 위해서는 화물을 위쪽으로 가게 한 후 주행해야 한다. 후진으로 내려오는 것이 좋다.

★★★

25 지게차 작업장치의 종류에 속하지 않는 것은?

① 하이 마스트 ② 리퍼
③ 사이드 클램프 ④ 힌지 버킷

해설 **지게차 작업장치의 종류**
하이 마스트, 사이드 시프트 마스트, 프리리프트 마스트, 트리플 스테이지 마스트, 로드 스태빌라이저, 로테이팅 클램프 마스트, 힌지 포크 · 버킷 등

★

26 지게차 포크의 수직면으로부터 포크 위에 놓인 화물의 무게중심까지의 거리는?

① 자유인상 높이 ② 하중중심
③ 최대인상 높이 ④ 마스트 최대 높이

해설 하중중심(Load center)은 포크의 수직면으로부터 화물의 무게중심까지의 거리이다.

★★

27 유압실린더에서 실린더의 과도한 자연낙하 현상이 발생될 수 있는 원인이 아닌 것은?

① 작동압력이 높을 때
② 실린더 내의 피스톤 실링의 마모
③ 컨트롤밸브 스풀의 마모
④ 릴리프밸브의 조정 불량

해설 실린더 자연낙하 현상은 유로가 파손되거나 유압실린더의 실링이 마모되었을 경우, 컨트롤 밸브 스풀이 마모되었을 경우, 릴리프 밸브 조정이 잘못되었을 경우 발생할 수 있다. 기계적인 결함에 의해 발생하는 현상이므로 작동압력과는 관련이 없다.

★★★

28 유압탱크의 구비조건과 가장 거리가 먼 것은?

① 적당한 크기의 주유구 및 스트레이너를 설치한다.
② 드레인(배출밸브) 및 유면계를 설치한다.
③ 오일에 이물질이 혼입되지 않도록 밀폐되어야 한다.
④ 오일냉각을 위한 쿨러를 설치한다.

해설 유압탱크는 적정 유량을 저장하고 적정 유온을 유지하며 작동유의 기포 발생 방지 및 제거의 역할을 한다. 주유구와 스트레이너, 유면계가 설치되어 있어 유량을 점검할 수 있다. 유압탱크는 이물질 혼합이 일어나지 않도록 밀폐되어 있어야 한다. 오일냉각기는 독립적으로 설치한다.

★

29 유압장치의 장점이 아닌 것은?

① 작은 동력원으로 큰 힘을 낼 수 있다.
② 과부하 방지가 용이하다.
③ 운동방향을 쉽게 변경할 수 있다.
④ 고장원인의 발견이 쉽고 구조가 간단하다.

해설 **유압장치(기계)의 장단점**

장점	단점
• 소형으로 성능이 좋음 • 원격조작 및 무단변속 용이 • 회전 및 직선운동 용이 • 과부하 방지 용이 • 내구성이 좋음	• 배관이 까다롭고 오일 누설이 많음 • 오일은 연소 및 비등하여 위험 • 유압유의 온도에 따라 기계의 작동속도가 변함 • 에너지 손실이 많음 • 원동기의 마력이 커짐

정답 20.① 21.④ 22.② 23.① 24.③ 25.② 26.② 27.① 28.④ 29.④

★★★★
30 **유압회로에 흐르는 압력이 설정된 압력 이상으로 되는 것을 방지하기 위한 밸브는?**

① 감압 밸브 ② 릴리프 밸브
③ 시퀀스 밸브 ④ 카운터 밸런스 밸브

해설 유압제어 밸브에는 릴리프 밸브, 감압 밸브, 시퀀스 밸브, 카운터 밸런스 밸브, 언로드 밸브 등이 있다. 릴리프 밸브는 회로 압력을 일정하게 하거나 최고 압력을 규제하여 각부 기기를 보호한다. 감압 밸브는 유압회로에서 분기 회로의 압력을 주회로의 압력보다 저압으로 사용하고자 할 때 쓴다.

★
31 **유압실린더에서 피스톤의 충격을 완화시키기 위해서 설치된 기구는?**

① 쿠션기구 ② 밸브기구
③ 유량제어기구 ④ 셔틀기구

해설 **실린더 쿠션기구**
작동을 하고 있는 피스톤이 그대로의 속도로 실린더 끝부분에 충돌하면 큰 충격이 가해진다. 이것을 완화시키기 위하여 설치한 것이 쿠션기구이다.

★
32 **다음 그림이 의미하는 밸브는?**

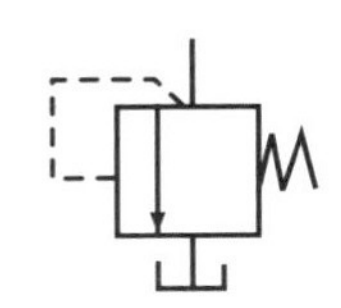

① 시퀀스 밸브 ② 감압 밸브
③ 릴리프 밸브 ④ 무부하 밸브

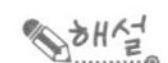 ① 시퀀스 밸브 ② 감압 밸브 ④ 무부하 밸브

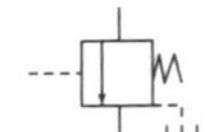 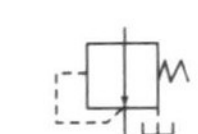 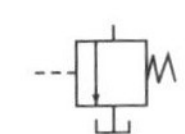

33 **다음의 기호가 의미하는 것은?**

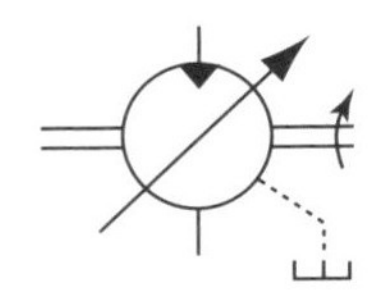

① 유압모터 ② 유압펌프
③ 공기압모터 ④ 요동모터

해설 그림은 유압모터를 나타낸다.

★★★★
34 **지게차의 운전장치를 조작하는 동작의 설명 중 틀린 것은?**

① 전 · 후진 레버를 앞으로 밀면 후진이 된다.
② 전 · 후진 레버를 잡아당기면 후진이 된다.
③ 리프트 레버를 밀면 포크가 내려간다.
④ 틸트 레버를 뒤로 당기면 마스트는 뒤로 기운다.

해설 전 · 후진 레버를 밀면 전진하고 당기면 후진한다.

★
35 **건설기계장비 검사가 연기되지 않는 경우?**

① 천재지변 ② 건설기계의 도난
③ 10일간의 정비 ④ 사고발생

해설 건설기계 소유자는 천재지변, 건설기계의 도난, 사고발생, 압류, 31일 이상에 걸친 정비 그 밖의 부득이한 사유로 검사신청기간 내에 검사를 신청할 수 없는 경우에는 검사신청기간 만료일까지 기간연장신청서에 연장사유를 증명할 수 있는 서류를 첨부하여 시 · 도지사에게 제출하여야 한다(건설기계관리법 시행규칙 제31조의2제1항).

★★★
36 **건설기계조종사 면허가 취소된 경우 며칠 이내에 면허증을 반납해야 하는가?**

① 5일 ② 10일
③ 15일 ④ 30일

해설 건설기계조종사 면허를 받은 사람이 다음에 해당하는 때에는 그 사유가 발생한 날부터 10일 이내에 시장 · 군수 또는 구청장에게 그 면허증을 반납하여야 한다(건설기계관리법 시행규칙 제80조).
1. 면허가 취소된 때
2. 면허의 효력이 정지된 때
3. 면허증의 재교부를 받은 후 잃어버린 면허증을 발견한 때

★
37 **건설기계를 등록할 때 필요한 서류가 아닌 것은?**

① 건설기계 제작증 ② 수입면장
③ 매수증서 ④ 건설기계검사증 등본원부

해설 **건설기계 등록 시 필요한 서류**(건설기계관리법 시행령 제3조제1항)
1. 해당 건설기계의 출처를 증명하는 서류 : 건설기계제작증(국내에서 제작한 건설기계), 수입면장 등 수입사실을 증명하는 서류(수입한 건설기계), 매수증서(행정기관으로부터 매수한 건설기계)
2. 건설기계의 소유자임을 증명하는 서류
3. 건설기계제원표
4. 보험 또는 공제의 가입을 증명하는 서류

★
38 **건설기계를 도로에 계속하여 방치하거나 정당한 사유 없이 타인의 토지에 방치한 자에 대한 벌칙은?**

① 2년 이하의 징역 또는 1천만 원 이하의 벌금
② 1년 이하의 징역 또는 1천만 원 이하의 벌금
③ 2백만 원 이하의 벌금
④ 1백만 원 이하의 벌금

해설 건설기계를 도로나 타인의 토지에 버려둔 자는 1년 이하의 징역 또는 1천만 원 이하의 벌금에 처한다(건설기계관리법 제41조).

★★
39 **건설기계 등록지를 변경한 때는 등록번호표를 시 · 도지사에게 며칠 이내에 반납하여야 하는가?**

① 10일 ② 15일
③ 20일 ④ 30일

해설 등록된 건설기계의 소유자는 등록된 건설기계의 소유자의 주소지 또는 사용 본거지의 변경(시 · 도 간의 변경이 있는 경우에 한함)이 있는 경우에는 10일 이내에 등록번호표의 봉인을 떼어낸 후 그 등록번호표를 국토교통부령으로 정하는 바에 따라 시 · 도지사에게 반납하여야 한다(건설기계관리법 제9조).

정답 30.② 31.① 32.③ 33.① 34.① 35.③ 36.② 37.④ 38.② 39.①

★
40 1톤 이상 지게차에 대한 정기검사 유효기간은?

① 6개월 ② 1년
③ 2년 ④ 3년

해설 1톤 이상 지게차에 대한 정기검사 유효기간은 20년 이하 2년, 20년 초과 1년이다(건설기계관리법 시행규칙 별표7).

★
41 다음 교통안전 표지에 대한 설명으로 맞는 것은?

① 최고 중량 제한표지
② 최고시속 30km 속도 제한표지
③ 최저시속 30km 속도 제한표지
④ 차간거리 최저 30m 제한표지

해설 제시된 표지는 최저시속 30km 속도를 제한하는 것이다.

★
42 도로교통법상 술에 취한 상태의 기준으로 옳은 것은?

① 혈중알코올농도 0.02% 이상일 때
② 혈중알코올농도 0.1% 이상일 때
③ 혈중알코올농도 0.03% 이상일 때
④ 혈중알코올농도 0.2% 이상일 때

해설 **술에 취한 상태의 기준** : 혈중알코올농도 0.03% 이상

43 차마가 도로 좌측 차로로 다른 차를 앞지를 수 있는 경우는 도로 우측부분의 폭이 얼마가 되지 않는 경우인가?

① 5m ② 6m
③ 8m ④ 10m

해설 차마의 운전자는 도로 우측 부분의 폭이 6미터가 되지 아니하는 도로에서 다른 차를 앞지르려는 경우에는 도로의 중앙이나 좌측 부분을 통행할 수 있다(도로교통법 제13조제4항).

★★★★★
44 교통안전시설이 표시하고 있는 신호와 경찰공무원의 수신호가 다른 경우 통행방법으로 옳은 것은?

① 경찰공무원의 수신호에 따른다.
② 신호기 신호를 우선적으로 따른다.
③ 자기가 판단하여 위험이 없다고 생각되면 아무 신호에 따라도 좋다.
④ 수신호는 보조신호이므로 따르지 않아도 좋다.

해설 도로를 통행하는 보행자, 차마 또는 노면전차의 운전자는 교통안전시설이 표시하는 신호 또는 지시와 교통정리를 하는 경찰공무원 또는 경찰보조자(이하 "경찰공무원 등"이라 한다)의 신호 또는 지시가 서로 다른 경우에는 경찰공무원 등의 신호 또는 지시에 따라야 한다(도로교통법 제5조제2항).

★★★
45 1종 대형면허가 없어도 운전할 수 있는 것은?

① 덤프트럭 ② 아스팔트살포기
③ 아스팔트피니셔 ④ 콘크리트믹서트럭

해설 **제1종 대형면허로 운전할 수 있는 건설기계**(도로교통법 시행규칙 별표18)
덤프트럭, 아스팔트살포기, 노상안정기, 콘크리트믹서트럭, 콘크리트펌프, 천공기(트럭적재식), 콘크리트믹서트레일러, 아스팔트콘크리트재생기, 도로보수트럭, 3톤 미만의 지게차

★★★★★ 기출변형
46 법규상 주차금지 장소로 틀린 것은?

① 도로공사를 하고 있는 경우 그 공사 구역의 양쪽 가장자리로부터 3미터 이내인 곳
② 터널 안
③ 다리 위
④ 시 · 도경찰청장이 인정하여 지정한 곳

해설 ① 도로공사를 하고 있는 경우에는 그 공사 구역의 양쪽 가장자리로부터 5미터 이내인 곳이 주차금지의 장소이다(도로교통법 제33조).

★
47 도로교통법에 위반이 되는 것은?

① 밤에 교통이 빈번한 도로에서 전조등을 계속 하향했다.
② 낮에 어두운 터널 속을 통과할 때 전조등을 켰다.
③ 소방용 방화물통으로부터 10m 지점에 주차하였다.
④ 노면이 얼어붙은 곳에서 최고속도의 20/100을 줄인 속도로 운행하였다.

해설 노면이 얼어붙은 곳에서는 최고속도의 50/100을 줄인 속도로 운행해야 한다(도로교통법 시행규칙 제19조제2항).

48 재해조사 목적을 가장 확실하게 설명한 것은?

① 재해를 발생케 한 자의 책임을 추궁하기 위하여
② 재해 발생상태와 그 동기에 대한 통계를 작성하기 위하여
③ 작업능률 향상과 근로기강 확립을 위하여
④ 적절한 예방대책을 수립하기 위하여

해설 재해조사는 안전 관리자가 실시하며 6하 원칙에 의거하여 조사하고, 이를 토대로 재해의 원인을 규명하여 적절한 예방대책을 수립하도록 한다.

★★
49 산업재해의 통상적인 분류 중 통계적 분류를 설명한 것으로 틀린 것은?

① 사망 – 업무로 인해서 목숨을 잃게 되는 경우
② 중상해 – 부상으로 인하여 30일 이상의 노동 상실을 가져온 상해 정도
③ 경상해 – 부상으로 1일 이상 7일 이하의 노동 상실을 가져온 상해 정도
④ 무상해 사고 – 응급처치 이하의 상처로 작업에 종사하면서 치료를 받는 상해 정도

해설 중상해는 부상으로 2주 이상의 노동 손실을 가져온 상해를 말한다.

정답 40.③ 41.③ 42.③ 43.② 44.① 45.③ 46.① 47.④ 48.④ 49.②

★

50 산업재해는 직접 원인과 간접 원인으로 구분되는데 다음 직접 원인 중에서 인적 불안전 행위가 아닌 것은?

① 작업태도 불안전 ② 위험한 장소의 출입
③ 기계의 결함 ④ 작업자의 실수

해설 기계의 결함은 기계의 불완전 상태에 해당한다.

★★★★

51 장갑을 끼고 작업을 하면 안 되는 작업은?

① 해머 작업 ② 윤활유 교체
③ 건설기계운전 ④ 타이어 교체

해설 해머를 사용할 때는 손에 장갑을 끼지 않는다.

52 일반적으로 안전작업의 효과가 아닌 것은?

① 효율성이 높아진다. ② 이직률이 낮아진다.
③ 생산성이 저하된다. ④ 근로조건이 개선된다.

해설 안전관리를 하면 생산성을 높일 수 있다(안전사고 예방, 품질향상).

★★★★★

53 수공구 취급 시 지켜야 될 안전수칙으로 옳지 않은 것은?

① 줄 작업으로 생긴 쇳가루는 입으로 불어낸다.
② 해머 작업 시 손에 장갑을 착용하지 않는다.
③ 정 작업 시 보안경을 착용한다.
④ 기름이 묻은 해머는 즉시 닦은 후 작업한다.

해설 줄 작업으로 생긴 쇳가루는 반드시 솔로 제거하고 줄의 손잡이가 일감에 부딪치지 않도록 한다.

★★★

54 가스용접의 안전작업으로 적합하지 않은 것은?

① 작업종료 후에는 토치나 조정기를 제거하여 공구함에 보관하고 고무호스는 감아 놓는다.
② 작업자는 보호안경, 가죽장갑 등의 보호구를 착용한다.
③ 토치에 점화할 때 성냥을 사용해도 무방하다.
④ 아세틸렌 용기는 반드시 세워서 사용한다.

해설 토치의 점화는 반드시 점화용 라이터를 사용하여야 하며 용접 아아크나 성냥 등을 사용해서는 안 된다.

55 다음 중 화재진압 방법으로 옳지 않은 것은?

① D급 화재인 경우 분말소화기를 사용한다.
② B급 화재인 경우 분말소화기를 사용한다.
③ C급 화재인 경우 CO_2소화기를 사용한다.
④ A급 화재인 경우 포말소화기를 사용한다.

해설 D급 화재는 금속나트륨 등의 화재로서 일반적으로 건조사를 이용한 질식효과로 소화한다.

★★★

56 가스가 새어 나오는 것을 검사할 때 가장 적합한 것은?

① 비눗물을 발라본다. ② 순수한 물을 발라본다.
③ 기름을 발라본다. ④ 촛불을 대어 본다.

해설 비눗물을 가스누설 위험부위에 칠하면 거품이 발생하게 된다. 이 방법은 가스누설을 가장 정확하게 알아낼 수 있는 방법이다.

★

57 추락 위험이 있는 장소에서 작업할 때 안전관리상 어떻게 하는 것이 가장 좋은가?

① 안전띠 또는 로프를 사용한다.
② 일반 공구를 사용한다.
③ 이동식 사다리를 사용하여야 한다.
④ 고정식 사다리를 사용하여야 한다.

해설 추락 위험이 있는 장소에서는 사다리보다는 안전띠와 로프를 사용하는 것이 좋다.

★

58 굴착 공사자는 매설배관 위치를 매설배관 ( )부의 지면에 ( ) 페인트로 표시해야 한다. ( ) 안에 들어 갈 내용은?

① 직상, 빨간색 ② 직상, 황색
③ 직하, 빨간색 ④ 직하, 황색

해설 도시가스사업자는 굴착예정 지역의 매설배관 위치를 굴착공사자에게 알려주어야 하며, 굴착공사자는 매설배관 위치를 매설배관 직상부의 지면에 황색 페인트로 표시할 것(도시가스사업법 시행규칙 별표16)

★

59 가스배관용 폴리에틸렌관의 특징으로 틀린 것은?

① 매설용으로 쓰인다. ② 수명이 길다.
③ 고압가스관으로 사용된다. ④ 열과 빛에 약하다.

해설 고압가스 배관은 강관이나 비철금속관 중 동관을 사용한다. 폴리에틸렌관은 저압에 사용하는 배관으로 최고사용압력이 0.4MPa 이하인 배관으로서 지하에 매설하는 경우에 사용할 수 있다.

★

60 고압선로 주변에서 건설기계에 의한 작업 중 고압선로 또는 지지물에 접촉위험이 가장 높은 것은?

① 상부 회전체 ② 붐 또는 권상 로프
③ 하부 주행체 ④ 장비 운전석

해설 고압선로 주변에서 건설기계로 작업할 때 고압선로 또는 지지물에 가장 접촉이 많은 부분은 권상 로프와 붐(boom)이다.

정답 50.③ 51.① 52.③ 53.① 54.③ 55.① 56.① 57.① 58.② 59.③ 60.②

지게차 운전기능사
기출문제집

2025년 1월 15일 개정7판 발행
2009년 1월 20일 초판 발행
편 저 자 JH건설기계자격시험연구회
발 행 인 전 순 석
발 행 처 정훈사
주 소 서울특별시 중구 마른내로 72, 421호 A
등 록 2-3884
전 화 (02) 737-1212
팩 스 (02) 737-4326